城市既有建筑
防灾安全岛设计

汤　煜　马福生　周静海　著

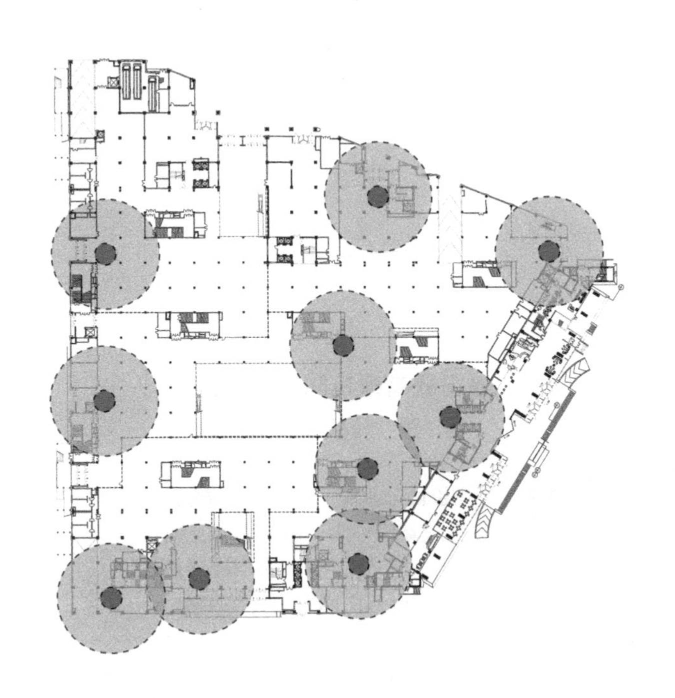

中国建筑工业出版社

图书在版编目（CIP）数据

城市既有建筑防灾安全岛设计 / 汤煜，马福生，周静海著．—北京：中国建筑工业出版社，2023.8
ISBN 978-7-112-28805-2

Ⅰ．①城…　Ⅱ．①汤…　②马…　③周…　Ⅲ．①建筑物-防灾　Ⅳ．①TU89

中国国家版本馆CIP数据核字(2023)第101126号

责任编辑：徐昌强　李　东　陈夕涛
责任校对：姜小莲
校对整理：李辰馨

城市既有建筑防灾安全岛设计
汤　煜　马福生　周静海　著
*
中国建筑工业出版社出版、发行（北京海淀三里河路9号）
各地新华书店、建筑书店经销
北京光大印艺文化发展有限公司制版
北京中科印刷有限公司印刷
*
开本：787毫米×1092毫米　1/16　印张：12½　字数：231千字
2023年8月第一版　2023年8月第一次印刷
定价：78.00元
ISBN 978-7-112-28805-2
（41125）

前言

进入 21 世纪以来，面对着地球环境不断恶化以及城市进程的推进，地震、台风、泥石流等自然灾害及火灾、爆炸等人为灾害发生的频率及影响范围也在扩大，对城市的危害日益严重。现代建筑逐渐走向功能复合、综合性强、体量庞大等发展趋势，人员组成十分复杂，同时又面临着存量大且安全性不断降低的问题，一旦发生灾害，极易造成群死群伤的灾难性后果，因此具有极大的改造必要性及急迫性。

针对自然 / 人为灾害对城市的威胁，通过分析既有建筑的灾害风险性，提出既有建筑防灾安全岛概念，即建筑在发生灾害时，为受灾人群提供一个暂时避难的空间，同时为消防救援人员提供一种新的救援措施和路径，提高救援效率和保护救援人员安全。在遵循一定原则的基础上，对建筑中的特定部分进行加固、改造，达到为受灾人员提供一个相对安全的空间、为外部救援人员提供更多的救援通道的目的，形成既有建筑防灾改造的新路径。从安全岛的总体布局及内部空间两方面阐述安全岛设计内容，结合案例开展安全岛设计研究，探讨安全岛的设计理论与方法问题。安全岛的提出对于降低城市既有建筑灾害风险，提高建筑内部人员与财产安全具有重要意义，同时也希望为支撑并填补我国既有建筑改造再利用理论与设计方法，提供新思想、新理论与新方法。

本书具体内容按照提出问题——相关理论研究——分析问题——解决问题——实际应用的逻辑顺序，具体分为 7 个主题：1）绪论：介绍全书关注的问题、目标、主要内容，以及章节相互之间的逻辑关系；2）既有建筑灾害风险评估：结合既有建筑防灾风险评估方法，从既有建筑的空间特征、结构等方面进行风险评估，明确城市既有建筑的致灾风险性；3）既有建筑安全岛及相关概念：在城市灾害背景下，提出既有建筑的安全岛概念，同时梳理相关的城市避灾空间等概念和理论，明确安全岛设置原则，建立其设计步骤；4）安全岛空间布局设计：分析安全岛位置设置的限制条件，明确安全岛设置的影响因素，以及在既有建筑中的位置与规模，并讨论确定安全岛规模的方法；5）安全岛内部空间设计：针对安全岛抵御灾害的功能要求，阐述安全岛设计性能要求、构造要求、内部空间界面设计要点、设施设计要点等内容；6）–7）安全岛设计案例：利用 Building Exodus、Pathfinder 等安全疏散软件建立既有的办公、商业建筑典型案例人员疏散模型，分析既有建筑人员疏散特征，形成既有建筑的安全岛设计方案，并验证方案的有效性。

本书执笔人为沈阳建筑大学汤煜、马福生和周静海。本书是作者近年来的学习心得和科研成果的总结，其中难免存在不足之处，谨以此书的出版发行献给从事城市防灾规划和建设的同仁，希望能够引起人们对建筑安全岛建设的关注，为提升建筑防灾能力和增强城市韧性贡献一份力量。

感谢研究过程中做出大量工作的团队老师和学生，感谢苗陆伊、表秀峰两位研究生在课题研究过程中的大量工作；感谢房飞飞、孟子文、祝雨佳、赵子墨、毕志成等研究生参与本书的编撰；感谢大连理工大学的马乐平同学参与本书的编撰工作。

目录

1 绪论

1.1 城市灾害

面对城市化的高速进程及日益严峻的灾害形势，城市灾害问题越来越引起社会的重视。住房和城乡建设部通过的《建筑技术政策纲要》界定地震、火灾、洪水、风灾、地质破坏为现代城市主要灾害源[1]。针对不同种类的灾害，国家出台了相应的建筑抗震、防火等规范。而本书主要立足于地震、火灾、风灾、洪涝等灾害，以及针对疏散拥堵行为等进行研究。

1.1.1 全球灾害形势日趋严峻

进入 21 世纪以来，地球环境不断恶化，地震、台风、泥石流等自然灾害频发，同时随着城市进程的推进，火灾、爆炸等人为灾害的发生频率及影响范围也在不断扩大。我国幅员辽阔，灾害类型多且广泛存在，是世界上自然灾害发生较为频繁的国家之一。尽管世界各国为了抗灾减灾做了诸多努力，灾害的数目和为之付出的代价仍然持续增长。2020 年 10 月 12 日，联合国防灾减灾署发布《2000—2019 年灾害造成的人类损失》报告指出，2000—2019 年这 20 年间，全球共发生 7348 起重大灾害，造成 123 万人死亡，42 亿人受到影响，经济损失约 2.97 万亿美元。随着全球气候恶化、经济社会迅猛发展，灾害的损失将会呈现逐年上升的趋势。

各类灾害成因复杂，如果控制不当极易形成次生灾难。2013 年发生的巴西夜总会大火、巴基斯坦 7.8 级地震、中国雅安 7.0 级地震、台风“海燕”、中国吉林禽业公司液氨泄漏爆炸等自然或人为灾害，这些原生灾害都造成了火灾、爆炸、建筑物坍塌等次生灾害，从而制造了更为严重的人员伤亡及经济损失。

1.1.2 城市常见灾害种类

近年来各类自然灾害及人为灾害频繁发生。住房和城乡建设部发布的《中国建筑技术政策》(2013 版)[2] 主要针对地震、火灾、风灾等现代城市易发的主要灾害源，其中地震、火灾等灾害成因复杂，往往可能连续作用并引发次生灾害，仅仅考虑某一灾种的单一突发式作用而做抗灾防灾研究并不全面。《国家综合防灾减灾规划（2016—2020 年）》[3] 也指出，需要从应对单一灾种向综合减灾转变，从减少灾害损失向减轻灾害风险转变。

地震对地貌、建筑的破坏作用十分强烈。我国百万人口以上的城市三分之二位于地震 7 度以上的高危地区。国际上一般采用里氏震级规模，震级超过 6.0 级的地震为强震，其中大于 8.0 级的地震强烈破坏性将会对城市造成毁灭性后果。地震也极易引起火灾或洪涝等次生灾害。火灾对建筑结构具有巨大的破坏性，同时随着火势扩张而散发出的烟、气、热浪使得火场能见度较低，也易引发毒气等次生灾害。火灾发生地点也从危险品集中火灾指数较高的工厂、仓库等场所蔓延到了商场、酒店等普通公共场所以及各种办公楼、高层建筑及地下建筑中。洪水冲刷可能破坏建筑物结构、地基；洪水涌入建筑会使人员有被水淹的危险。洪水浸泡也可能使建筑物基础位移，使建筑物和地坪开裂，从而引起结构破坏和房屋倒塌。沿海地区较为常见的城市风灾等自然灾害，某些地区产生的塌陷等地质灾害，以及人为的包括爆炸、毒气蔓延在内的新型社会安全事件，都会引发建筑损毁、倒塌并危害建筑内人员群体安全。在公共建筑中，由于建筑流线复杂，使用人员数目多且情况不一，各类灾害发生后常因人员拥挤阻塞疏散通道，造成互相踩踏的惨剧。

常见的城市灾害种类如图 1-1 所示。

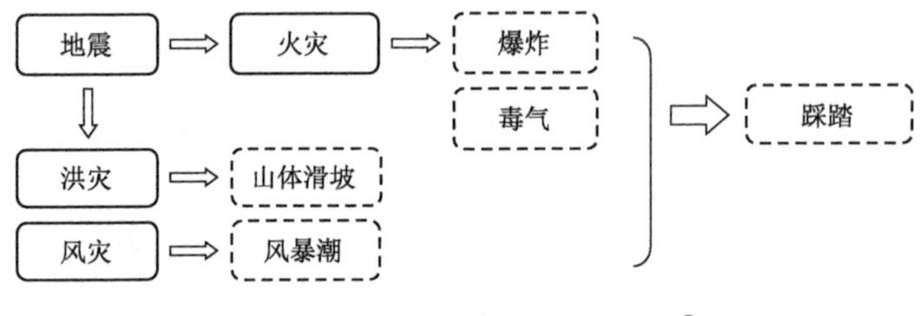

图 1-1　常见城市灾害种类①

1.1.3　灾害发生原因

城市灾害往往是单一灾害持续发生（如地震等），或者各灾种间有一定的因果关系，某一灾种及其次生灾害共同连续发生（如地震可能引起火灾，火灾又会引起危险品的爆炸等）。对城市造成较大损坏的灾害为城市原生灾害，同时由城市原

① 本书所有图表，除有专门备注之外，均为作者自制、自绘或自摄。

生灾害引发城市次生灾害，所以在建筑防灾改造中应综合考虑原生与次生灾害对建筑的破坏。

城市原生灾害一般具有较大的强度及规模，例如地震、洪水等。而城市次生灾害在形成初始阶段往往规模较小，但情况复杂且发展速度快，有些城市次生灾害造成的最终破坏规模甚至超过了原生灾害。如通常情况下，震灾中直接受地震波冲击伤亡的人数在受灾伤亡总人数中所占比例并不高，而诱发的次生灾害往往带来更大的破坏及伤害，其中包括：海啸、山体滑坡、煤气爆炸、火灾等。在1995年的日本阪神大地震中，由于瓦斯外泄，木造房屋密集而引起快速的连锁性大火，在神户长田区内所有木造房屋都付之一炬。

灾害的发生因所在地区特性及建筑物特性而有很大的差异。灾害区域的地质地貌作为建筑外环境因子与环境应对灾害的敏感度相关，也将间接地对灾害后果造成影响。区域内有无危险源、建筑材料、结构及平面的形式、建筑地面软硬程度、建筑的密集状况等因素均会影响灾害的发生和受灾程度。建筑使用人群和人员数量、人流动线的复杂性，在遭受灾害时基于群体效应及应激心理的作用，容易产生踩踏等自生次生灾害——使用人员在作为承灾体的同时，也成为致灾因子，这些都使得对于城市灾害的研究更为复杂。

1.2 城市既有建筑概况

1.2.1 我国既有建筑现存状况

目前我国建筑的存有量非常大，根据国家统计局数据和中国建筑科学研究院测算，到2020年，我国既有建筑面积超过800亿m^2，并且既有建筑面积是逐年增长的，每年批准动工的建筑面积巨大（表1-1）。由于建造时经济条件有限、技术能力不足、研究开展不充分等历史原因，30%-50%的建筑物会出现安全性降低的问题，为其安全使用留下了隐患。现在，既有建筑已经成为业内人士关注的重点。

新中国成立后，百废待兴，包括建筑业在内的各行业蓬勃发展，但由于时代局限，经济条件、技术条件及规范研究不足等原因，部分建筑未达到70年的使用年限，抗灾性能也不能满足当前的使用需求。在2008年的汶川地震中，建于1990年之前并未经加固处理的楼房几乎全部倒塌，损失惨重。所有这些都表明既有建筑在正常使用情况下仍然存在着安全隐患。相对于结构防灾安全，建筑防火方面也存在较大问题，特别是人员相对密集的场所。由于人流密集、功能复杂以及使用人员成分多样等原因，一旦发生灾害，不仅对既有建筑造成巨大损害，且极易造成群死群伤的灾难性后果，在带来生命财产巨大损失的同时，也严重地影响到整个社会的稳定和可持续发展，因此既有建筑具有极大的改造必要性及急迫性。存量较为巨大的城市既有建筑全部拆除既不经济也不现实，但由于使用功能发生改变，不可避免地需要对建筑结构进行一定程度的改造。对既有建筑的安全岛改造设计是针对既有建筑的抗灾改造，一方面能够提升建筑安全性，另一方面又能改善其使用性能，是一项关系百姓切身利益的民生工程。

按用途分的批准动工的建筑面积 **表 1–1**

年份	总计（万 m^2）	住宅（万 m^2）	办公（万 m^2）	商业（万 m^2）	其他（万 m^2）
2005	68064.43	55185.07	1671.10	7675.47	3532.79
2006	79252.83	64403.80	2134.94	8473.23	4240.86
2007	95401.54	78795.51	2141.44	9093.89	5370.70
2008	102553.38	83642.12	2471.95	10040.69	6398.62
2009	116422.04	93298.41	2860.76	12415.03	7847.84
2010	163646.87	129359.31	3668.07	17472.58	13146.91
2011	191236.86	147163.11	5399.20	20730.78	17943.77
2012	177333.62	130695.42	5986.46	22006.85	18644.89
2013	201207.84	145844.80	6887.24	25902.00	22573.80
2014	179592.49	124877.00	7349.10	25047.73	22318.66
2015	154453.67	106651.30	6569.12	22530.29	18702.96
2016	166928.13	115910.60	6415.29	22316.63	22285.61
2017	178653.78	128097.78	6139.66	20483.93	23932.41
2018	209537.17	153485.36	6101.51	19995.39	29954.91
2019	227153.59	167463.43	7083.59	18936.28	33670.29
合计	2311438.24	1724873.02	72879.43	263120.77	250565.02

资料来源：作者根据《中国统计年鉴 2020》整理。

通过全国范围的普查，可以看出既有建筑存在范围很广，现存量也比较大，而且大部分的既有建筑仍然在正常使用中（附录表 1）。既有建筑中，很大一部分是住宅建筑，还有一些各地较早建设的机场、办公楼等重要的公共建筑，这些建筑仍然发挥着重要的作用。

1.2.2 典型地区既有建筑调查与分析

我们先后对辽宁省沈阳市、山西省、黑龙江省哈尔滨市、四川省成都市等地进行重点调查。首先从总量上对各地区进行分析，随后通过问卷调查以及重点区域调查，从建筑物的竣工年代、结构形式、使用性质以及是否改造等方面进行分析，包括单一因素的分析和综合考虑两种因素的耦合分析。通过这些典型地区的调查，为制定既有建筑管理和维护改造的政策与标准提供数据参考。

1.2.2.1 辽宁省

根据住房和城乡建设部科技发展促进中心的调查研究，在辽宁省的既有建筑各类结构形式中，砌体结构超过一半，高达 55.1%；其次是混凝土结构，占 41.3%。房屋使用性质分布中，住宅房屋在既有建筑中还是占绝对优势。2001 年以前，砌体结构一直占主要地位，从 2001 年开始，砌体结构竣工量所占比例有所下降，而混凝土结构竣工量所占比例稳步上升。另外，在各个竣工年代，住宅所占的比例都非常高，尤其是 20 世纪 90 年代，间接说明居住建筑在既有建筑中占有绝对比例。随着市场经济的深入发展，2001 年至今办公建筑和商业建筑竣工比例有所增长。

房屋不同使用性质与结构形式之间的关系中，在办公、住宅、医疗、文化、商业、教育这几类使用性质的房屋建筑中，主要还是以混凝土结构和砌体结构形式为主。在工业建筑中，钢结构所占比例较大。近年来，由于钢结构高强轻质、施工便捷、抗震性能优良，在工业建筑中得到了广泛应用。

根据沈阳市城市抗震普查，沈阳市存在大量的 1990 年以前建造的房屋（表 1-2）。

（1）从表 1-2 可以看出，沈阳市已调查区域内现有的 1990 年以前的建筑物共有 15010 栋，建筑面积 44860267m^2，占全市建筑物栋数的 35%，存量较大。由该表还可知：就建筑物栋数来说，铁西区 1990 年以前建造的房屋最多，共 3781 栋，约占全调查区总栋数的 25.19%，总面积达到 12153159m^2，占全调查区总面积的 27.09%；和平区和大东区次之，总栋数占全部栋数的 21.12% 和 20.86%，总面积分别为 10800257m^2 和 6613209m^2，占全部面积的 24.08% 和 14.74%。调研区内 1978 年以前的建筑物为 6882 栋，占到既有建筑的 45.85%；1979—1990 年的建筑物 8128 栋，占 54.15%。

沈阳市 1990 年以前房屋建筑统计表　　表 1–2

	面积（m^2）	面积百分比（%）	栋数（栋）	栋数百分比（%）
全市建筑总面积	44860267	100.00	15010	100.00
于洪区	484724	1.08	304	2.03
沈河区	6704793	14.95	1785	11.89
皇姑区	7389285	16.47	2637	17.57
铁西区	12153159	27.09	3781	25.19
和平区	10800257	24.08	3170	21.12
东陵区	714840	1.59	202	1.35
大东区	6613209	14.74	3131	20.86
1978 年以前	14419839	32.14	6882	45.85
1979—1989 年	30440428	67.86	8128	54.15

（2）从表 1–3 可以看出，调研区内 1990 年以前的建筑物中，多层砌体房屋所占比例最高，达到 46.17%，共计 6930 栋；钢混结构建筑物次之，占全部建筑的 19.98%，共有 2986 栋；平房数量也有 2056 栋，占 13.70%。这些数据说明在既有建筑中，还有一大批抗震能力不高，在未来破坏性地震中可能造成严重破坏，甚至倒塌。

沈阳市 1990 年以前房屋建筑按结构形式统计　　表 1–3

	面积（m^2）	面积百分比（%）	栋数（栋）	栋数百分比（%）
全市建筑总面积	44860267	100.00	15010	100.00
多层砌体	23922104	53.33	6930	46.17
钢混	12268900	27.35	2986	19.89
工业厂房	3628092	8.09	1989	13.25
内底框架	1963222	4.38	394	2.62
平房	1235539	2.75	2056	13.70
古建筑	97474	0.22	115	0.77
空旷房屋	425783	0.95	276	1.84
其他	1319153	2.94	264	1.76

（3）从表 1-4 可以看出，调研区域的既有建筑中，作为住宅使用的所占比例最高，为 59.76%。

沈阳市 1990 年以前房屋建筑按功能统计　　表 1-4

	面积（m^2）	面积百分比（%）	栋数（栋）	栋数百分比（%）
全市建筑总面积	44860267	100.00	15010	100.00
住宅	30683575	68.40	8970	59.76
工业用房	5670310	12.64	2617	17.44
公用房屋	4834673	10.78	1976	13.16
商用房屋	1656799	3.69	653	4.35
商住	766042	1.71	314	2.09
其他	1248868	2.78	480	3.20

（4）从表 1-5 可以看出，调研区域的既有建筑中，47.22% 的房屋既无圈梁也无构造柱；有圈梁和构造柱的只有 1459 栋，占总栋数的 9.72%。可以看出，真正具有一定抗震能力的是极少数。

沈阳市 1990 年以前房屋建筑按抗震措施统计　　表 1-5

	面积（m^2）	面积百分比（%）	栋数（栋）	栋数百分比（%）
全市建筑总面积	44860267	100.00	15010	100.00
无圈梁无构造柱	16346752	36.44	7087	47.22
无圈梁有构造柱	2520738	5.62	859	5.72
有圈梁无构造柱	15421808	34.38	4421	29.45
有圈梁有构造柱	5864296	13.07	1459	9.72
空白	4706673	10.49	1184	7.89

（5）从表 1-6 可以看出，调研区域的既有建筑中，结构改动的房屋 2154 栋，占总栋数的 14.35%；使用功能改变的 521 栋，占 3.47%；有过破损、未做处理的有 1109 栋，占 7.39%。这说明，既有建筑中被使用者人为改变结构设计和使用功能且有新破损问题的建筑物数量不少。

沈阳市1990年以前房屋建筑按抗震存在问题统计　　表1-6

	面积（m^2）	面积百分比（%）	栋数（栋）	栋数百分比（%）
全市建筑总面积	44860267	100.00	15010	100.00
结构改动	8406142	18.74	2154	14.35
使用功能改变	1377830	3.07	521	3.47
有过破损未处理	3047263	6.79	1109	7.39
有过破损已处理	3141238	7.00	1465	9.76
未发现问题	28887794	64.40	9761	65.03

1.2.2.2　山西省

（1）忻州市城区

忻州市位于山西省中北部，地理坐标位于东经110°53′～113°58′、北纬38°6′～39°40′，是山西中北部的重要中心城市，城区内人口密集，新老建筑混杂，党政机关、学校、医疗机构以及工商业、居住建筑交错分布。忻州市城区处于8度高地震烈度区，也是抗震设防的重点城市。

1）忻州市城区房屋建筑总体情况及用途调查

截至2011年，忻州市城区房屋建筑总面积$1672\times10^4m^2$，其中住宅建筑$1110.64\times10^4m^2$、办公建筑$146.71\times10^4m^2$、学校校舍建筑$96.48\times10^4m^2$（其中高等教育院校校舍建筑$50.13\times10^4m^2$，中、小学校舍建筑$43.98\times10^4m^2$，幼儿园校舍建筑$2.37\times10^4m^2$）、医院建筑$8.34\times10^4m^2$、生命线工程建筑$11.32\times10^4m^2$、文化娱乐科技用房建筑$1.22\times10^4m^2$、体育用房建筑$0.48\times10^4m^2$、长途汽车站$0.56\times10^4m^2$、其他房屋建筑$296.25\times10^4m^2$。各类房屋的面积和所占比例见表1-7，分类图见图1-2。

忻州市城区各类房屋面积及所占比例统计表　　表1-7

房屋类型	面积（$\times10^4m^2$）	所占比例（%）
住宅	1110.64	66.43
办公	146.71	8.77
高等教育院校	50.13	3.00
中小学（含中专、技校、职高）	43.98	2.63
幼儿园	2.37	0.14
医院	8.34	0.50

续表

房屋类型	面积（$\times10^4m^2$）	所占比例（%）
生命线工程	11.32	0.68
文化娱乐科技用房	1.22	0.07
体育用房	0.48	0.03
长途汽车站	0.56	0.03
其他房屋	296.25	17.72
合计	1672.00	100.00

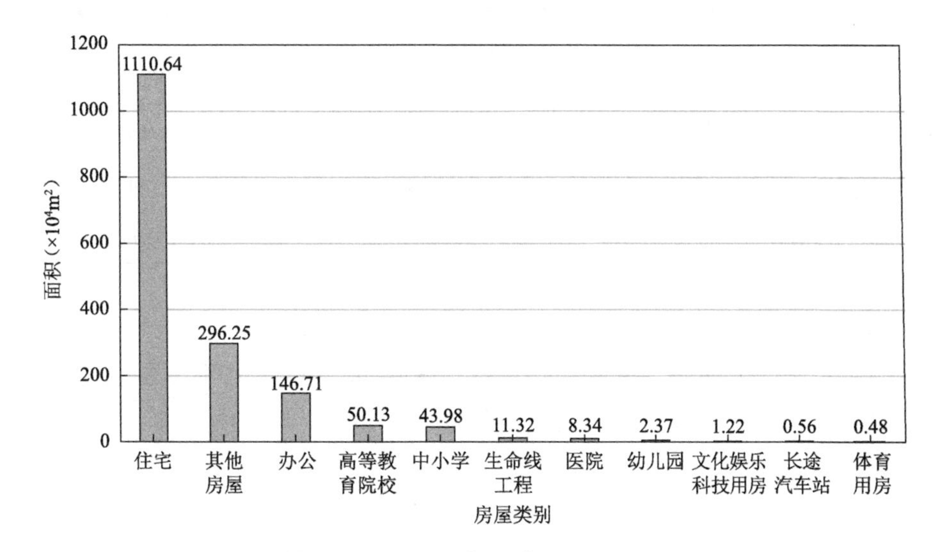

图 1-2 忻州市城区房屋面积分类

2）忻州市城区房屋既有建筑占比情况

依据忻州市城区房屋建筑年代和抗震设防的历史沿革，以 1990 年为分界，将其划分为 1990 年后新建建筑和既有建筑（抗震设防达标和设防不达标）两大类。忻州市城区房屋 1990 年后新建建筑、既有建筑数量及所占比例见表 1-8。

忻州市城区房屋 1990 年后新建建筑、既有建筑分类统计　　表 1-8

类别	面积（$\times10^4m^2$）	所占比例（%）
1990 年后新建建筑（设防达标）	939.67	56.20
既有建筑（设防不达标）	732.33	43.80
合计	1672.00	100.00

3）忻州市城区既有建筑在各类房屋中的占比情况

忻州市城区住宅、办公类、学校、医院、文化娱乐科技用房和体育用房、生命线工程、汽车站和其他用房等各类建筑中，均包括既有建筑，而各类房屋1990年后新建建筑、既有建筑分类统计如下。

① 住宅

忻州市城区住宅面积为$1110.64\times10^4m^2$，其建筑年代跨度大，既有中华人民共和国成立前的建筑，也有近些年建造的建筑。按1990年后新建建筑、既有建筑统计的面积见表1-9。

忻州市城区住宅按1990年后新建建筑、既有建筑分类统计　　表1-9

类别	面积（$\times10^4m^2$）	所占比例（%）
1990年后新建建筑（设防达标）	620.44	55.86
既有建筑（设防不达标）	490.20	44.14
合计	1110.64	100.00

② 办公类

忻州市城区办公楼建筑面积总计$146.71\times10^4m^2$，其建筑年代跨度大，既有中华人民共和国成立前的建筑，也有近些年建造的建筑。按1990年后新建建筑、既有建筑分类统计的面积见表1-10。

忻州市城区办公楼按1990年后新建建筑、既有建筑分类统计　　表1-10

类别	面积（$\times10^4m^2$）	所占比例（%）
1990年后新建建筑（设防达标）	73.73	50.26
既有建筑（设防不达标）	72.98	49.74
合计	146.71	100.00

③ 学校

学校包括高等教育院校、中小学（含中专、技校、职高）、幼儿园，总建筑面积为$96.48\times10^4m^2$。各类房屋按1990年后新建建筑、既有建筑分类统计的面积见表1-11、表1-12。

高等教育院校建筑面积主要包括各类大学、大专教学用房和学生宿舍的建筑面积。按1990年后新建建筑、既有建筑分类统计的面积见表1-13。

忻州市城区各类学校房屋建筑统计　　　　表 1-11

学校性质	面积（$\times 10^4 m^2$）	所占比例（%）
高等教育院校	50.13	51.96
中小学（含中专、技校、职高）	43.98	45.58
幼儿园	2.37	2.46
合计	96.48	100.00

忻州市城区学校按 1990 年后新建建筑、既有建筑分类统计　　表 1-12

类别	面积（$\times 10^4 m^2$）	所占比例（%）
1990 年后新建建筑（设防达标）	79.12	82.01
既有建筑（设防不达标）	17.36	17.99
合计	96.48	100.00

忻州市城区高等教育院校按 1990 年后新建建筑、既有建筑分类统计表　　表 1-13

类别	面积（$\times 10^4 m^2$）	所占比例（%）
1990 年后新建建筑（设防达标）	42.02	83.82
既有建筑（设防不达标）	8.11	16.18
合计	50.13	100.00

中、小学（含中专、技校、职高）和幼儿园建筑面积指学生教学用房、学生宿舍和食堂的建筑面积。中、小学和幼儿园学校的教学用房以及学生宿舍和食堂，人员密集，地震时可能导致大量人员伤亡等重大灾害后果，需要提高设防标准，为重点设防类建筑。中、小学总建筑面积 $43.98 \times 10^4 m^2$，幼儿园总建筑面积 $2.37 \times 10^4 m^2$，两类房屋按 1990 年后新建建筑、既有建筑分类统计的面积见表 1-14、表 1-15。

忻州市中小学（含中专、技校、职高）按 1990 年后新建建筑、既有建筑统计 表 1-14

类别	面积（$\times 10^4 m^2$）	所占比例（%）
1990 年后新建建筑（设防达标）	34.89	79.33
既有建筑（设防不达标）	9.09	20.67
合计	43.98	100.00

忻州市城区幼儿园按 1990 年后新建建筑、既有建筑分类统计　　表 1–15

类别	面积（$\times10^4m^2$）	所占比例（%）
1990 年后新建建筑（设防达标）	2.21	93.07
既有建筑（设防不达标）	0.16	6.93
合计	2.37	100.00

④ 医院

忻州市城区医院建筑面积总计 $8.34\times10^4m^2$，其建筑年代多数在 1990 年以前。按 1990 年后新建建筑、既有建筑分类统计的面积见表 1−16。

忻州市城区医院按 1990 年后新建建筑、既有建筑分类统计表　　表 1–16

类别	面积（$\times10^4m^2$）	所占比例（%）
1990 年后新建建筑（设防达标）	2.02	24.22
既有建筑（设防不达标）	6.32	75.78
合计	8.34	100.00

⑤ 文化娱乐科技用房

忻州市城区文化娱乐科技用房总面积 $1.22\times10^4m^2$，包括文化馆、图书馆、博物馆、影剧院、剧团等房屋，既有建筑占多数。按 1990 年后新建建筑、既有建筑分类统计的面积见表 1−17。

忻州市城区文化娱乐科技用房按 1990 年后新建建筑、既有建筑分类统计表　　表 1–17

类别	面积（$\times10^4m^2$）	所占比例（%）
1990 年后新建建筑（设防达标）	0.28	22.95
既有建筑（设防不达标）	0.94	77.05
合计	1.22	100.00

⑥ 体育用房

忻州市收集到的体育用房只有 1977 年建造的睃乡体育馆，建筑面积 $4848m^2$，该体育馆建筑年代早，使用年限长，属既有建筑。

⑦ 长途汽车站

忻州市城区有两个汽车站，一汽车站位于七一北路迎宾街 1 号，2001 年以后建成，建筑面积为 4387m^2；另一汽车站位于五台山北路，1971 年建造，建筑面积 1155m^2，该汽车站属既有建筑。

⑧ 生命线工程用房

生命线工程包括粮库、消防、通信、供水、供电等部门，忻州市城区生命线工程用房总面积 11.32×10^{4}m^2。按 1990 年后新建建筑、既有建筑分类统计的面积见表 1-18。

忻州市城区生命线工程用房按 1990 年后新建建筑、既有建筑分类统计表　表 1-18

类别	面积（×10^{4}m^2）	所占比例（%）
1990 年后新建建筑（设防达标）	6.58	58.13
既有建筑（设防不达标）	4.74	41.87
合计	11.32	100.00

⑨ 其他用房

其他用房包括工业、交通、仓储、商业、金融、信息、科研、涉外、宗教、监狱等所有用房，总建筑面积 296.25×10^{4}m^2。其按 1990 年后新建建筑、既有建筑分类统计的面积见表 1-19。

忻州市城区其他用房按 1990 年后新建建筑、既有建筑分类统计表　表 1-19

类别	面积（×10^{4}m^2）	所占比例（%）
1990 年后新建建筑（设防达标）	157.06	53.02
既有建筑（设防不达标）	139.19	46.98
合计	296.25	100.00

（2）临汾市城区

临汾市地处黄河中游，山西省西南部，地理坐标在北纬 35°23′-36°57′、东经 110°22′-112°34′。临汾市城区有街道办事处 9 个，该区域主要是政治、经济、文化的中心，分布着党政机关、学校、医疗卫生机构、大型购物中心、娱乐中心等，为主要人口聚集地。

1）临汾市城区房屋建筑总体情况

截至 2011 年 6 月，临汾市城区房屋建筑总面积 1207.9×10^{4}m^2，其中市区 852.28×10^{4}m^2、开发区 199.47×10^{4}m^2、尧都区（城东）156.15×10^{4}m^2。

2）临汾市城区房屋既有建筑占比情况

临汾市城区现存1980年及以前房屋建筑536605.5m²，现存1980—1990年房屋建筑2308813.9m²，现存1990—2000年房屋建筑2053613m²，2000年以后房屋建筑2917766.86m²。

依据临汾市房屋建筑年代和抗震设防的历史沿革，以1990年为界，将其划分为1990年后新建建筑和既有建筑两大类。临汾市城区房屋1990年后新建建筑、既有建筑数量及所占比例见表1-20。

临汾市城区房屋1990年后新建建筑、既有建筑分类统计表　　表1-20

类别	面积（$\times 10^4 m^2$）	所占比例（%）
1990年后新建建筑（设防达标）	8324603.87	68.92
既有建筑（设防不达标）	3754409.43	31.08
合计	12079013.30	100.00

（3）太原市城区

太原现辖6个市辖区（小店区、迎泽区、杏花岭区、尖草坪区、万柏林区、晋源区）、3个县（清徐县、阳曲县、娄烦县）、1个县级市（古交市）。太原市城区人口密集，在城市中分布着党政机关、学校、医疗机构，工业、商业、居住建筑混杂在一起，各个年代的建筑交错分布。

太原市市区（6个市辖区）、清徐县、阳曲县处于8度高地震烈度区，是全国重点抗震设防城市之一；古交市抗震设防烈度为7度，设计基本地震加速度值为0.15g；娄烦县抗震设防烈度为7度，设计基本地震加速度值为0.10g。

1）太原市六城区三县一市城市房屋建筑总体情况及用途调查

截至2011年，太原市六城区三县一市中的小店区、迎泽区、杏花岭区、尖草坪区、万柏林区、晋源区、清徐县、阳曲县、娄烦县、古交市房屋建筑总面积分别为1597.82万m²、1867.44万m²、1073.15万m²、1694.732万m²、1835.16万m²、273.647万m²、327.1296万m²、274.665万m²、98.7952万m²、80.9587万m²。各区县市住宅建筑、办公建筑、学校校舍建筑、医院建筑、文化娱乐科技用房建筑、体育用房建筑、长途汽车站、其他房屋各类建筑的面积和所占比例见附录表2。

2）太原市六城区三县一市城市房屋既有建筑占比情况

依据太原市房屋建筑年代和抗震设防的历史沿革，以1990年为界，将其划分为1990年后新建建筑和既有建筑两大类，太原市六城区三县一市城市房屋1990年后新建建筑、既有建筑数量及所占比例见附录表3。

3）太原市六城区三县一市城市既有建筑在各类房屋中的占比情况

太原市六城区三县一市城市住宅、办公类、学校、医院、文化娱乐科技用房和体育用房、长途汽车站和其他用房等各类房屋都包含了既有建筑，各类房屋1990年后新建建筑、既有建筑分类包括住宅、办公类、学校、医院、文化娱乐科技用房、体育用房、长途汽车站以及其他用房，各类建筑面积详见附录表4～表13。

（4）山西省城市既有建筑主要结构类型调查

1）临汾市城区既有建筑结构类型情况

临汾市城区现存1980年及以前房屋建筑536605.5m^2，现存1980—1990年房屋建筑2308813.9m^2，既有建筑（设防不达标）房屋3754409.43m^2。

临汾市城区既有建筑房屋结构类型主要以砖混结构为主，所占比例达到84.34%，砖木结构所占比例为8.43%，框架结构所占比例为7.23%。

2）忻州市城区既有建筑结构类型情况

为了全面地了解城市房屋建筑中既有建筑的详细情况，2012年对忻州市忻府区（主城区）能调查、收集到资料的1524栋建筑进行了详细调查，调查了解到1524栋建筑总面积3911440.20m^2；其中1990年及以前的既有建筑746栋，建筑面积1292306.67m^2，占所调查1524栋建筑面积的33.40%。

对所调查的746栋既有建筑结构类型进行分类统计，砖混结构房屋576栋，建筑面积1013658.32m^2；多层钢筋混凝土房屋42栋，建筑面积83294.73m^2；内框架和底层框架房屋26栋，建筑面积104569.18m^2；单层钢筋混凝土柱厂房40栋，建筑面积47222.71m^2；单层空旷房屋、单层砖柱厂房及土木石墙房屋62栋，建筑面积43561.73m^2。

临汾市与忻府区的既有建筑房屋结构类型面积及所占比例统计详见附录表14～表15。

1.2.2.3 黑龙江省

根据2000年年鉴资料，到2000年，哈尔滨市人口达到934.64万人，竣工房屋面积达到1062.6万m^2。基本建设、更新改造和其他投资竣工项目839个。房地产开发竣工商品房面积达445.85万m^2。

哈尔滨作为北方严寒城市代表，被国家住房和城乡建设部确定为4个“中国北方既有居住建筑情况调查试点城市”之一。在调查中发现，20世纪90年代以前哈尔滨市既有居住建筑多为单元式、4-8层的多层住宅，单元式多层住宅占所调查住宅类型的 68%，居于主体地位。单元式多层住宅建筑结构大多是砖混结构，外墙材料多为 490mm 厚实心黏土砖墙，也有少数外墙采用 370mm 厚空心砖加设保温层。对哈尔滨进行了两个区域的重点调研考察：西大直街和头道街—十四道街地块（图 1–3）。

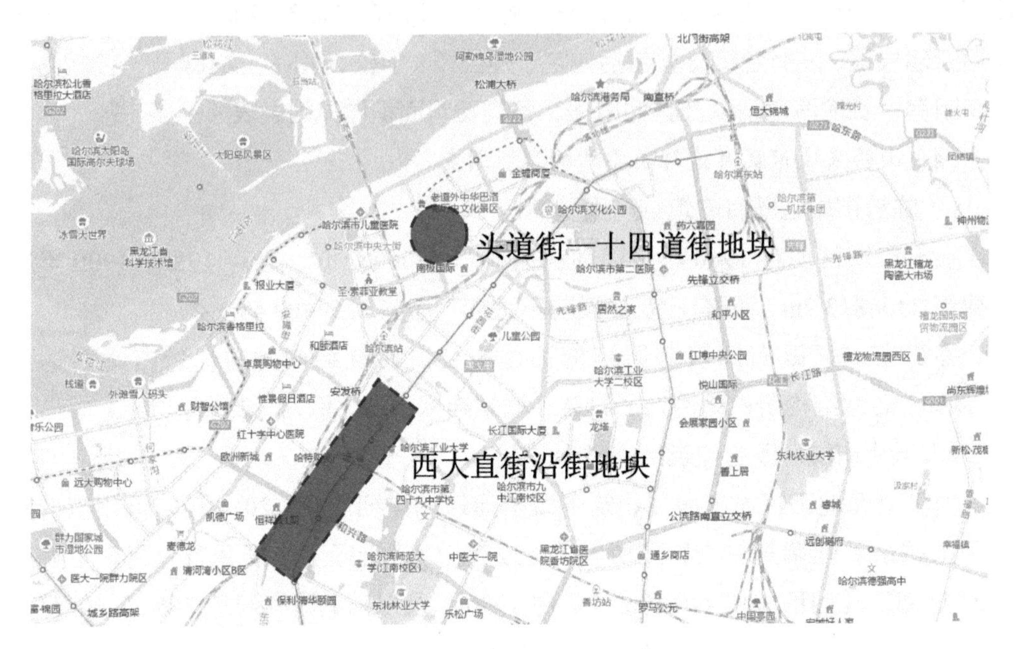

图 1–3 西大直街和头道街—十四道街地块（标记为重点调研地块）

西大直街地块（图 1–4）：该地块位于哈尔滨南岗区。地块纵向长 3.9km，宽 1km 左右。每个街区的内部，大多数为较老的住宅楼，外圈为比较新的建筑，或是经过改造的建筑，还有一些办公楼多沿着西大直街布置。

头道街—十四道街地块（图 1–5）：该地块大部分建筑为新中国成立前所建，包括商业及住宅建筑，有个别建筑为新中国成立后建成。

通过对两个地块的走访与调研，发现大部分既有建筑状态良好，并且能发挥正常的使用功能。对其中的既有建筑进行了大概的分类：

1）维护较好的保持原始状态的非住宅楼（图 1–6、图 1–7）

这类建筑一般有两种情况，一种是历史建筑，另一种是某个稳定的政府单位或组织的办公楼，一直处于正常使用状态，并有专门的维修维护人员。其外观保持着建造初期的状态，没有什么大的改动，只是进行定期的粉刷一类的保养维护。

2）经过改造状态良好的非住宅楼（图 1–8）

这类建筑一般为沿着西大直街的办公楼或中小学教学楼等，均处于正常使用状态。使用单位一般为运行状态较好的单位，对自身使用的办公楼外观及内部有较高的要求，因此单位对建筑进行过内部及外观的改造。尤其是外观的改造，使得建筑具有时代感。

3）经过改造状态良好的住宅楼（图 1-9）

这类住宅一般为 20 世纪 80-90 年代建成的临街建筑。由于地处西大直街，地理位置比较重要，考虑到沿街景观的美化需求，建筑的外观状况比较良好，或进行了改造，或定期进行粉刷，使得建筑外观保持着较新的状态。

4）缺乏维护的住宅楼（图 1-10）

这类住宅楼一般为 20 世纪 50-70 年代所建，位于建筑群内部，没有定期的维护，致使从建筑的外表看来，比较破败。

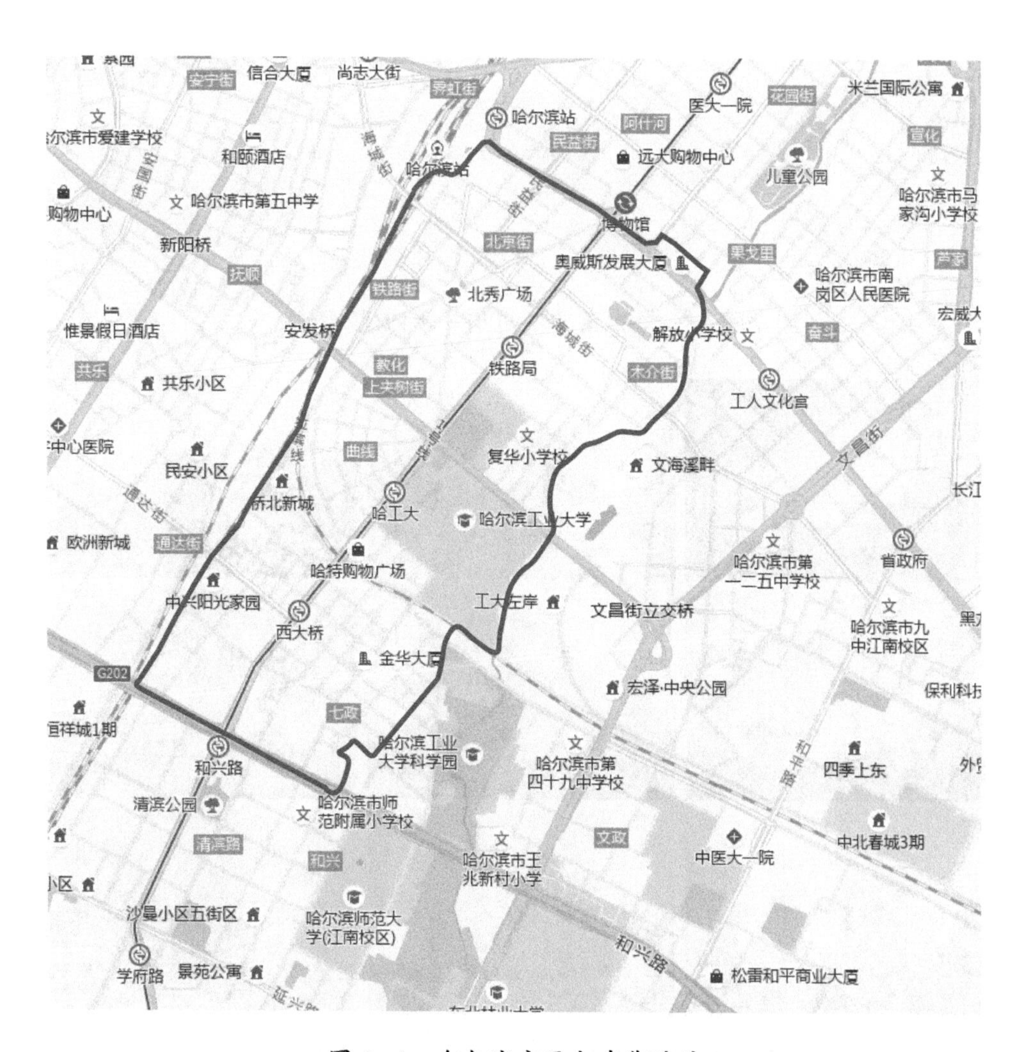

图 1-4 哈尔滨市西大直街地块

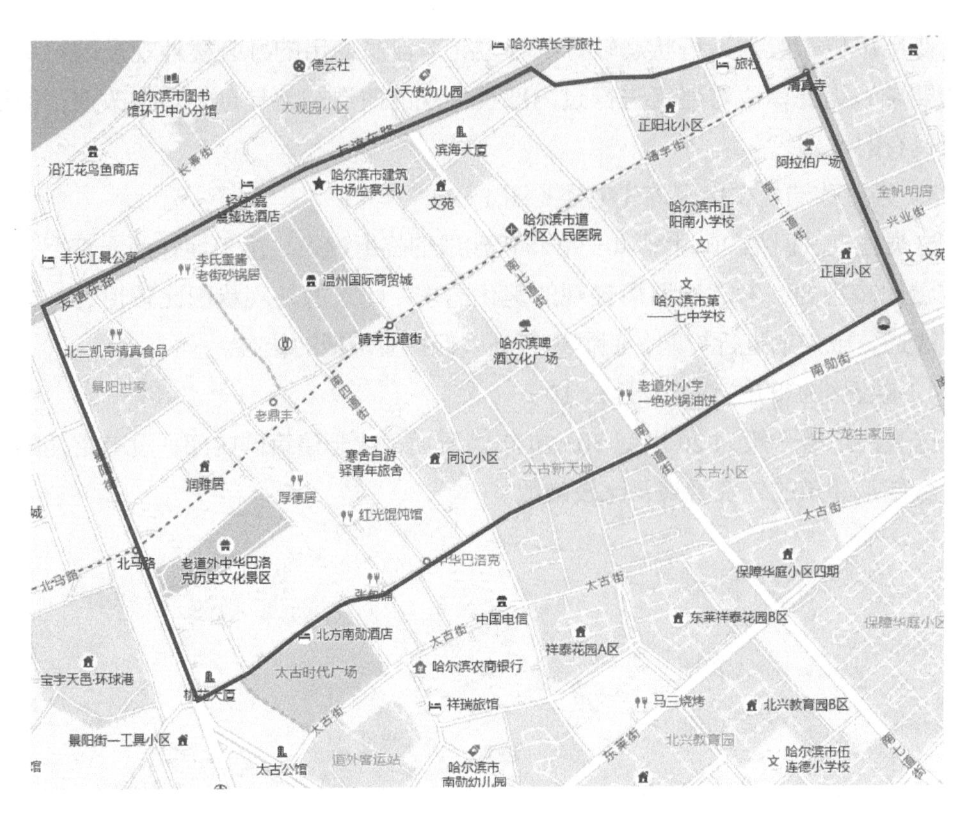

图 1-5　哈尔滨市头道街—十四道街地块

图 1-6　维护较好的既有建筑（非历史建筑）

图 1-7　沿街保存较好的历史建筑

图 1-8　沿街经过改造后保存较好的既有建筑

图 1-8　沿街经过改造后保存较好的既有建筑（续）

图 1-9　经过改造状态良好的住宅楼

图 1-10 缺乏维护的住宅楼

1.2.2.4 成都市

成都位于中国西南地区，横跨川西高原以及川中丘陵两大自然景观，西部地势较高，中部、南部地势较低。成都东与德阳、资阳毗邻，南与眉山相连，西与雅安、阿坝接壤。成都东西最大横距 192km，南北最大纵距 166km，面积 12390km^2。

成都市的既有建筑较多，保护较好，尤其是北城区，成都的北城改造就是围绕北部老城区进行的针对性改造。北城区占中心城区面积总量的 75% 以上，是全市旧城改造的“主战场”。以金牛区和成华区为主，占地约 104km^2。针对这种情况，对成都市既有建筑进行重点区域调研。调研的地块如图 1-11 所示，包括：人民公园地块、人民路地块以及新华公园地块。

1）人民公园地块（图 1-12）：区域面积 530hm^2，建筑面积 878 万 m^2。该地块位于成都市中心区域北部，北近青龙街，南临蜀都大道，东临人民中路（地铁一号线骡马市站），西临东城根街，均为主干道。地块内有羊市街穿过，规划中

图 1-11　成都市重点调研地块（标记地块）

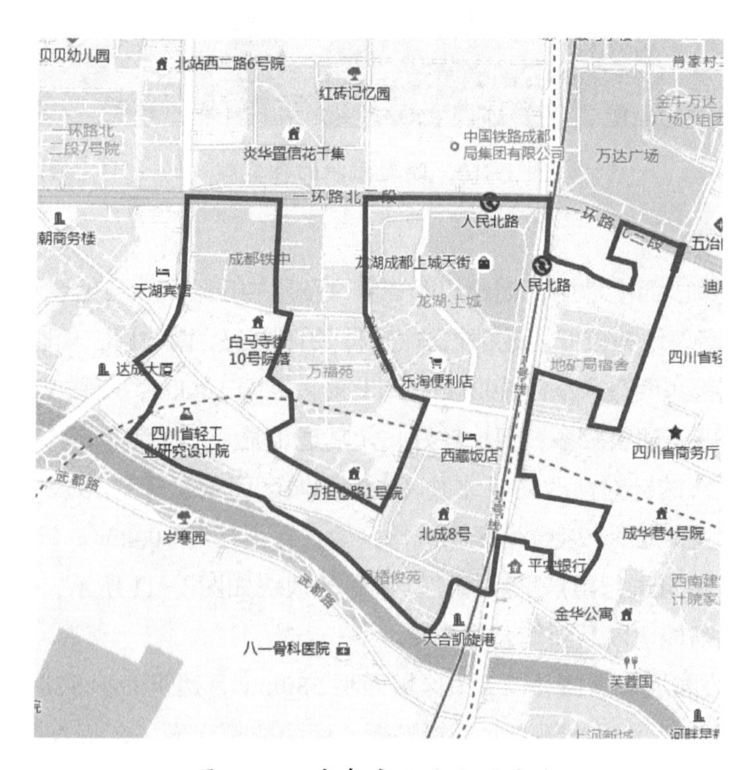

图 1-12　成都市人民公园地块

有地铁四号线，交通较为便捷。区域内多为五六层旧式住宅楼（图 1-13），平面不统一。

图 1-13 人民公园地块既有建筑

2）人民街地块（图 1-14）: 区域面积 43.59hm^2，建筑面积 69.5 万 m^2。该地块位于成都市北部，离市中心约 2km。共分为两个区域，北接一环路北二段，西临五丁路，东临人民北路一段（地铁一号线人民北路站），均为主干道，南临绵江，地块内有成华西街，白马寺北顺街，白马寺街贯穿。区域内多为五六层旧式住宅楼（图 1-15），还有个别三层以下建筑，平面不统一。

3）新华公园地块（图 1-16）: 区域面积 61.26hm^2，建筑面积 108.77 万 m^2。该地块位于成都市东部，北接新华大道，南临蜀都大道，西临一环路，北南西路均为主干道，东临双林中横路。地块内有双华路街，双桥路贯穿。区域内多为六七层旧式住宅楼（图 1-17），小区组团模式较多，平面不统一。

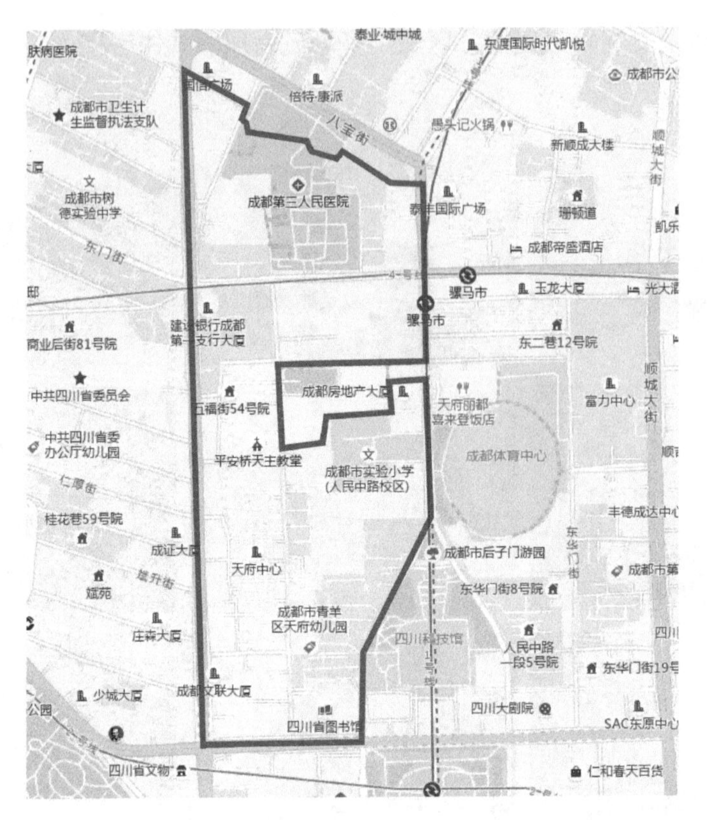

图 1-14　成都市人民街地块

图 1-15　人民街地块既有建筑

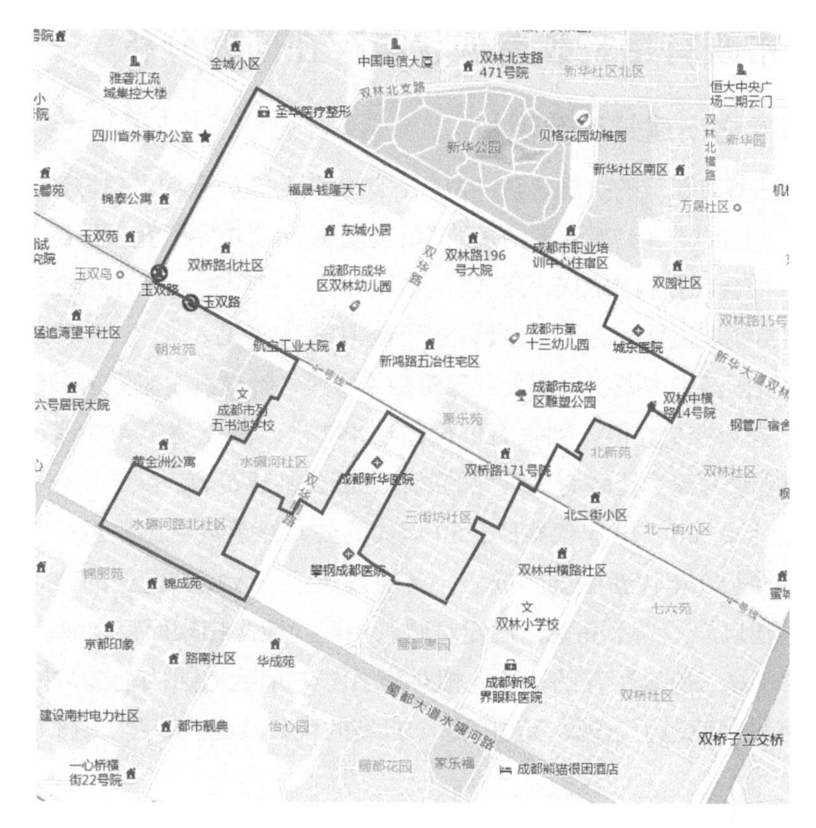

图 1-16　成都市新华公园地块

图 1-17　新华公园地块既有建筑

1.3 城市既有建筑改造现状与存在问题分析

1.3.1 既有老旧建筑改造现状

在对沈阳既有建筑的抗震普查中发现，结构改动的房屋约占总栋数的 14.35%，改变使用功能的约占 3.47%。不论是结构改动还是使用功能改变，都是为了有效利用城市中不符合现代要求的老旧建筑，对其进行有机更新，提升社会资源的利用率，符合可持续发展要求，所以改造在老城区中较为常见。

为取得全国范围内既有老旧公共建筑相关资料，针对既有老旧公共建筑进行调查，分发调查问卷 700 份，回收有价值问卷 493 份，涉及建筑 493 栋。问卷要求的是被调查者填写家乡比较有代表性的既有老旧公共建筑等。从结论分析，调查对象中，与 20 世纪 60、70 年代相比，50 年代的公共建筑数目出乎意料的多，推测是由于 20 世纪 50 年代新中国刚成立，各地兴建了一大批较重要的公共建筑，虽然当时各种建筑规范尚不完备，但建筑质量相对尚佳。相较而言，60、70 年代的建筑质量并不高，所以留存的必要性相对较小，在拆除大潮中首当其冲遭到拆除。90 年代后各种规范趋于正规，又出现了一批新时代公共建筑（图 1-18）。

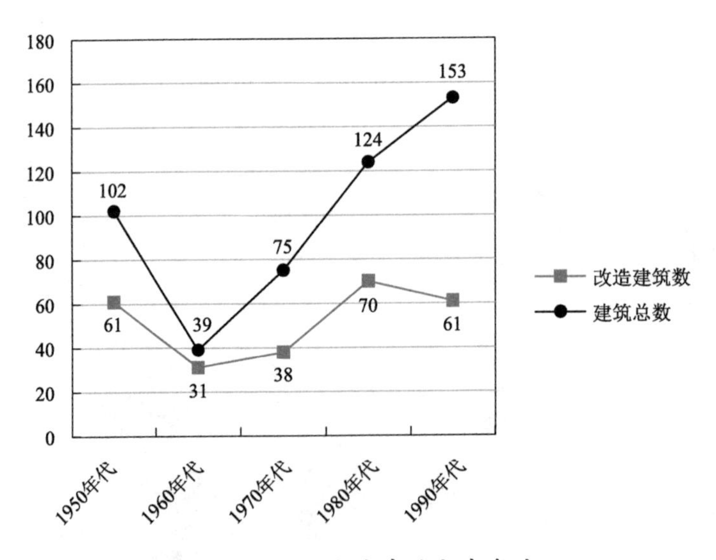

图 1-18 经改造建筑分布年代

另由问卷可知，经过改造的建筑有 261 栋，占调查对象总数的 59.4%，绝大部分都是在 20 世纪 90 年代以后进行改造，尤其集中在 2000—2009 年，占所有改造建筑数目的 50.6%。造成这一现象的原因，除了随着时间的推移需要改造的建筑数目不断增多以外，同样与 90 年代后各种规范（尤其是结构规范）进行了更为严谨的改版息息相关。

结构改动主要包括加层、扩建、调整层高、对个别承重构件进行删改、整体搬移及纠偏等。在对建筑物进行结构改变时，有些建筑新增建筑面积较大，使得主体结构整体性不强且强度不足。为防止增加地震后的倒塌危险，首先必须对内部结构进行加固与改造并严格执行现行规范，并在改造时尽量采取对原结构影响较小的结构形式；其次对改造后的建筑在进行常遇地震下强度计算的同时，还需进行罕遇地震震级的弹塑性变形计算，针对强度不足的部分应予以继续加固。

震区的建筑应按照住房和城乡建设部颁布的《地震灾后建筑鉴定与加固技术指南》[4]的各项指导原则进行加固建设。受灾区域根据区域内建筑群体受损程度可划分为极严重受损区、严重受损区以及轻微受损区。除了遭到严重破坏无修复必要的极严重受损区外，严重受损区及轻微受损区中的多数建筑通过加固排除安全隐患后仍可继续使用。既有建筑的加固主要体现在对建筑物进行抗震加固、因火灾导致构件失效的部分房间加固、拆除部分损坏构件等方面。目前已成熟的常规加固方法有增大界面法、外粘型钢加固法、碳纤维片材加固法及增加支点等[5]，以上加固方法在工程实践中均被大量使用，但由于这些方法自身具有一定的局限性，使它们在耐久性和美观方面有所欠缺，并且可能由于施工条件的限制而无法实施。比如碳纤维片材及粘钢加固工艺中均需使用胶结材料，当使用有机胶时，其耐久性尤其是在高温条件下与传统的钢筋混凝土加固方法相比会略差一些。由此，工程师开发出了许多新型的技术，例如日本采用树脂材料作为抗震“绷带”包裹建筑物支柱的“SRF 工艺”防止建筑倒塌，可以确保建筑物内人员的生存空间[6]。

除了使用加固方法应对震灾外，也可以采用消能的思路，简而概之就是允许地震能量进入建筑，但是会被该建筑物中设置的某些特定消能装置（金属系统、摩擦系统、粘弹性系统、粘滞及半粘滞系统等）转化为其他能量，进而被建筑结构吸收[7]。

1.3.2 改造存在问题分析

建筑功能的改变形式多种多样，基本可分为由大空间改造为小空间以及由小空间改造成大空间两部分。其中小空间改造成大空间，在结构条件允许的情况下，功能上一般不会出现太大的问题；但是若将大空间改造成小空间，就可能由于原建筑面积过大，在改“小”的过程中出现流线迂回、采光不好等问题。

笔者在调研后发现，类似“如家”“7 天”等快捷酒店多为由厂房等既有建筑改造而成，需要将墙体及层高进行大范围改造，这也是快捷酒店改造中较为复杂的一种。如位于泉城济南的某 7 天酒店（图 1-19），地块临近大明湖，是一栋由 20 世纪 70 年代厂房改造而成的快捷酒店，占地面积 1176m²，建筑面积 5500m²。厂房建筑由于特殊的使用功能要求而呈现开间大、进深长、净高高、空间较为规整的特点，在新增暖通、给排水等功能洞口时相对其他改造较为容易。其改造的难点是将立面及平面根据快捷酒店的使用要求进行重新合理的划分——将整体空间划分为适用的小空间。由于建筑进深较大，旅店走廊曲折，两侧房间分布形式不甚规则。无法采光的房间，则通过开天井及向走廊开窗方式解决，虽聊胜于无，实际上不论采光还是通风的使用效果均欠佳，若火灾发生不能进行主动排烟气，势必对疏散造成一定困难。虽为了满足旅店的防火要求，将内部楼梯封闭为防火楼梯间，并于西半部分设南北两个出口，即使如此，由于内部空间比较复杂，对于偶尔入住的旅客来说安全疏散流线难以把握，尤其是位于东南部分的房间，如若灾害发生，很难顺利全身而退。

另外还有一种建筑“以大改小”的典型方式，也就是将面积较大的既有公共建筑平面划分为几个部分，常见于框架结构建筑。华汇大厦（图 1-20）建于 20 世纪 80 年代，框架结构，建筑面积约为 5800m²，并于 20 世纪 90 年代初进行了增加隔断墙等改造。作为 8 层公共建筑，依据防火规范应对楼梯间进行封闭处理或使用室外疏散楼梯。在改建的时候将楼平面分割为 355m²（左侧办公区域）及 395m²（右侧办公区域）两部分，并分别出租。虽然 355m² 的部分安装了室外楼梯，同一防火分区有两个疏散口，但实际上室外楼梯很难为右侧空间所用。

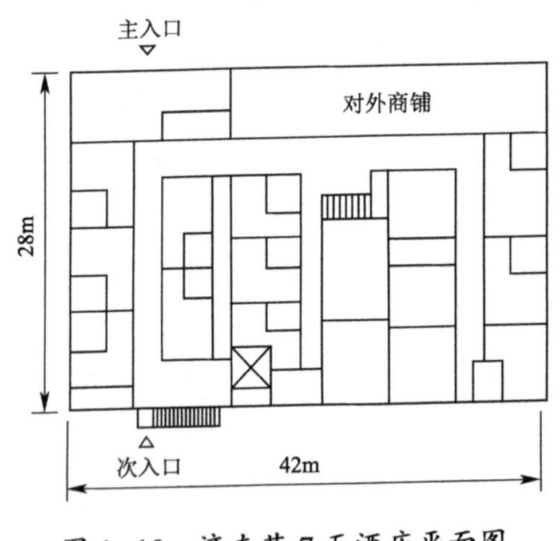

图 1-19　济南某 7 天酒店平面图

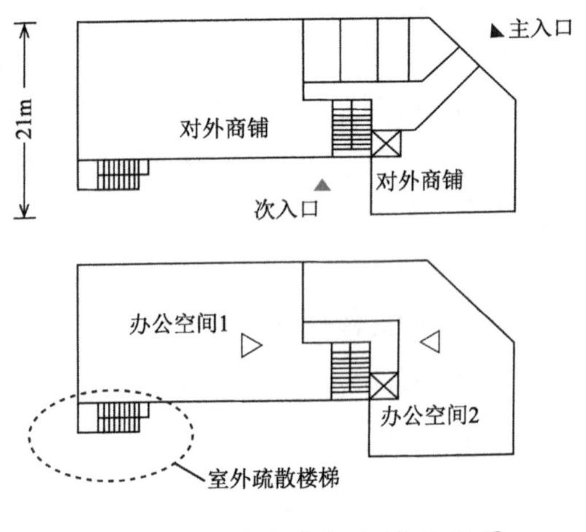

图 1-20　西安华汇大厦平面图

1.4 本章小结

城市灾害日趋严峻，在这种情况下，我国既有建筑存量巨大，质量良莠不齐，在防灾方面存在许多隐患。本章梳理了城市出现的主要灾害种类及发生原因，在实地调研辽宁省、山西省、黑龙江省及四川省等多个城市的基础上对既有建筑现状及存在问题进行总结和分析。特别是20世纪90年代以前建造的建筑，在防灾方面存在着诸多隐患，需要在对其进行更新改造的同时，注重防灾减灾建设，因此改造过程中对既有建筑安全岛设计研究具有重要意义。

2

既有建筑灾害风险评估

目前，各国针对各类型灾害的防治出台了一系列针对既有建筑或城市区域的防灾风险评估章程，综合不同防灾评估中的影响因子，可以对安全岛设置位置影响因子等提供借鉴。

2.1 城市防灾风险评估因子研究

城市防灾风险评估主要是针对区域特性的一种评估手段。与既有建筑的防灾因子相比，更多侧重于区域地质地貌因素、周边建筑环境、危险源等。

日本东京都《地域危险度》(《地域危険度》2013 年第 7 版)，是东京都政府东京各个町目为评估对象，通过对建筑物、火灾和应急避难三方面的危险度进行分类专项评估，继而得出各个地区的综合危险度[8]。其调查工作考虑了每栋建筑的建筑与地基两个因素后，分别对建筑物倒塌危险度、火灾蔓延度及避难危险度进行分级。调查结果会在官网上提供给普通民众查阅，民众可以根据自身需求对建筑物进行改造。根据已有资料，我们总结了东京都综合危险度评判表(表 2-1)。

火灾是由危险源引起的，危险源可划分为 A 类危险源与 B 类危险源，A 类危险源是指可能意外释放的能量或危险物质，B 类危险源则为导致能源或危险物质约束或限制措施破坏或失效的各种因素。A 类危险源决定火灾危险程度，B 类危险源主要表现为对火灾的防控能力。A 类、B 类危险源相辅相成，没有 A 类危险源就没有 B 类危险源，B 类危险源往往决定了事故的大小。通过对危险源的评估可对建筑火灾的风险性进行大致预测。

美国的城市火灾风险评估是对火灾发生的可能性(火灾风险 fire risk)以及火灾后可能造成的后果(火灾危害性 fire hazard)两种含义下的火灾风险进行评估。风险评估的常用方法有 1965 年美国自动控制专家查德(Zadek，L.A.)提出的模糊集概念、蒙特卡洛模拟法、人工神经网络模型、灰色系统理论模型以及目前应用最广的模糊综合评判方法[9]。还有专门为火灾风险建立的疏散模拟模型，也可对火灾风险作出评估。

东京都《地域危险度》评估要素 **表 2-1**

地震相关危险类型		评估要素	评估指标
建筑物倒塌危险度		地理因素	山地、高原、冲积平原、山谷低地等
		建筑物密度（平面及立体密度）	街道面积与人口之比、建筑层数
		结构类型	木建筑、砖混砌体、钢筋混凝土、钢构
火灾危险度	发生危险度	建筑类型	居住建筑、公共建筑、工业建筑、农业建筑
		周边环境危险程度	周围是否有危险物质
		地下环境危险程度	地下是否有危险管道通过（瓦斯）
	蔓延危险度	消防设施完备性	距离消防站距离
			周边消防栓个数
		结构类型	木建筑、砖混砌体、钢筋混凝土、钢构
避难危险度		区域人口密度	平均人口密度
		避难路径的安全性	平均道路宽度
		避难路径的可达性	距离应急避难场所的距离

资料来源：东京都都市计划局都市防灾部．地震相关地域危险度测定调查报告书概要（第七次）[DB/OL]. http://www.toshiseibi.metro.tokyo.jp/bosai/chousa_6/home.htm, 2014-02-01.

2.2 既有建筑防灾风险评估因子研究

灾害很少是纯自然力量作用的结果，无人居住远洋小岛上火山爆发就不是灾害，自然力量只有与建筑物相结合并对人造成显著负面后果时才成为灾害。灾害系统研究中认为灾害是由孕灾环境、致灾因子和承灾体三要素共同组成的系统[10]。灾情是灾害系统中各要素相互作用而导致的综合产物。

灾害的孕灾环境可划分为包括空间形态、平面特点、尺寸、结构形式、材料、温度、湿度、消防设施设备完备程度以及使用人员特性、密度在内的建筑内环境，以及区域性建筑外环境。孕灾环境的稳定性与灾害的发生和蔓延息息相关，比如木质材料类敏感性较强的材料会使灾情更为严重。另外，有着区域特性的孕灾环境也将影响建筑防灾设施，比如寒地气候区域的避难空间就必须考虑供暖设施，林区与其他地区相比需更注重控制火源等。

灾害的致灾因子是指孕灾环境中的异变因子，包括自然致灾因子、技术致灾因子和人为致灾因子。相对于自然灾害的作用，建筑也是直接致灾因子之一，无论灾害来自建筑内部还是建筑外部，都是作用于建筑内部环境，然后通过其作用于内部使用人员。致灾因子反映了区域应对灾害的风险性，区域中若有爆炸物品、可燃物、化工物品等危险源，可能在遭受灾害时增加发生爆炸等次生灾害的概率。

灾害的承灾体指灾害的承担者，在城市这一孕灾环境中，承灾体既包括建筑自身、使用人员，也包括受灾区域中的相关事物，承灾体的脆弱性或易损性与造成的后果息息相关。如前文所述，建筑及使用人员既是致灾因子，也是承灾体。砌体建筑——尤其是未经加固的无圈梁无构造柱建筑，在震灾发生时，易出现砖石坍塌的后果；而有着良好心理素质及社会经验的人在灾害中可以保持冷静状态，选择正确的逃生方式，避免因慌乱造成的踩踏事件。

综上所述，根据灾害要素论对灾害进行分析，可提取影响灾害造成后果的因子。这也是各种防灾评估的理论基础。

2.3 既有建筑结构风险研究

美国公共事务管理局 GSA 提供了一个可以评估建筑抗连续倒塌风险分析的流程。该流程可依据建筑的用途、使用年限、结构材料、结构构造等多方面的因素开展评估。若判定建筑的倒塌风险为低，则免于进一步分析，否则将采取拆除构件法对结构的抗连续倒塌能力进行评估[11]。拆除构件法能较真实模拟结构的倒塌过程，从而评价结构抗连续倒塌的能力，而且设计过程不依赖意外荷载，适用于任何意外事件下的结构破坏分析[12]。但拆除构件法设计繁琐，完成全程往往需要花费较多时间和人力物力，这无论是对业主还是对设计者而言都是很难接受的，评估时可以对既有公建划分几种典型的平面类型并分别加以简单评估。埃及的穆罕默德·索拜（Mohamed E. Sobaih）提供了一套针对学校建筑的建筑抗震评估，并对公式中建筑开裂因素、安全系数、建筑使用时间系数及地震风险因素等系数的计算关系加以研究[13]（图 2-1），得出如何根据学校建筑自身因素来为既有建筑分级。

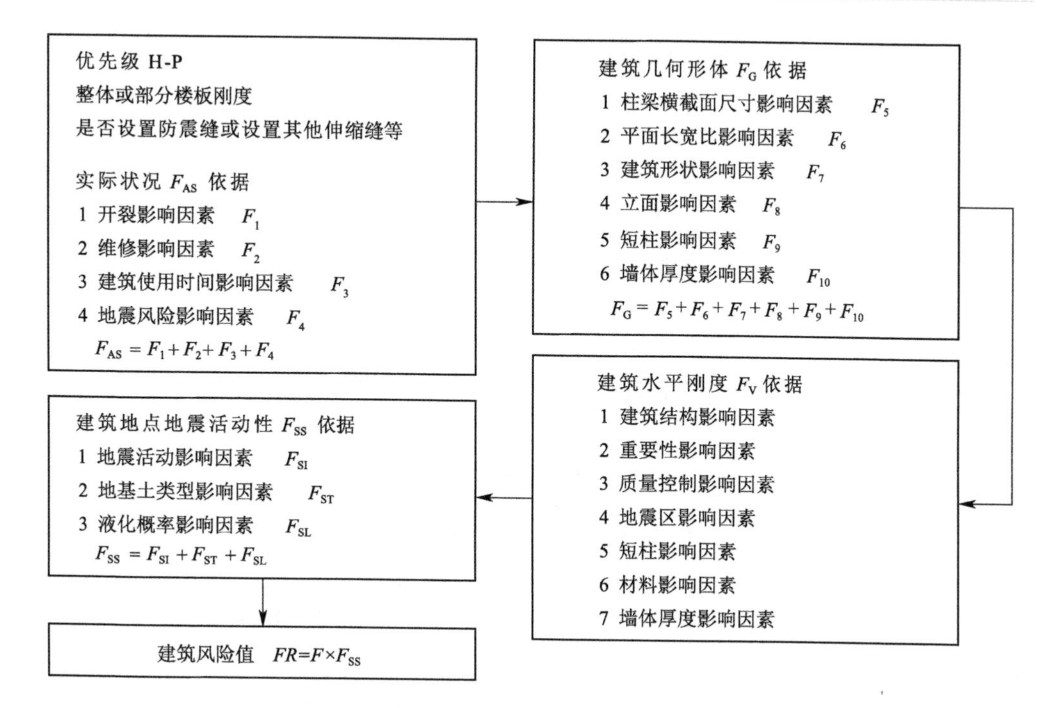

图 2-1 学校建筑抗震评估方法影响因素集

图片来源：见参考文献 [13]

2.4 火灾风险评估相关研究

2.4.1 国外火灾风险评估相关研究

火灾风险评估方法已经应用于国内外很多领域，而且取得了非常理想的效果以及较为显著的成果。风险评估环节是消防安全的重要一步，也是发生火灾时进行消防疏散的重要途径。火灾风险评估方法是伴随着建筑性能化防火设计而产生的。

性能化设计的火灾风险评估模型在国际上的应用较多，模型种类也有很多，在国际上有 3 种代表性模型：美国的 BFSEM 模型、澳大利亚的 CESARE-RISK 模型和加拿大的 FiRECAM 模型。

（1）美国的 BFSEM（The Building Fire Safety Evaluation Method）模型

这是一种网络图模型，20 世纪 70 年代由菲茨杰拉德（Fitzgerald）在尼尔森（Nelson）创立的基本概念以及由《建筑消防安全解析》提出的概念基础上进行创造研究而得出的建筑消防安全评估模型。该模型总体框架内容与建筑防火性能化评估内容较为接近（图 2-2）。

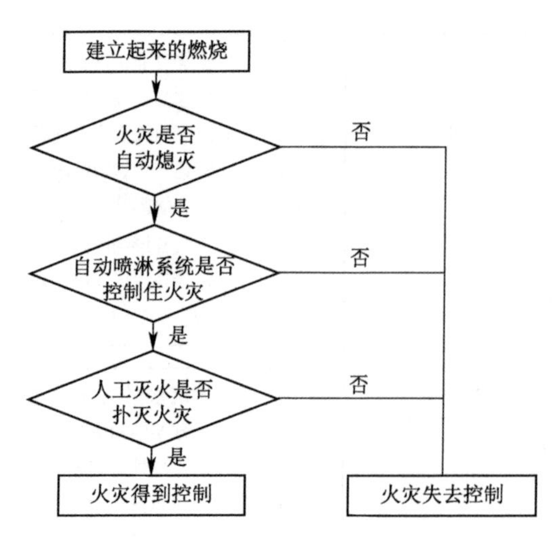

图 2-2 美国 BFSEM 模型

（2）澳大利亚的 CESARE-RISK（Centre for Environmental Safety and Risk Engineering）模型

澳大利亚的 CESARE-RISK 模型是贝克（Beck）教授等人根据之前研发的风险—花费评估模型进行研究改进得到的，是用于火灾风险评价以及费用评价的模型。这一模型确立的目的是使设计保证经济效益的情况下，又能达到一定的安全水准（图 2-3）。

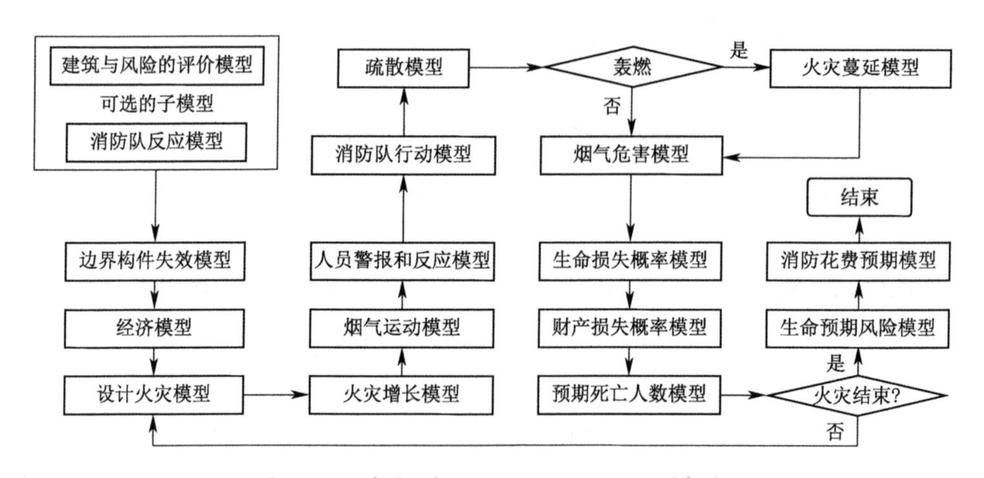

图 2-3 澳大利亚 CESARE-RISK 模型

（3）加拿大的 FiRECAM（Fire Risk Evaluationand Cost Assessment Model）模型

这是在澳大利亚国家研究院的帮助下，与加拿大国家研究院共同开发的火灾风险—成本评估模型。该模型以贝克教授的风险—花费评估模型为基础，并在上文提到的CESARE-RISK模型基础上进行改进。在FiRECAM中总共包含了17个子项，相较于上面两个评估模型，是比较成熟的风险评估模型，主要是针对高层建筑的火灾风险成本进行评估（图2-4）。

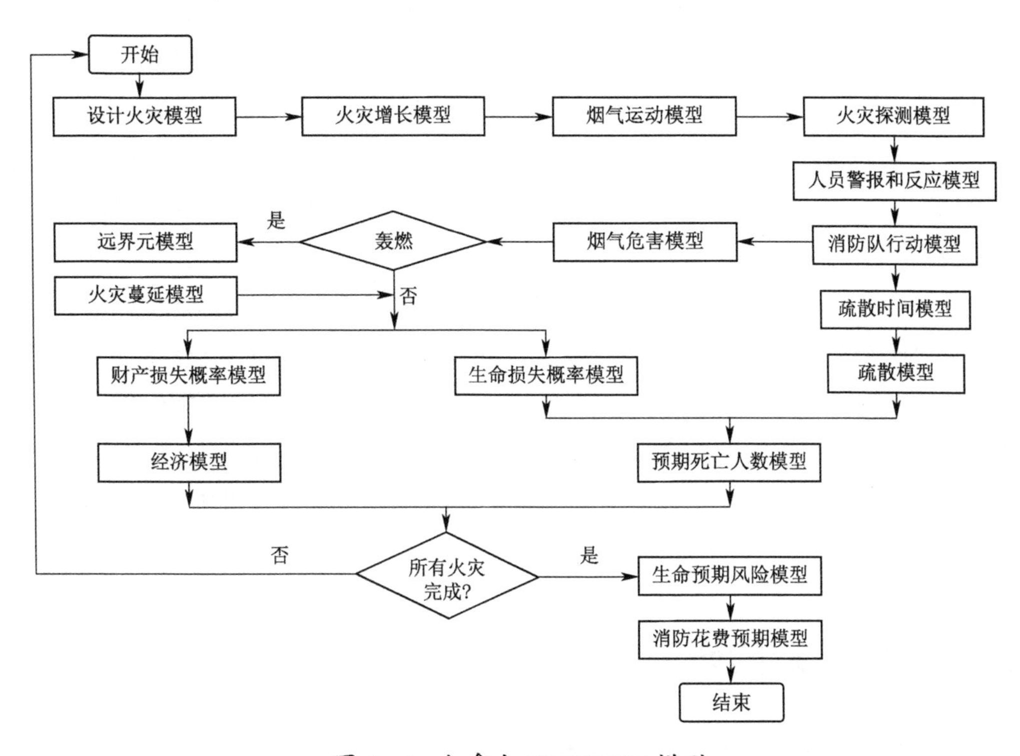

图2-4 加拿大FiRECAM模型

2.4.2 国内火灾风险评估相关研究

范维澄等在《建筑火灾综合模拟评估在大空间建筑火灾中的初步应用》[14]中运用火灾规律的双重性来研究火灾模拟评估的综合框架并进行初步应用，以大空间建筑例如电影院、大会堂等为例，运用模拟、统计分析，量化描述了火灾评估具体环节和应用程式。同济大学的韩新、沈祖炎等在《大型公共建筑防火性能化评估方法基本框架研究》[15]中对大型公共建筑防火性能化评估方法基本框架进行了研究，以现有的性能化防火设计规范为基础背景，现有消防安全发展状态和现行的建筑防火设计规范为基础点以及出发点，依靠上述种种重要因素与技术支持，对大型公共建筑进行研究并且优化了防火性能化评估方法的基本框架。《建筑物火灾危险性的模糊评价》[16]是湖南科技大学的伍爱友、肖国清等关于模糊评价的研究成果，文中根据影响建筑物火灾危险性多项因素，同时应用模糊识别理论，在影响因素与理论支持的基础上提出了建筑物火灾危险性相关评价体系指标，并对各项评价体系指标进行了不同权重的处理，将上述提及的理论应用到实际项目中进行火灾危险性评价，证实了所提到的模糊评价模型的真实性、代表性与准确性。寇丽平在《人员密集场所风险评估理论与标准化方法研究》[17]中以人员密集场所为背景，对人员与场所特征进行研究，对研究背景下存在风险的地方进行确定，由总结出来的各个特征得出人员密集场所风险评估的指标体系与量化标准。中国科学技术大学的褚冠全在《基于火灾动力学与统计理论耦合的风险评估方法研究》[18]中对火灾动力学与统计理论耦合的风险评估方法进行研究。作者在现有的火灾风险评估方法的理论基础上，提出了建筑火灾经济损失评估方法、财产损失评估方法以及人员伤亡风险的评估方法。“火灾科学与消防工程：第四届消防性能化规范发展研讨会”是由中科大火灾科学国家重点实验室与香港城市大学建筑系火灾安全与灾害研究组在北京共同举办的会议，研讨会收录了最新的关于性能化防火设计实际工程与评估标准。2008 年北京奥运会的许多场馆也进行了性能化防火设计，在《北京奥运工程性能化防火设计与消防安全管理》[19]一书中都有对这些场馆性能化设计的总结，并且详细阐述了最新的消防技术、管理以及性能化防火设计在场馆中的应用。

2.5 消防疏散的研究

2.5.1 国内外疏散行为相关研究

在这方面，英国与美国有很多研究分析值得学习借鉴。英国阿尔斯特大学（Ulster）火灾安全研究中心的研究人员对建筑实际情况进行统计研究，总结出不同疏散方案会用到的疏散时间，针对相关学科进行研究并提出 ORSET 概念模型。美国国家标准技术学会的研究人员针对行为反应、判断决策以及疏散心理进行了详细分析，并制定了相关火灾影响的评估方法。大量英国与美国的学者与研究人员始终致力于对人员疏散进行研究。英国专家伍德（Wood，P. G.）在 *The behaviour of people in Fires*[20]中对火灾中人员疏散时的心理状态、人员行为开展了大量的调查分析，在 952 起火灾中对 2193 名人员的行为进行了总结。

因为不同人群受到不同生理特征、各有高低的认知水平、参差不齐的社会关系以及不同的火灾环境等因素影响，他们的疏散行为就会表现出较大差别。目前国内在疏散行为研究方面，张树平在《建筑火灾中人的行为反应研究》[21]中针对 169 起建筑火灾发生时进行疏散的人员开展问卷调查，详细分析了疏散人员在火灾发生时的第一行为反应分布规律；阎卫东在《火灾情况下疏散心理和行为在不同层次起点学生中的差别研究》[22]中对大学生进行了关于建筑物火灾人员行为和应急心理的调查，通过疏散演练，分析了人员疏散行为以及时间等不同影响因素。张培红通过大量的实际测量，在《火灾时人员疏散的行为规律》[23]中总结分析了时间压力下人员流动速度与群集人员密度的关系。

2.5.2 国内外疏散模拟相关研究

国外在防火模拟研究方面起步较早，已有针对疏散方面的数字化详细研究，后续研究不断完善，对真实的火灾数据进行提炼，使得人员疏散模拟更加真实准确，将疏散模拟技术又向前推进了一大步[24]。

国内在人员疏散模型的研究方面，主要情况如下：东北大学的陈宝智等在《建筑物火灾时人员疏散时间模型研究》[25]中对人员疏散时间模型进行探讨，又在《行为矫正法在建筑火灾安全中的应用研究》[26]中探讨运用行为矫正法，对高层建筑火灾的安全防范工作提出了指导建议。唐方勤、任爱珠的《基于 GIS 的火灾场景下人员疏散模拟》[27]利用 GIS 技术对火灾场景下的人员疏散进行模拟。同济大学的徐磊青等在《商业综合体上下楼层空间错位的空间易读性——上海龙之梦购物中心的空间认知与寻路》[28]与《格式塔空间中空间差异对寻路和方向感的影响》[29]中对在复杂的空间中非常态下的人群的认知行为进行了研究。哈尔滨工业大学的邹志翀在《大型公共建筑火灾逃生环境风险测度与导航路径优化》[30]中分析了大型公共建筑的火灾时环境和逃生路线，运用数字化的手段进行表现，分析出合理的疏散路径。中国科学技术大学的汪金辉针对火灾的不确定性优化以及人员疏散优化方面进行了深入研究，其成果在《建筑火灾环境下人员安全疏散不确定性研究》[31]一文中就有详细表述。学者杨立中在国家自然科学基金“火灾烟气对人员疏散的危害性研究”中提出了优化之后的火灾疏散模型。

2.5.3 国内外性能化消防设计相关研究

英国与日本是颁布性能化设计规范较早的国家，也是对性能化防火设计贡献较为突出的两个国家，它们均在 20 世纪 80 年代提出了关于性能化设计的指导与规范，在之后又多次对规范进行修改、修订，运用更多设计手法使得性能化设计更加准确。20 世纪末期，英国同步发展了性能化设计所对应的处理方式，编制了重要文件手册《批准的文件 B》。在该文件手册中，对如何使用性能化设计、性能化设计条件的处理方式进行了规定。

在性能化设计方面，新西兰的贡献也是巨大的。20 世纪末期，新西兰颁布了《新西兰建筑规范》，21 世纪初又推出了最新的性能化设计框架，经过两次针对性能化设计的规范改进，使得性能化设计的内容更加丰富。由于是在英国性能化设计之后进行的改进，因此新西兰的设计更为详细准确。在此之后，新西兰并没有停止对性能化设计的研究，在原有的基础上又提出了更新的防火设计方法，在设计中提出了更详细的内容，这些成果在最新的《防火安全设计指南》中都有收录。

《SFPE 消防工程手册》是 20 世纪末期美国针对性能化设计而颁布的文件，是美国防火工程师协会在经过多年研究、数据统计与软件开发编辑之后出版的。《SFPE 消防工程手册》在 21 世纪的性能化设计中同样有着重要地位，它并不过时，对于一些数据的选择也要参考这一消防工程手册。美国学者卡斯特（B.J. Caster）和米切姆（R.L.P. Meacham）等在《以性能为基础的火灾安全导论》（*Introduction to Performance-based Fire Safety*）中将性能化设计首次引入建筑消防设计中，并运用文字进行了详细阐述。

我国在国外相关研究的基础上，根据具体国情，对性能化设计进行了研究，在国家消防部门大力支持与重视下，举行了多次关于性能化设计的会议并且取得了很多成果，其中最重要的项目为“重大工业事故和特殊建筑火灾预防与控制技术研究”，这是 20 世纪 90 年代国家提出的“九五”计划中的一个子项目，是在多地公安部门的组织下进行的联合技术研究，也是我国关于性能化设计飞速发展的一个重要环节。在 21 世纪初期，“消防安全工程学”小组对具体的基础数据进行归纳总结，建立数据库，并且针对中国国情制定了火灾情况下建筑的安全性能评估方法。在“九五”计划之后的“十五”计划中同样将性能化设计作为重点，加大了研究力度，这次计划提出了“防火性能化设计指南”，展现了中国关于性能化设计的阶段性成果。

2.6 本章小结

要防止和减少城市灾害，必须从制度上建立起预防和减少各类灾害的体制和机制。世界各国设立了各种风险评估机制，以做到提前预防灾害，进行评估后的建筑可以对症下药施以相应级别的防灾措施。日本在经历过多次大地震后逐渐建立了较为完善的城市防灾体制，在防灾评估及建筑改造方法技术等方面都值得我国借鉴。本章对国内外相关的既有建筑灾害风险评估研究进行了梳理，为后续的研究奠定坚实的理论基础。

3 既有建筑安全岛及相关概念

3.1 安全岛

“安全岛”中的“安全”包含着“无危险”及“不受威胁”两方面含义[32]。“岛”寓意为可与周围环境呈隔离状态的一片区域。交通安全领域与地质学科都有“安全岛”这一概念。在交通安全领域，“安全岛”指的是设置在车道之间，供行人横穿道路临时停留的安全地带，也是交通岛，是一种安装在斑马线上的马路安全装置，与斑马线等长，装置两端还各竖有一根“反光警示桩”，夜间时由于车灯的照射发出反光，以提醒靠近“安全岛”的司机注意避让；在地质学科中，“安全岛”为相对稳定地块，是指构造活动区内或活动性构造带之间存在的相对稳定地块。

既有建筑中的安全岛与前两者的寓意类似，是为了在灾害发生时为建筑内人员提供一个相对安全的空间，进入安全岛即为疏散至安全地带。

崔恺在《统一的、公平的“安全岛”》[33]中将建筑学中的安全岛定义为一间钢筋混凝土结构的房间，灾害没有发生时能够存放农户重要资源，灾难期间可以为农户提供一个避难场所，是用国家及社会的援助基金设立的一个实物，一个当灾害来临时为农民提供安全的空间，用以避难抗灾。万修梁的《地下建筑设置安全岛的构思》[34]以及叶溥泗的《住宅房屋的抗震与安全岛》[35]简单地提出了“安全岛”这一概念以及设置原则和设置要求。吴凤等在《浅谈大型地下商场安全岛的设置》[36]中通过分析大型地下商场发生火灾时的火灾烟气特点，对设置安全岛这一概念提出了构思，并分析了地下商场内安全岛的具体功能和安全岛的设置要求。当发生火灾时，人员通过这一安全区域疏散到室外，可以再作为不同分区、不同部分共用的直通室外的出口。苗陆伊在硕士论文《多重灾害下既有老旧公共建筑安全岛设计策略》[37]中提出了老旧公共建筑安全岛的概念，详细地阐述了在灾害下既有建筑安全岛的设置原则、设置面积与具体位置、影响因素、安全岛设计关键技术以及设施要求。当灾害发生时，安全岛能够暂时保证既有建筑内受灾群众的生命安全，因此也成为帮助人们避难的躲避空间。

根据不同的需求，安全岛可以是一个房间，也可以是包括安全通道的一套逃生系统。设置安全岛的目的是通过对房间及过道加固等措施，为不能及时逃离灾害现场的受灾群众提供一个暂时保证安全的场所，同时也可以对存放贵重物品的房间加以保护。在自救、互救及方便外部救援的同时，为救援人员提供更多实施救援的进出口。建筑防火规范中的避难层（间）等空间可使建筑中人群隔离灾害侵袭，这就是建筑中的安全岛。

高建民在《地下商店“安全区”的消防设计探讨》[38]一文中根据地下商店发生火灾的具体案例以及地下火灾的主要特点，通过对现行防火规范存在的问题进行具体分析，在确保人员生命安全的前提下，提出了在地下商店设置“安全区”的建议，并对这一方法提出了基本消防要求，开展了消防设计探讨。解少伟、张晔在《家用安全屋舱体结构的仿真与优化》[39]一文中提出一种家庭专门用的避险设置——安全屋，能够在灾害发生的情况下及时保障家庭成员人身安全。在文中首先对安全屋具体结构——舱体结构进行了静载仿真分析，根据仿真模拟后的数据来确定舱体壁厚，以及对加强筋截面长度与宽度进行优化，以安全屋舱体最大变形与最大等效应力为首要优化目标，舱体整体质量为次要的优化目标，利用 UG 与 ANSYS Workbench 进行协同仿真以及多目标优化，得到最优解，并将优化前与最优解进行对比，来为安全屋舱体的结构设计提供理论依据，在此基础上进行最优解的优化。

2013 年 11 月 29 日，国内召开了关于自然灾害应对既有建筑安全岛相关概念的研讨会，提出安全岛在地震、火灾来临时能起到避难作用，结构不受损坏，能够保证一定的完整性，并且与外界隔绝的情况下，能够在 3 天到一周内自行供应，解决一定的自足问题。

3.2 城市应急避难所

一般城市应急避难场所按功能需求分为紧急避难场所、固定避难场所和中心避难场所三类，不同等级避难所根据不同需求而设置，而且配置各不相同[40]。固定避难场所按照预定开放时间和配置应急设施的完善程度可划分为短期固定避难场所、中期固定避难场所和长期固定避难场所三类。城市应急避难场所的规划建设理论研究方面，情况如下：汪鑫等人（2013）认为应针对区位地质条件、人口密度分布、危旧房面积和不同性质用地面积四个方面构建需求量影响因素评价指标体系，以确定综合受灾系数，继而计算出受灾人口规模，并结合人均避难面积得出结论[41]；曾光（2010）则针对防灾空间配置，包括应急避难场所、救援通道空间、医疗消防站点、指示设施、物资储备空间等方面进行了研究[42]；王江波（2006）从建筑、灾害两方面入手评估城市综合防灾等级，并建立了不同等级防灾规划的方法及步骤[43]。

日本国土交通省都市防灾对策室发布的旧城防灾改造步骤包括首先逐步改变建筑性能，进而建立临时避难点和避难路，最终建立避难空间系统①（图 3-1）。与日本相比，我国对于避难空间的设置多停留在理论研究上，很少由政府投入实际实施，因此相对于日本政府有着长远计划的逐步规划、逐步改造，我国还有很长的路要走。

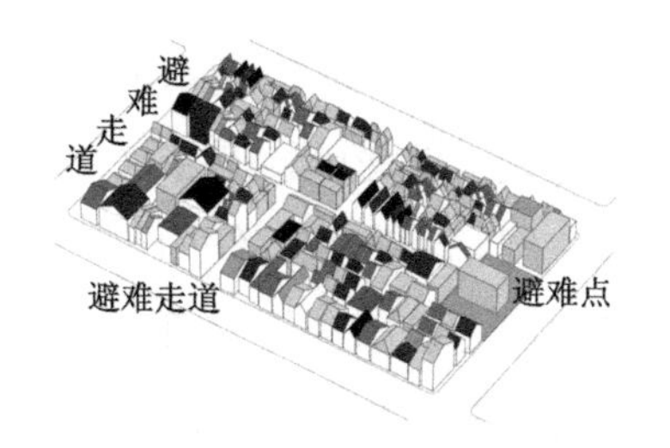

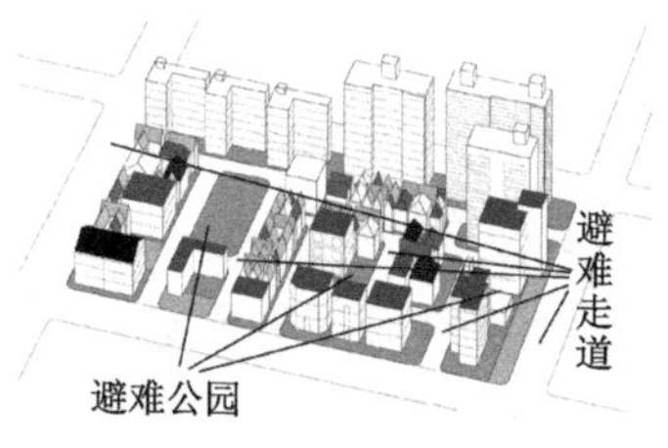

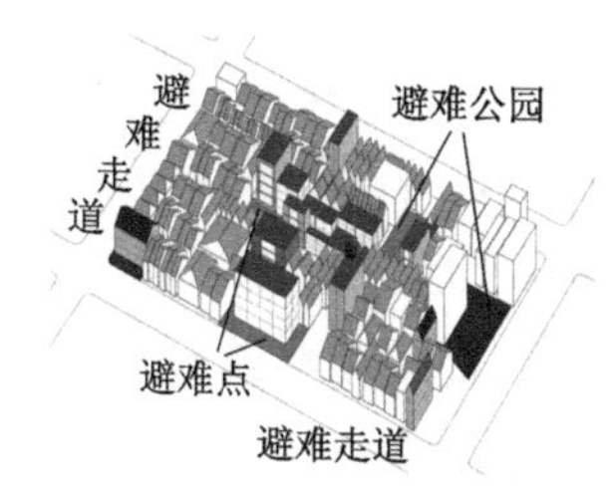

图 3-1 日本旧城防灾改进示意图

图片来源：日本国土交通省官方网站

3.3 避难间（层）

建筑中的避难间是指通过结构等隔断室内外空气从而使人员尽少暴露在危险环境之中的空间②，设置时房间大小、周围环境及污染物传播速率[44]都需要被考虑。依据《建筑设计防火规范》GB 50016—2014（2018 年版）[45]第 2.1.13 条给出的避难层（间）的定义为：建筑内用于人员暂时躲避火灾及其烟气危害的楼层（房间）。

国外针对避难空间、避难层（间）有大量相关规范与标准，如美国 ICC 的《国际建筑规范》、美国消防协会 NFPA 101《生命安全规范》，新加坡的《新加坡防火规范》，新西兰的《建筑规范》，加拿大《国家建筑规范》，英国规范 BS9999《建

① 日本国土交通省都市防灾对策室 . 旧城防灾改造步骤 . http://www.mlit.go.jp/statistics/index.html, 2008-12-21.

② Shelter-In-Place Local Emergency Planning Committee. Shelter-In-Place: what you need to know. [EB/OL], http://www.sfrpc.com/ftp/pub/lepc/SoFlaLEPC%20-%20SIP%20Slide%20Show.pdf, 2014-02-09.

筑设计、管理及使用消防安全技术规范》等。英国规范BS9999对避难区域的具体位置、面积计算都有具体要求，设置在有残疾人使用的楼梯间内，方便行动不便的人员使用。新加坡的《新加坡防火规范》对医疗建筑中的避难区域人均使用面积进行了规定，医院与疗养院人均使用面积为2.8m^2，在没有提供住宿的楼层人均使用面积为0.56m^2，并且在医疗建筑中每层都应设置不少于一个避难区域。美国《国际建筑规范》中，避难空间、避难层（间）的设计对轮椅进行了细致的考虑，并且提供了具体位置供残疾人专门使用。加拿大的《国家建筑规范》规定医院中一些房间在灾害发生时无法进行内部的患者转移，则需要进行避难区的设置并且满足相关要求。新西兰的《建筑规范》要求设置避难区域的楼层间隔不超过三层，运用避难区域能够提供过渡区域来缓解人员疏散所带来的拥挤压力，同时还可以作为休息区域。

美国消防协会制定的规范NFPA 101作为国际通行规范，随着多个版本的发展，已成为涵盖所有领域的庞大法规体系，对各国规范具有较大的影响。其中《生命安全规范》（*Life Safety Code*）等涉及生命安全的基础法规起着准则的作用[46]，对避难空间有着一定的要求，避难空间应易到达并可直通出口（疏散楼梯应符合人流使用宽度并大于122cm、电梯应为消防电梯）、每200人提供一个轮椅空间、小于或等于93m^{2}的避难区应通过试验证明可保证15min以上的安全环境、避难空间应具备良好的隔火性及密封性、通信设备应满足使用、建筑的管道不应穿过避难区的隔断等[47]。此外，美国ICC《国际建筑规范》（2006）、英国BS9999（2008）、加拿大《国家建筑规范》（2005）以及新西兰《建筑规范》也对避难空间部分有相关规定。相对于国内主要将避难空间的设定对象界定于高层建筑，国外规范的规定普遍适用于各类建筑。

我国对于避难空间、避难层（间）的相关规范主要是国家标准《建筑设计防火规范》GB 50016—2014（2018年版）。其中，第5.5.23与5.5.31规定，建筑高度大于100m的公共建筑与住宅建筑均应该设置避难层（间），并对避难层（间）的设置进行了详细的规定：

（1）第一个避难层（间）的楼地面至灭火救援场地地面的高度不应大于50m，两个避难层（间）之间的高度不宜大于50m。

（2）通向避难层（间）的疏散楼梯应在避难层分隔、同层错位或上下层断开。

（3）避难层（间）的净面积应能满足设计避难人数避难的要求，并宜按5.0人/m^{2}计算。

（4）避难层可兼作设备层。设备管道宜集中布置，其中的易燃、可燃液体或气体管道应集中布置，设备管道区应采用耐火极限不低于3.00h的防火隔墙与避难区分隔。管道井和设备间应采用耐火极限不低于2.00h的防火隔墙与避难区分隔，管道井和设备间的门不应直接开向避难区；确需直接开向避难区时，与避难层区出入口的距离不应小于5m，且应采用甲级防火门。避难间内不应设置易燃、可燃液体或气体管道，不应开设除外窗、疏散门之外的其他开口。

（5）避难层应设置消防电梯出口。

（6）应设置消火栓以及消防软管卷盘。

（7）应设置消防专线电话以及应急广播。

（8）在避难层（间）进入楼梯间的入口处和疏散楼梯通向避难层（间）的出口处，应设置明显的指示标志。

（9）应设置直接对外的可开启窗口或独立的机械防烟设施，外窗应采用乙级防火窗。

香港《提供火警逃生途径守则》提出了避难层（间）应该设置在25层以上的高层建筑。守则对工业建筑避难层（间）也有相关要求，层间距应小于20层，对于非工业建筑层间距应小于25层。避难层的面积应按容纳5人/m^2进行计算。封闭避难层（间）应设置独立的防排烟系统。在守则中还要求避难层（间）的隔墙应按照《耐火结构守则》的规定，将避难层（间）与旁边位置进行分隔。

国内已有多位学者对避难层（间）进行了研究。赫双龄（2014）在《超高层建筑避难层（间）规范化防火设计》[48]中对建筑高度不超过250m的超高层建筑避难层（间）规范化防火设计进行了介绍，对国家现行规范规定不详细、不准确的地方提出了看法与补充说明，在现行超高层规范规定的基础上提出明确的有关避难层（间）的防火构造做法，并阐述与补充了消防设施如何进行设置。冯珽（2013）在《避难层消防设计探讨》[49]一文中提出避难层（间）电梯的使用应满足最大限度火场人员的疏散要求。王希光（2011）在《从智利矿难想到高层建筑设立避难间的可行性》[50]一文中通过分析现有高层建筑的火灾特点以及现有满足规范的避难层（间）的优缺点，对高层建筑实际情况进行阐述与总结，在此基础上提出了应该在高层建筑中每层都设立避难间，为了使高层建筑的安全系数达到更高的消防疏散效果，对每层设置避难间的可行性做了论证与论述。郝玉春（2013）在《设置避难层（间）的消防设计初探》[51]一文中通过实际火灾案例，对人员疏散逃生中遇到的一些具体问题进行分析。通过对高层避难层（间）要求进行借鉴，分析了现行规范对避难区的要求，建议利用卫生、洗漱间以及可以提供上人屋面的房间与屋面作为避难间，使建筑安全系数提高，内部人员可以进行自救。张新萍（2008）在《避难区域性能化设计在建筑安全疏散中的应用》[52]一文中指出了现行规范规定下的避难层（间）的设置存在一定的局限性，并分析了建筑发生火灾时具体人员疏散情况，提出采用性能化设计手法并且结合建筑实际情况，对避难区域进行有效设置。

避难层（间）形式分为 3 种：敞开式避难层（间）、半封闭式避难层（间）和封闭式避难层（间）。敞开式避难层（间）就是单独采用自然通风排烟，不采用围护结构的形式，温暖地区可以采用敞开式避难层（间），这种形式容易受到外界环境因素影响；半封闭式避难层（间）就是设置防护墙并且高度在 1.2m 以上，同样是依靠自然通风进行排烟，容易受到外界环境因素影响，对火灾、烟气会产生一定的遮挡作用。敞开式、半封闭式的避难层（间）不适用于严寒以及寒冷地区，当火灾发生在敞开式避难层（间）、半封闭式避难层（间）下部，并且火势较大时，火灾产生的大量烟气都会顺着建筑外墙进行蔓延，从下部到上部对整个建筑进行包围式扩散，易使敞开式避难层（间）、半封闭式避难层（间）在烟气的影响下失去避难功能。封闭式避难层（间），以防火墙作为全部的外墙以及隔墙，有开窗需求时采用甲级防火门窗，当建筑内发生火灾时可以阻止火灾蔓延与有毒气体的侵入，并且设有独立的防排烟系统，受外界环境因素影响较小，具有良好的保温效果与防火性能。封闭式避难层（间）常常设置在严寒或寒冷地区。

高度达到 100m 及以上的住宅建筑和办公建筑，在发生火灾的时候普通电梯是无法使用的，只能使用消防电梯，所以疏散楼梯间就是建筑内部人员逃生的唯一选择。当这两种建筑中发生火灾时，由于人员数量不确定、容易产生恐慌、人员拥挤以及体力不支等情况，疏散速度会更慢，所消耗的疏散时间也会增加。当火灾发生 2 至 3min 的时候是住宅建筑逃生的黄金时间，5 至 6min 是公共建筑逃生的黄金时间。当火灾发生在超高层建筑时，超高层建筑内的一部分疏散楼梯无法将建筑内人员直接疏散至室外安全区域。对于超高层建筑而言，办公性质的建筑内部人员数量巨大，疏散不当会发生较大的人员伤亡事件；超高层住宅楼虽然相较于办公建筑内疏散人数更少，但是由于家庭状况、年龄、身体状况等的不同，对疏散也会产生较大影响。为保证建筑内部疏散人员的生命安全，超高层建筑内的避难区沿竖直方向进行布置，目的是减少垂直疏散距离。超高层的屋顶平台也能够成为等待救援的临时避难场所。

专家经过对唐山地震、汶川地震等的研究后，在《建筑抗震设计规范》GB 50011—2010（2016 年版）[53] 7.3.8 条对楼梯间提出了加强要求，将其作为避难逃生通道，业内学者同时提出了“地震避难单元”的新技术，即把房屋分为非地震避难单元和具有更高抗震性能的地震避难单元[54]，其设置目的不仅是便于灾害中的人员疏散，对放置精密仪器等少数特殊房间，更需要进行特殊处理[55]。

住宅中卫生间的耐火等级一般可以达到二级以上，可以将其改造成避难间，除了使用乙级防火门、避免可燃物装修外，应注意有贯通上下层管道的楼板封堵问题，防止因火灾造成材料破损而有烟气顺着管道蔓延。卫生间改造有两个优势：一是家庭成员使用频率最大，即使在浓烟状态下摸黑也能找到；二是卫生间因空间小，地震发生时也适宜暂时躲避[56]。

高层建筑竖向管井、中庭等共享空间、玻璃幕墙缝隙等部位，易产生“烟囱”效应，造成烟、火蔓延迅速，易发生爆燃，所以需要设置避难层（间）便于疏散。避难间的位置要尽量便于消防车的停靠并尽量在一个方向上，同时要考虑便于人员的集合、云梯车的操作及相邻楼层的救援，防烟楼梯间应通过避难层（间）[57]，使人员尽早进入避难层。《建筑设计防火规范》GB 50016—2014（2018 年版）第 5.5.23 条对此有相应规定。首层避难层（间）距地面高度还需要考虑层高及当地消防部门所配置的消防云梯高度来确定，并应综合考虑建筑用途、建筑疏散高度、火灾荷载、内部人员情况以及当地消防设备条件等不同情况[58]。高层建筑除了对避难层有相对详细的规定，室外疏散楼梯的平台、屋顶平台也可以成为敞开式或半敞开式的避难空间。

另外，一些民用建筑由于其功能特殊，疏散难度大，比如医疗建筑的疏散难度要大于其他普通公建，灾害发生时，在防火分区面积、疏散楼梯及消防设施的设计符合规定的情况下，仍然不能自行进行及时有效的疏散[59]。年代较久的大型地下商业建筑，安全出口的设置已经不能满足现行规范，火灾危害更为严重。以上情况可以通过设置避难间作为人员临时避难场所，降低火灾危害，保障人员安全。

3.4 整体式避难设备

（1）“生命三角”

“生命三角”是一种净面积为 6m^2 的整体式微型避难所，为利用三角形的稳定性原理制成的容纳 6 人的紧急避难空间。据试验，灾害发生时可抵挡 30% 坠落物带来的压力。这类避难空间可构建在结构最薄弱的地方，在起到加固结构作用的同时提供有效的生存空间。死角空间同样可以加以利用，储放一些应急物资，如药物、食品、通信设施等[60]（图 3–2）。

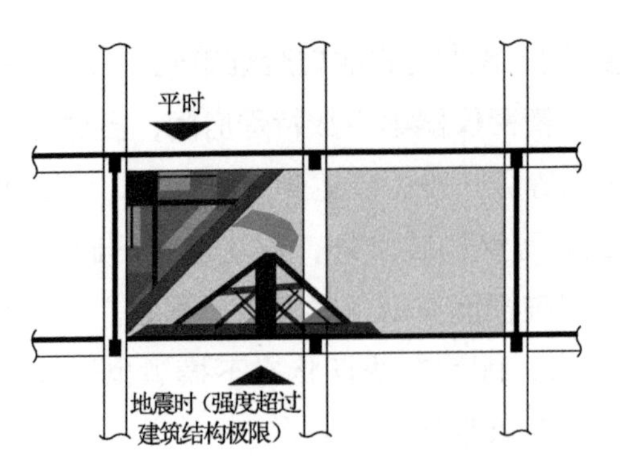

图 3–2　生命三角设计

图片来源：见参考文献 [60]

（2）家用防飓风避难所

在飓风频发的美国，开发出了家用防风避难所（shelter），可根据家庭需要选择不同类型的安全室，或地上式或埋于地下式，位置可选择在室外或者车库中。这种避难所往往由厚重水泥浇灌而成，或是由厚钢板制成，质地坚固，在灾害来临时可以提供 6 ～ 8 人避难①。

（3）矿井应急救生舱

为了应对频繁发生的矿难，避难救生室应用同样广泛，并有着更为苛刻的安装要求[61]。应急救生舱一般为多个尺寸的整体车体式结构。由于矿井内通风不畅，救生舱的主要技术问题就是支持氧气供给，以及对 CO、CO_2 等有害气体的处理，并需对周围温度、气压等环境时刻进行监测及调节。

（4）海上人工岛紧急避难所

在远离陆地的海上人工岛上应设置紧急避难所以应对突发灾害。一般采用基础稳定、结构可靠的固定式钢筋混凝土结构，并位于三层，高于人工岛地面和挡浪墙。避难所中除配备照明、采暖、紧急发电设备及求助设备外，还要配有人均五天份的应急食物和水。人工岛上每个工作区域都至少有两条逃生路线到达紧急避难所，并保证在岛上任何位置都可在 20min 内到达[62]。

3.5　亚安全区

随着商业综合体、室内商业步行街等大体量综合性质的建筑不断出现，这些大型建筑在给消费者带来极大方便的同时，也存在着随时会发生并且后果十分严重的

① 中央电视台新闻直播间 . 美国避风灾：民众加紧安装家用避难所 http://v.qq.com/page/t/2/a/t0012pp5p2a.html. 2014-01-17.

消防安全隐患，特别是在建筑火灾发生时人员疏散所面临的消防设计问题迫切需要解决。针对现存的紧急问题仅仅依靠传统的防火设计规范并不能真正完全解决，而且效果甚微，所以很多建筑设计单位从安全系数较高的安全区域中提出“亚安全区”概念。

3.5.1 “亚安全区”定义

亚安全区是指将建筑的一部分空间采用有效防火分隔措施，与其他使用功能区域完全分隔而形成的，在一定时间内防止火灾烟气与热气进入，且仅用于人员安全通行直至室外的独立公共区域。根据这一概念，亚安全区是一个由火灾危险区向室外安全区域进行转移的过渡空间，对这部分过渡空间进行强化设计、加强防火措施，使得这部分空间在火灾发生时在一段时间内相对安全，能够为疏散人员争取更多的时间。建筑中有许多供人群行走、交流、休憩的开敞空间，如公共休闲大厅、室内步行区域、公共疏散走道、封闭式下沉广场、中庭，这些空间都可以作为亚安全区的设计范围来进行消防设计。按照设置位置的不同，亚安全区可以分两种：地上式和地下式；按照不同的空间结构，亚安全区可以分两种：单层独立式和多层连通立体式。单层独立式亚安全区是指设置亚安全区时，每一层的亚安全区是一个独立空间，与其他层的亚安全区不产生联系，也不连通。将亚安全区设置在首层就是单层独立式亚安全区的典型代表。多层连通立体式亚安全区是指对亚安全区进行整体考虑，形成一个上下贯通的整体空间。

3.5.2 亚安全区的特征

（1）不燃性。由于亚安全区的性质是要具备较强的疏散功能，因此在这一空间中不应该存在可燃物体，使得空间火灾荷载降到最低，发生火灾或者火灾蔓延的可能性也降到最低。

（2）防火性。亚安全区具有较强的防火性，利用有效的防火分隔将这一部分空间与相邻部位进行防火分隔，起到防火隔离带的重要作用。同时，利用这一空间的不燃性，减缓火灾的蔓延速度。

（3）本体安全性。依据火灾发生以及其他灾害发生情况，要考虑到亚安全区本体安全性，在这一空间设置自动消防设施，对火灾的发生与有毒气体及时进行探测，采用有效的措施保证亚安全区的安全。

（4）人员安全性。亚安全区是一个为疏散人员提供安全空间的过渡区域，必须满足安全疏散的所有要求。对疏散人数进行严格计算，并且设置足够的空间对这部分人员进行容纳，同时还要设置火灾应急照明以及疏散指示标识等辅助系统。

（5）完整统一性。当把亚安全区作为一个整体进行考虑与设计时，但凡一部分区域出现危险都会对整体产生较大影响，使得整体变得不安全。因此，设计亚安全区时，必须考虑保证整体安全，这样才能充分发挥亚安全区的防火作用。

3.5.3 亚安全区的消防疏散设计

亚安全区是为人员安全疏散而提供的过渡空间，在火灾发生时，这一空间具有辅助疏散的作用，能够为疏散人员提供疏散空间至安全区域或者室外。辅助疏散空间为人员疏散提供了安全路径，但疏散方式所形成的二次疏散导致的结果是增加了疏散距离与疏散时间。因此，为了让疏散人员以最快速度疏散至室外以及安全区域，亚安全区的消防疏散设计应满足下列要求：

（1）当亚安全区设置在首层时，应有直通室外的安全出口，其他楼层的亚安全区内应设置疏散楼梯，并且满足每一楼层疏散人员所需的疏散宽度，疏散楼梯设置应该满足亚安全区空间内任意一点至楼梯的直线距离控制在安全疏散距离以内。

（2）亚安全区内设置的疏散楼梯间应为封闭楼梯间，一类高层公共建筑以及建筑高度大于 32m 的二类高层公共建筑内亚安全区的封闭楼梯间应该满足防烟楼梯间的设置规定。

（3）亚安全区的面积计算是应该能够容纳所在层的所有人员进行安全疏散，由设计疏散人数与人员设计密度进行计算。人员设计密度越大，亚安全区的净面积越小，人员设计密度越小，则亚安全区的净面积越大，两者成反比。建筑中人员的密度越大，说明人员的疏散越容易出现拥堵现象。但是从经济、建筑利用率角度考虑，亚安全区的面积是越小越好。因此要对建筑内的人员密度进行严格的控制，确定上限值，从而得到一个合理的亚安全区的净面积，使净面积值最小。《不同类型疏散通道人群密度对行走速度的影响研究》[63]中提出了人员行走速度和人员密度两者之间的重要联系，并与通道疏散能力密切相关。当人员密度在 0.5 ～ 2.5 人 /m^2 的时候，在水平通道上，人员移动速度比较接近。

（4）当建筑中存在防火分区的总疏散宽度小于现行规范要求时，可以计算亚安全区的疏散安全出口宽度，但是亚安全区内的疏散宽度不能超过该防火分区总疏散宽度的 30%，防止无限制扩大亚安全区内的疏散宽度。

3.6 本章小结

本章对既有建筑安全岛的概念进行了介绍，并对相关的城市应急避难所、避难间（层）、整体式避难设备以及亚安全区等相关概念进行介绍和分析，以使读者全面了解建筑安全岛的内容及涵盖的范畴。

4 安全岛空间布局设计

既有建筑中的安全岛是城市防灾的最基本单元，故从安全岛的使用需求出发，在既有建筑防灾能力和安全岛布局限制条件基础上，分析安全岛布局影响因素及选取顺序，提出安全岛设置原则和设计策略。

4.1 既有建筑防灾能力分析

建筑作为城市重要的社会活动场所，具有功能性、技术性以及艺术性几大特性，并受到时代变迁的影响。一般来说，建筑的平面功能、立面形式和建筑结构是构成建筑的三大要素。而既有建筑的立面形式对于本书的主要研究内容——建筑安全岛的设置因素影响较小，而且为了城市的美化于后期会做一定的改造，所以为了了解既有建筑的基本性质，以下将既有建筑分别按照平面、结构两大方面来进行分类，从疏散路径及受损特点入手，并选取典型例子加以分析，以寻求不同类型既有建筑可能影响安全岛设置的各种因素。

4.1.1 避难路径及疏散能力分析

既有建筑呈现出多种常见而较为实用的平面类型，适用的平面类型首要需满足各方面的规范要求，其次应在面积满足使用的同时，具备合理的功能分区、动静分区及清晰且便于疏散的流线等。人流繁杂密集且规模较大、具有特殊使用要求的建筑，其空间形式及平面布局与其他类型建筑相比要复杂得多。大型的公共建筑由于建筑面积巨大，为了增加建筑趣味、行走体验，内部常常采用中庭、回廊等设计，使其内部结构更加复杂，给防火分区的划分、疏散路径的制定、疏散出口的设计都带来了极大的困难。建筑的疏散路径与能力跟建筑物的平面功能布局有着紧密的联系，因此，我们将建筑按照平面的不同类型进行分类，从疏散路径与疏散能力入手，并对典型实例加以分析，从而得到不同平面类型对安全岛位置设计的影响因素。

按照建筑平面主要交通类型，可以将常见的既有建筑平面交通归纳为直廊式、大厅式、环岛式、单元式、复合式等几大类型。

4.1.1.1 直廊式

既有建筑中教育、医疗及办公建筑等，由于建筑的功能要求相对简单，且有相当数量房间（如教室、诊室、办公室等）在面积、房间形状及使用功能等方面需求类似，为了保证在互不干扰的同时彼此有适量的联系，设计中常常使用中间狭长走道、两侧对称排布房间的形式。此类型建筑缺点：一是空间相对单一，不利于培养特殊气氛；二是房间区分度不高，长宽比往往是既定的，并常有单侧房间采光效果不佳。但直廊式交通的建筑在疏散方面有着一定的优势，其疏散楼梯一般设置于长走廊的中央或两侧，流线相对简单易掌握，导向明确，灾情发生时较不容易造成慌乱，同时其缺点也在于可能造成较长的疏散距离。相对于其他特殊形状的平面，采用直廊式交通平面的建筑虽空间较为单调，但在结构上却由此具有较好的整体性及稳定性。根据使用要求及区域气候的不同，直廊式交通建筑又可分为内廊式及南方常见的单侧外廊式和双侧外廊式，相对来说，外廊式具有更佳的疏散优势。这种建筑一般由两个或两个以上单走道式交通组合成为 L 形平面、匚形或 T 形平面等，尤其以 L 形常见。

以沈阳药科大学制药实验楼以及校部楼进一步分析直廊式交通的布局特点。沈阳药科大学始建于 1931 年，沿用至今的校址中既有主楼及校部楼、制药实验楼等建于 20 世纪 50 ～ 70 年代的老建筑，也有体育馆、图书馆等后期兴建的建筑，各建筑平面及立面都具有各个时代教育及办公建筑的特征。

实例一：沈阳药科大学制药实验楼。制药实验楼建于 1957 年，地上三层，中央部分为四层。单层面积 2250m^2，长约 120m，主体部分进深 16m，两端进深略大，为砖混结构建筑。建筑平面呈“一”字形，以主入口轴线呈东西对称格式，四面均设有疏散门，主入口朝南，上五级台阶步入门厅，直对主楼梯。主楼梯为办公建筑常用的双分式楼梯，第一跑楼梯宽 2.7m，两侧各宽 1.8m。两侧凸出部分各配有一个封闭式楼梯间（图 4-1）。

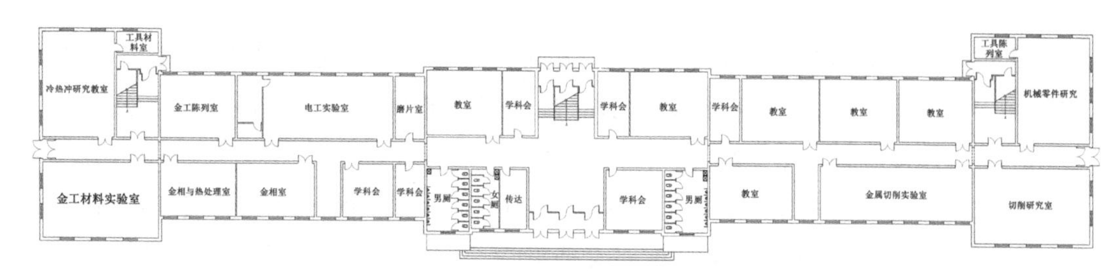

图 4-1 沈阳药科大学制药实验楼平面图

建筑优点：实验楼主要作为教学用，流线简单。建筑中间部分主要为教室，两侧凸出部分则划分为若干制造噪音的研究室，动静分区较为明确。由内走廊连接的各教室联系紧密而又互不干扰，走廊虽较长，但两侧尽端开窗略微缓解了黑走道的缺点。

建筑缺点：功能性方面有欠缺，如电工实验室等部分实验室长宽比略有失调（2.5：1），作为教室使用可能造成视听效果欠佳的后果；女厕面积不到男厕的二分之一，很难满足使用；主楼梯未封闭，若有火灾发生容易顺楼梯蔓延；部分教室在面积略大于 50m^2 且使用人数多于 15 人的情况下，只设置了一道双开疏散门。

实例二：沈阳药科大学校部楼。校部楼（图 4–2）建于 20 世纪 60 年代，平面呈 L 形，西北及东南方向轴为长轴，两翼为四层，交汇部分为五层，高 15m，长轴长 46.7m，宽约 25.6m，单层面积约 730m^2。中央部分两侧及长轴尽端均设疏散门，其中建筑主入口朝西北方向。

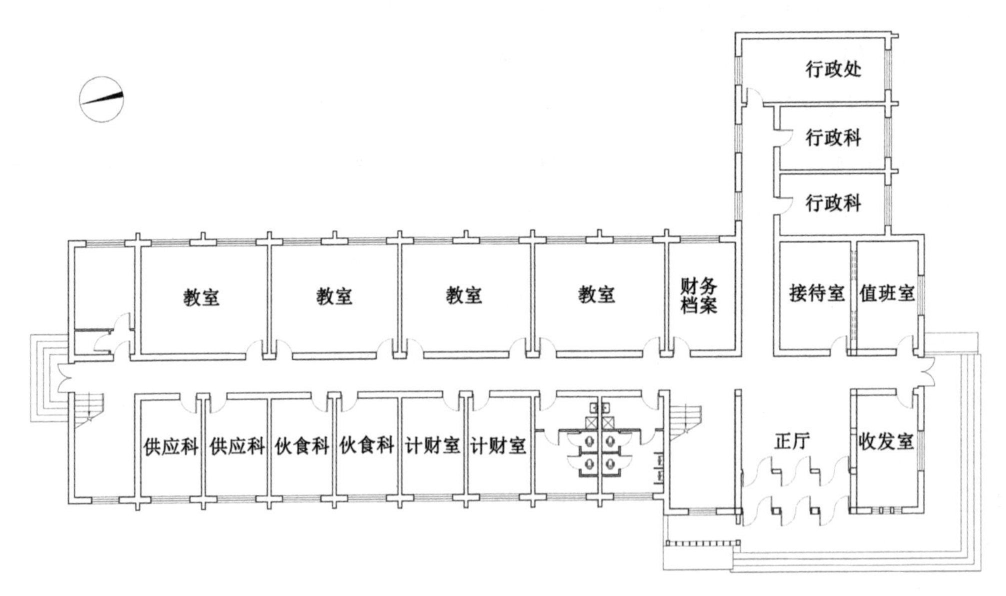

图 4–2　沈阳药科大学校部楼平面图

建筑优点：校部楼主要作为药科大学机关办公楼使用，建筑内除一楼四个各占两个单元格的教室外，大部分是由 2.1m 宽走廊连接的 3.6m × 5.4m 标准办公室单元格，长宽比及面积适中，功能适用性较高。

建筑缺点：短轴尽端房间长宽比略长，但由于门开在侧面，竖向贯通开两扇窗，所以虽房间利用率有限，通风及采光未受影响。整体为砖混结构，但为了立面的幕墙做法，门厅部分设计为梁柱结构，震灾中有可能因为两部分刚度不一致而产生坍塌。另外，依靠主入口门厅左侧及长轴尽端疏散门旁的折跑楼梯为疏散楼梯，净宽分别为 1.6m、1.5m。虽然《建筑设计防火规范》GB 50016—2014（2018 年版）5.5.13 条规定不超过五层的公共建筑不要求使用封闭楼梯间，但本建筑采用未封闭的楼梯间不利于在火场中起到隔绝火情的作用。

直廊式在商场中的应用则引入了步行商业街的概念，商场内所有的商铺与步行通道相结合，商铺置于步行通道两侧组成线性的商业空间。这种商业空间顶部常用采光顶覆盖，因此商场的行人活动受气候和天气的影响较小。这种室内步行商业街的空间尺寸、规模、环境氛围也可以做到变化多样，业态的构成也可以各具特色。中庭空间与线性空间相结合，使商业空间的消费人员在任何位置均可以轻松辨认自己所在的位置，并将各个店铺揽入眼底。这种通道式疏散在疏散时有着一定的优势，直廊式交通的疏散楼梯、安全出口一般设置在通道的两侧以及尽头两端，流线清晰，导向性相对较强，当火灾发生时不易造成恐慌。

实例三：沈阳浑南奥体万达广场。奥体万达总建筑面积 56.32 万 m^2，商场部分（图 4–3）地上 3 层，面积 17 万 m^2。商场部分长约 307m，进深约 63m。建筑平面呈“一”字形，商场内疏散通道同样呈“一”字形贯穿整个建筑，疏散安全区以及安全出口分散于通道两侧。

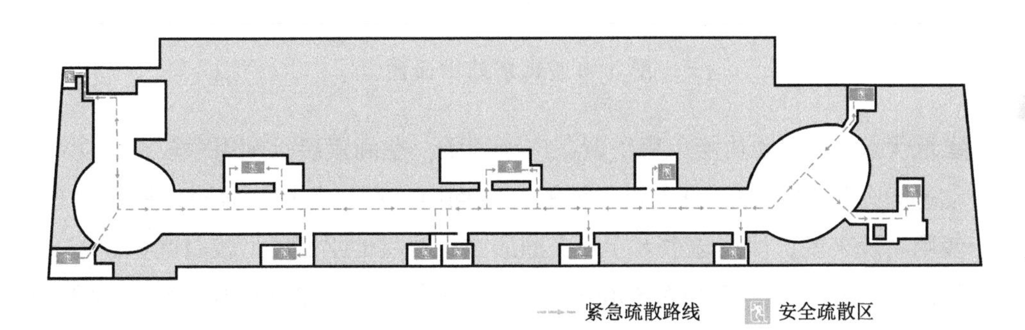

图 4–3 沈阳浑南奥体万达广场平面图

4.1.1.2 大厅式

这种布局常见于交通或展览等公共建筑。基于使用功能的要求，这些建筑往往被设计成由一个面积较大的中央大厅作枢纽，与周边其他使用功能的房间或流线相连通。中央的大厅是人流的集散中心，建筑中的主要竖向交通流线往往汇集于此。在设计大厅流线时需使去往不同功能的人流在互不交叉的情况下导向明确，进而便捷地抵达目标。此种类型平面建筑一般规模较大，尤其大厅有时会超过上千平方米。为了保证人流的正常流通，除了有若干主要疏散楼梯布置在大厅外，各个分区往往另布有疏散楼梯。常使用此种类型的交通或展览建筑均有着人流较大且复杂的特点，在灾害发生时极易发生混乱，如果没有清晰的疏散方向指导，易出现踩踏事件。

实例四：北京火车站。北京站（图 4-4）建于 1959 年，坐南朝北，东西宽 218m，南北最大进深 124m，建筑面积达 7 万 m^2。北京站部分三层，其中地上两层为候车厅。建筑中央为进站门，出站门位于两侧。北京站是新中国成立十周年十大建筑之一，也是当时规模最大的铁路客站，其设计流线及空间组织方式影响了许多后期兴建的大中型火车站。

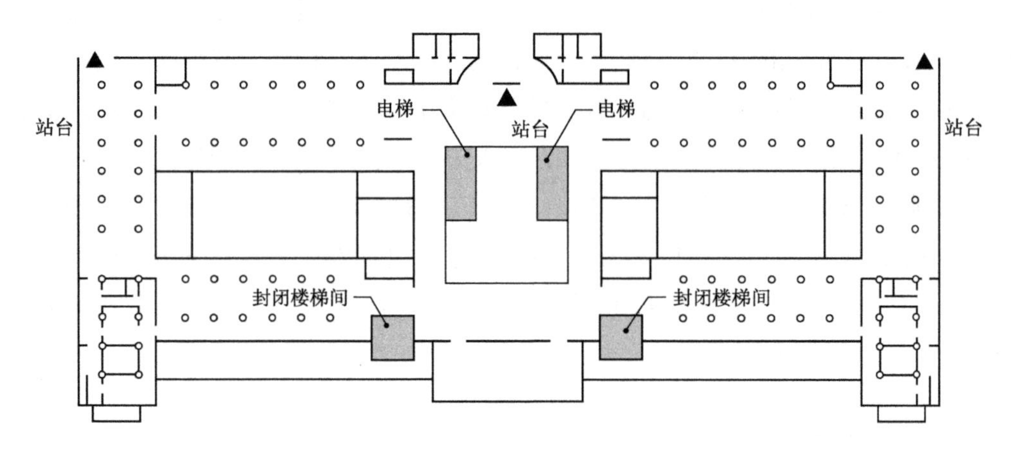

图 4-4　北京站平面图

建筑优点：将其他功能用房布置在广厅周围，空间紧凑且利用率较高，功能分区、动静分区较为明确。进入候车楼的人流均由广厅进行初步分流，根据火车站这一使用功能来说，使用疏散大厅式交通形式相对其他平面类型较有优势。

建筑缺点：广厅面积约为 5500m^2，占整体有效面积的 12.5%，经济性欠佳、服务空间相对不易达到等缺点均是由广厅面积过大造成的，但又不能避免。为了给候车厅进行动静分区而采用袋状分线候车形式[64]，却造成了一些流线过于冗长。20 世纪 70 年代曾专门针对此类问题对北京站进行了局部改建（图 4-5）。进入候车楼的人流均由广厅进行初步分流，但由于广厅面积过大，旅客前往各分厅或由各分厅至餐厅等功能区间时，均需由广厅进行中转并需要较长距离的步行，不方便的同时增加了中央枢纽的负担；且出现灾情时，易造成方向感错乱而出现群死群伤事件。

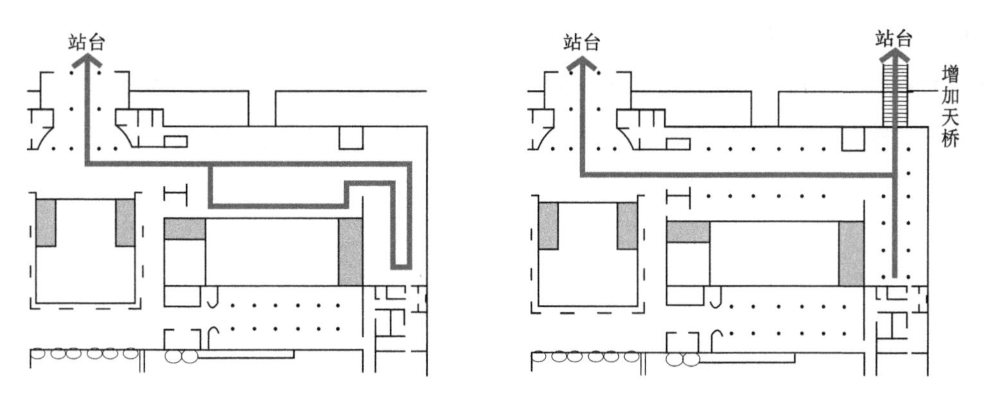

图 4-5 北京站候车室改造示意图

4.1.1.3 环岛式

环岛式疏散常用于以中庭、庭院等空间为中心进行流线组织的建筑，中庭周围的各个空间呈辐射状或其他布局形式，与中庭这一核心进行连接。该类建筑各功能空间既能够保持相对独立，又能够便捷联系，并且能加强不同楼层之间的视觉效果与视觉联系。在中庭处能够使人了解自己在建筑中的位置，同样能够高效率地组织水平疏散与垂直方向的人员流动。环岛式疏散与通道式疏散的不同在于，环岛式疏散由于中庭的存在使得平面呈点或者面状，而通道式疏散平面呈线状。点或者面状的平面形状可分为规则和不规则几何形式，规则几何形式的平面大致可分为方形、矩形、圆形、椭圆形、多边形等，这样的疏散空间流线明朗，一目了然；不规则几何形式平面多为异形，使得空间流动变换，但流线同样较为明确。由于中庭的存在，在发生火灾时会产生烟囱效应，为了避免烟气与火势向中庭以外的区域蔓延扩散，可以采用防火隔墙、防火玻璃以及防火卷帘进行分隔。防火隔墙、防火玻璃以及防火卷帘的耐火极限见表 4-1，当设置防火玻璃进行防火分隔的时候还要配备自动灭火设施。

分隔设施的耐火极限　　表 4-1

分隔设施	耐火极限
防火隔墙	不小于 1.00h
防火玻璃	不小于 1.00h
防火卷帘	不小于 3.00h

实例五：中粮沈阳大悦城 A 座。大悦城 A 座定义为先锋青年，受众主要为 15-25 岁的中学和高校学生、初涉社会的青年、潮流青年。商场部分（图 4-6）分

为地上 5 层，面积为 2 万 m^2，长 150m，商场部分宽 40m。建筑平面呈“一”字形，图中灰色部分为商场内疏散通道，平面呈扁平的“口”字形使得疏散通道与中庭相结合。整体的疏散宽度比“一”字形疏散通道要宽。根据《建筑设计资料集》(第三版) [65] 来确定合适的疏散通道宽度（表 4-2）。

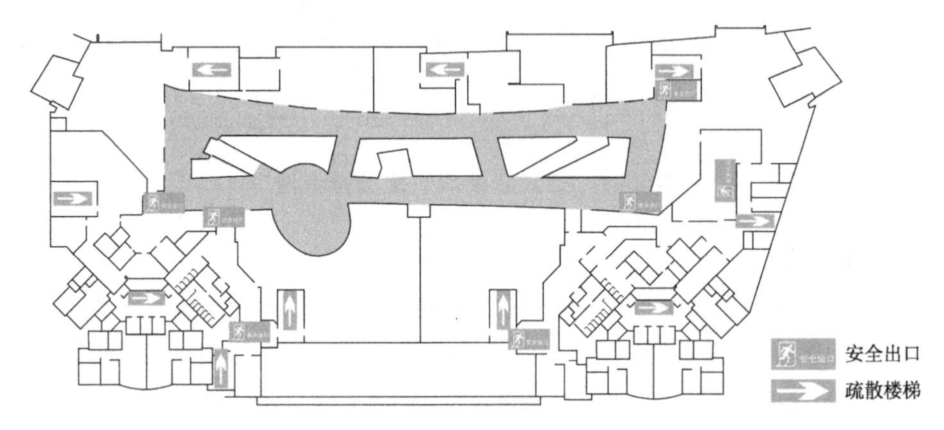

图 4-6　中粮沈阳大悦城 A 座平面图

疏散通道宽度　　表 4-2

通道形式	宽度（m）
“一”字形通道	5-7
“口”字形通道	4-6
通道结合处	3-5

实例六：中粮大悦城 D 座。大悦城 D 座（图 4-7）为未来生活馆，受众主要为 18-60 岁各个年龄段的生活艺术爱好者、时尚个性的追求者。地上 5 层，单层建筑面积约 8500m^2，长约 117m，商场部分进深约为 45m，中间有一个平面呈三角形的中庭，其他商业围绕在中庭四周进行布置。

4.1.1.4　单元式

单元式疏散常用于既有建筑面积较大，开间与进深较大，设置较多防火分区的平面。由于建筑的面积较大，平面形式较为方正，使得交通流线较长，对建筑不熟悉的人员经常会产生找不到路的感觉。如果火灾发生，人员疏散会相当混乱，极易产生恐惧感，进而导致拥挤以及踩踏事件的发生，造成较大的人员伤亡与财产损失。为了避免上述事件的发生，要求明确划分防火分区，将每个防火分区看作不同单元进行消防疏散，做到疏散时有条不紊，使得火灾损失最小化。由于防火

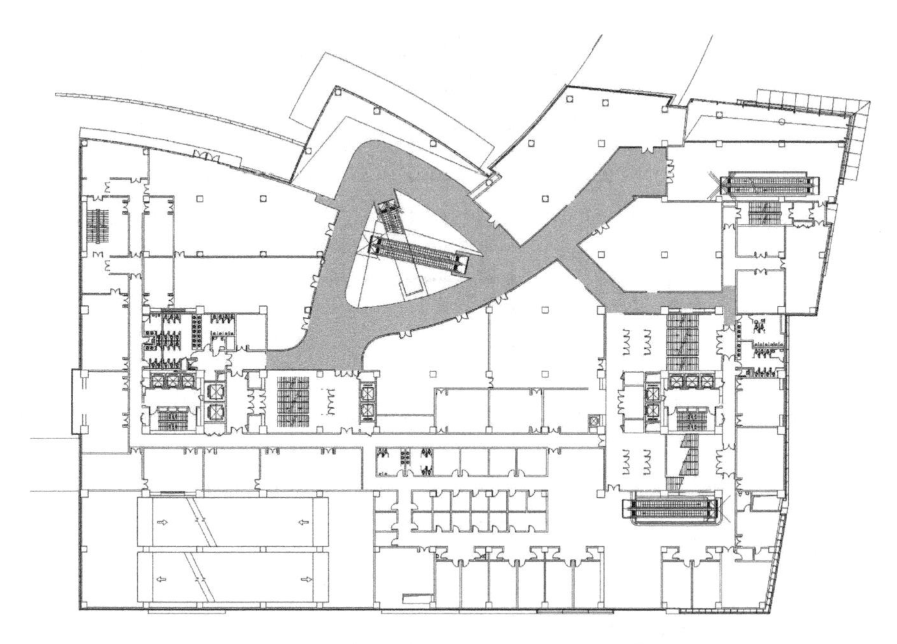

图 4-7 中粮沈阳大悦城 D 座平面图

卷帘与防火隔墙的存在使得建筑内部的各个功能分区也较为明确，分区内部的人员交通流线更为清晰，分区之间的相互干扰较少，但是较为明显的区位划分使得人员在建筑内部的视觉效果不如环岛式疏散那样清晰明确。在设置防火分区之后，可以使人员疏散变得更加井然有序；运用防火墙和防火隔墙，提高了每个防火分区的防火性能，在一定时间内可以有效地对火势进行阻挡，但是针对防火卷帘的具体设置要严格按照建筑设计防火规范来执行。大规模的公共建筑都具有自动灭火系统，可以适当提高每个防火分区的最大面积，但也须根据规范严格要求。

实例七：沈阳某商场项目。商场部分（图 4-8）总共分为 5 层，每层的商铺布置较为杂乱，商场部分长约 182m，进深约为 185m，平面近似梯形，有较多出入口，每层设 7 个防火分区，当火灾发生时防火卷帘落下，进行单元式疏散。

4.1.1.5 复合式

复合式疏散常用于平面较为复杂、面积较大、空间变化丰富的公共建筑中，能够充分利用建筑的空间和面积，使用者的流动性较为随意，使得流线多种多样、灵活多变。此种流线本身就具有连续性及导向性，非常适用于商场、展览建筑等面积较大、功能要求较为灵活的建筑形式，这种平面的缺点则在于辅助交通面积过大。不过，由于各功能分区之间干扰较少，在出现灾情时可以各自疏散以及单独关闭或开放。但是这样产生的流线比较容易产生死角以及视线盲区，同样会增大火灾发生时的危险性，降低使用者的反应时间，增加疏散距离与疏散时间，从而引起人群

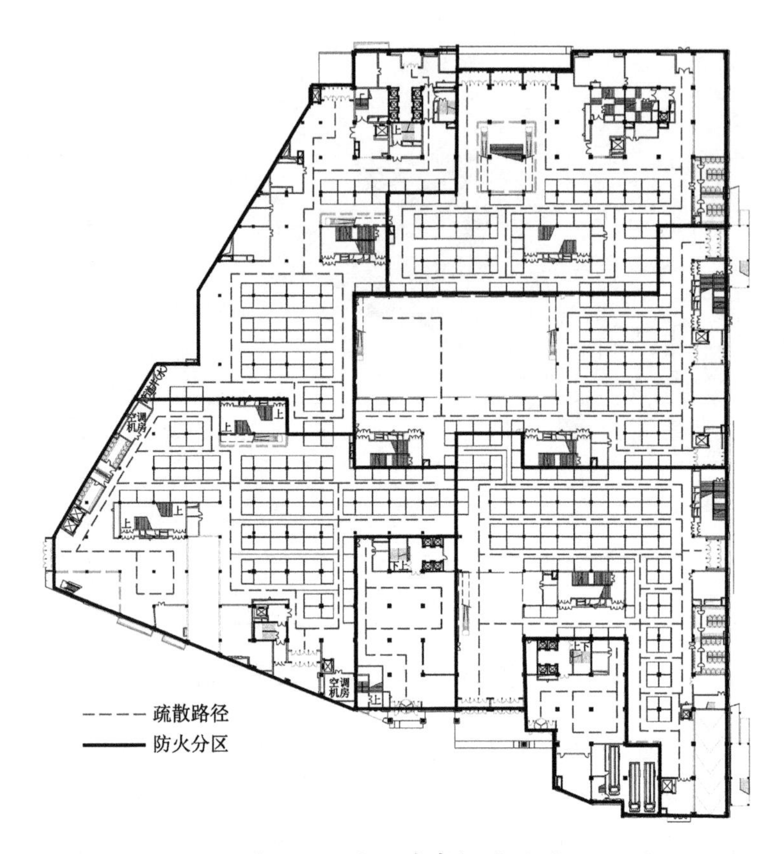

图 4-8 沈阳某商场平面图

恐慌，增加拥挤踩踏事件的发生概率。复合式疏散往往是通道式疏散、环岛式疏散以及单元式疏散其中的两种或者三种形式相结合，或者是更加复杂的疏散形式，因此其优缺点也是融汇了几种疏散形式各自的优缺点。

实例八：陕西历史博物馆。陕西历史博物馆（图 4-9）位于西安市，由张锦秋大师设计并建造于 1991 年，是我国第一座大型现代化国家级博物馆。馆区占地 $7hm^2$，全馆面积总计 $45800m^2$，其中库区、陈列区面积之和占总面积的 40%。平面以正门轴线对称，展有商周青铜器、历代陶俑等一级文物。出于保护文物展品的考虑，展厅为全封闭建筑，依靠空调系统被动送风，经测算后每天常规展览最大接待量为 4000 人，特殊展览为 2000 人。

建筑优点：曲折空间式交通形式不仅仅表现在由外廊串联的整体建筑群体组合形式中，主要展区部分也使用了曲折空间式交通——展出面积 $5051m^2$，共两层 3 个展室，按时间顺序分为 7 个部分，展线全长 1247m。主体建筑（序言大厅）后部设置办公区域，既能辅助前方展区又能保证自身相对安静的需求，功能分区良好（图 4-10）。

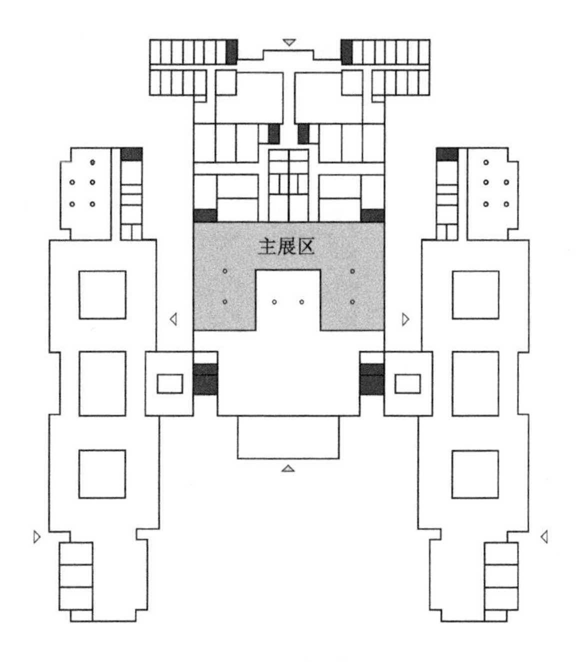

图 4-9 陕西历史博物馆平面图

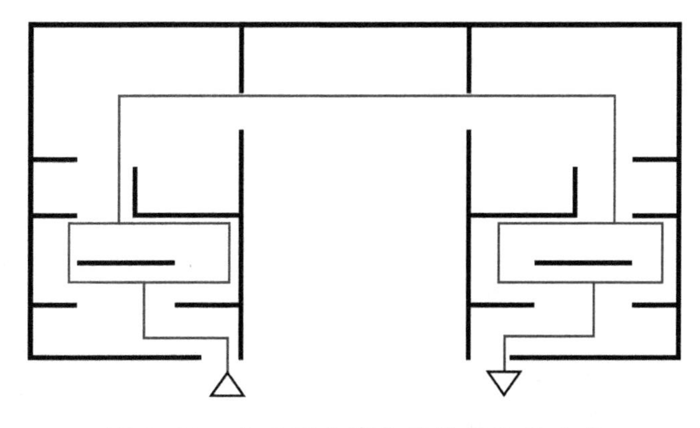

图 4-10 陕西历史博物馆展厅平面示意

建筑缺点：从整体流线来分析，展厅的流线虽然没有迂回，但是由于各展台间有视线遮挡，且展厅中没有自然采光及通风，灾情发生后进入展线中段疏散的逃生人员极易出现恐慌情绪。此外，因部分展品的陈列台并不直接依附于建筑结构，地震时容易发生坍塌事故或阻挡疏散路线。疏散楼梯方面，主要的展厅部分只有两部未设置封闭的楼梯间，虽后侧工作区域同样设楼梯，但与疏散大厅式交通一样，真正疏散时逃生人员采用不熟悉楼梯的概率极低。

实例九：沈阳中街兴隆大家庭。该商场营业面积 19.7 万 m^2，分为广场区与百货区两大部分。广场区（图 4-11）长约 183m，进深约 110m，拥有将近 3000m^2

的共享大厅，以及长度将近 78m 的林荫大道。地上总共 4 层，一层为名店广场，二层与三层以服饰旗舰店为主，四层为电器生活广场。

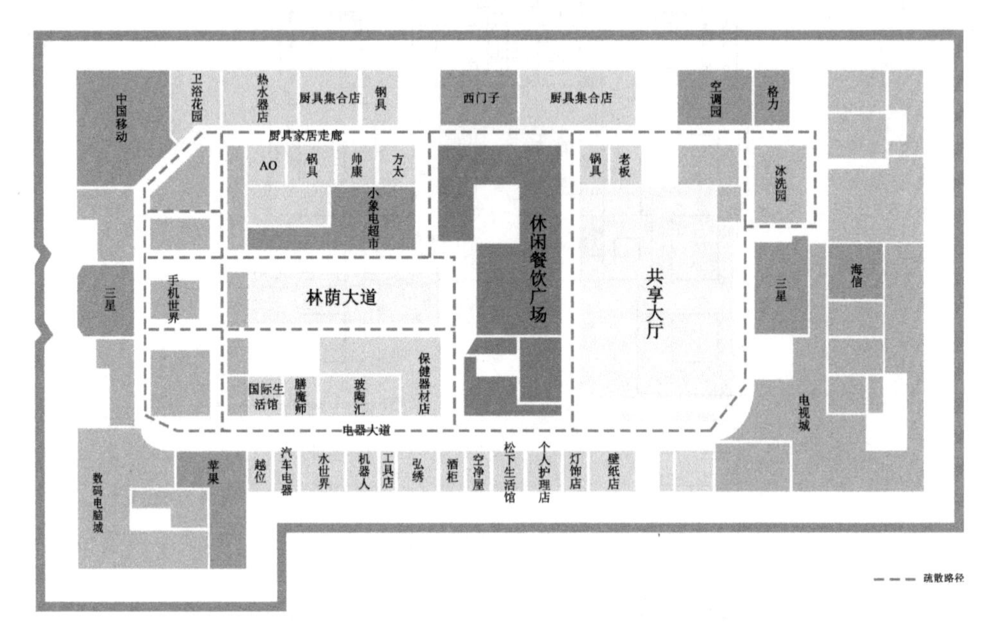

图 4-11　沈阳中街兴隆大家庭广场区平面图

兴隆大家庭百货区（图 4-12）长约 125m，进深约 72m。

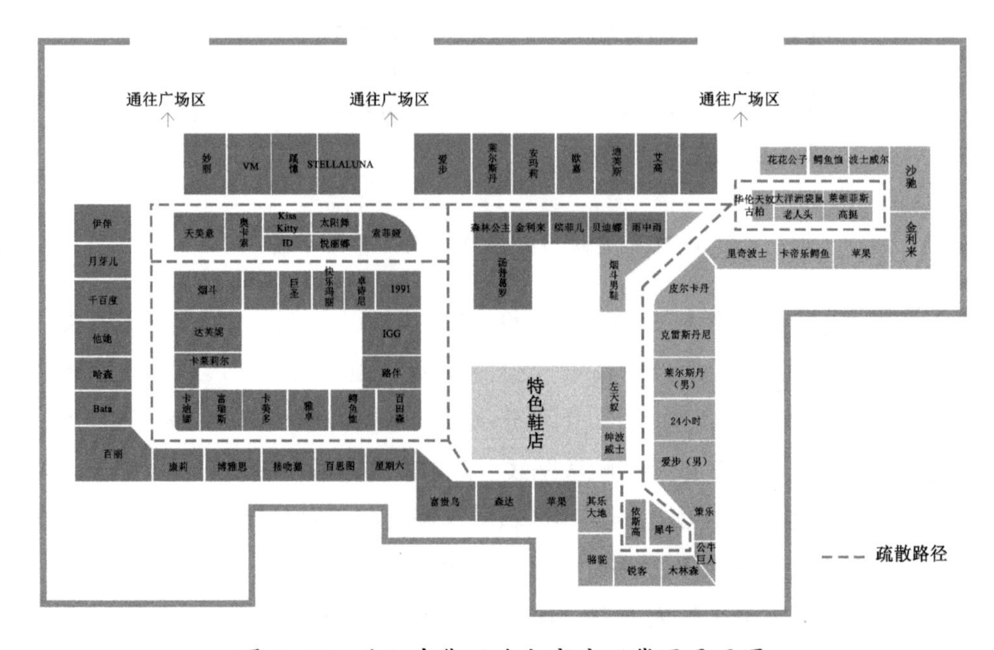

图 4-12　沈阳中街兴隆大家庭百货区平面图

综合以上建筑疏散形式调研情况总结，详见表 4-3。

建筑疏散形式　　表 4-3

疏散形式	空间组合形式示意图	使用条件	优点	缺点	示意简图
直廊式疏散		多适用于体量较长、平面为长方形的办公建筑、酒店、商业建筑等	面积利用率较高，疏散时人流循环畅通；流线简单，导向明确，灾情发生时不易发生慌乱；平面相对简单，结构一般较为稳定	疏散空间不够开阔；空间较为单调，识别性较差；走廊较长，导致采光通风不佳，疏散距离较远	
大厅式疏散		大厅作枢纽，与周边其他使用功能的房间或流线相连通	建筑主要竖向交通流线汇集于大厅，不同功能的人流在互不交叉情况下导向明确，便捷地抵达目标	大厅人流较大，灾害发生时极易发生混乱，易出现踩踏事件	
环岛式疏散		适用于进深较大的专业卖场	利用中间核心达到人流聚集、发散的效果	人流方向较为单一，缺乏灵活性	
单元式疏散		平面近似于方形，面积较大	按照防火单元进行疏散，人流有序，不易产生交叉	容易产生视觉盲点，出入口较多，易形成人潮流散	
复合式疏散		面积较大的展览建筑、博物馆、商业等	疏散时人员流线灵活多变，将不同功能分区以走道形式连接，故本身就具有连续性及导向性，且各部分可以单独开闭	疏散动线较长，容易产生恐惧感；空间曲折，通风及采光不好把握；疏散中处于流线中段的人员易由于看不到出口而产生恐慌	

4.1.2 相关建筑防灾规范问题分析

各国政府机关授权某些机构基于建筑安全疏散、结构质量等方面最低使用要求形成规范文件，从我国具体情况来讲有民用建筑设计统一标准、针对旅馆、中小学、办公等类型公共建筑的设计规程、建筑防火规范以及建筑抗震设计相关规范等。但是规范众多，也难免受现实经济、使用情况等约束，从而出现各种纰漏。

（1）防火规范对建筑疏散的影响

住房和城乡建设部针对安全疏散方面制定了多种建筑规范，按照《建筑设计防火规范》GB 50016—2014（2018 年版）5.5.17 条规定，房间内任一点到该房间直接通向疏散走道的疏散门距离，不应大于袋形走道两侧或尽端的疏散门至最近安全出口的直线距离。现实中往往为了满足规范，而将端部房间外加设袋形走廊，这样却可能造成流线复杂，不利于疏散[66]。

（2）楼梯间数量及封闭与否不明确

为了安全疏散，既有建筑中的每个防火分区都应设置不少于两个安全出口，而电梯及自动扶梯不属于此列。并且按照《建筑设计防火规范》GB 50016—2014（2018 年版）5.5.13 条，医疗建筑、旅馆、商店、图书馆及超过五层的其他公共建筑都应设置室内封闭楼梯间。但在调研中发现，许多建于 20 世纪 90 年代之前的公共建筑，由于设计时没有关于封闭楼梯间的规定，所以未设置封闭楼梯间，而且其中部分建筑由于造型或营业原因也不利于改造。

同样规范对疏散楼梯的数量及宽度也有明确规定，但对于某些特殊的公共建筑如大型超市、大型商场而言，由于管理或者使用的种种原因不能得到彻底施行。如 2006 版建筑设计防火规范中规定商店的疏散人数 = 每层营业厅建筑面积 × 面积折算值 × 疏散人数换算系数，其中地上面积折算值为 50% ～ 70%，地下不应小于 70%，而疏散人数换算系数按照层数的降低为 0.60 至 0.85 不等。在实际情况中，不仅疏散宽度很难真正满足，而且为了方便管理，许多楼梯往往设置在偏僻或隐蔽处，甚至上锁处理，由此造成的后果可能是火灾发生时疏散人员很难发现疏散楼梯，或者是各楼梯疏散效果不均匀。

（3）抗震规范设计要求较低

自新中国成立以来，国家出版了数个版本的抗震建筑相关规范。随着版本的变动，抗震规范除了不断增加新的条目外，原有条目的一些数值本身也在发生变动，使得相当部分既有建筑仅满足当时却不满足现有结构规范。新的版本除了对建筑材料等进行与时俱进的追加规定以外，对某些经过事实或实验测试证明不能满足要求的数据进行了更新。我国 20 世纪 70 年代以前除重要建筑外一般建筑不设防，1974 年正式颁布了抗震设计规范 TJ11-74，规定设防地区为七到九度，其中除七度外一般建筑按基本烈度降低一度设防，且无构造柱及圈梁设置，所以按 TJ11-74 标准设计的八、九度区的建筑和 1975 年以前未设防的建筑如若后期没有经过进一步的改造加固，在地震发生时都是安全性较低的建筑[67]。在 1989 年版的抗震规范中，新增了“抗震要求”一章，内容包括建筑选址、体型、结构体系、抗震概念设计等章节。另外，强柱弱梁、液化土质、强剪弱弯、剪力墙连梁等设计要求也是在不断的改版中得以逐步规范[68]。

根据较为详细的防火、抗震规范，目前基本的做法就是加固既有建筑相应较为薄弱及危险的部位，尚未有成体系地防治其他灾害的规范出台。

4.1.3 结构问题分析

在 2005 年对沈阳市区三环内既有建筑抗震能力普查中发现：当时沈阳共有 1989 年以前的建筑物 15010 栋，建筑总面积 4484hm^2，约占全市建筑栋数的 35%，其中 1978 年以前的建筑物约占 45.85%，1979—1989 年的约占 54.15%。虽然随着时间的推移，2004 年统计结果中有部分建筑已被拆除，但是其结构形式、抗震措施比例等数据对于全国范围来说仍然具有一定的参考价值（表 4-4）。

沈阳市既有建筑结构问题统计 **表 4-4**

结构问题	面积（hm^2）	面积百分比（%）	栋数（栋）	栋数百分比（%）
无圈梁无构造柱	1634	36.44	7087	47.22
无圈梁有构造柱	252	5.62	859	5.72
有圈梁无构造柱	1542	34.39	4421	29.45
有圈梁有构造柱	586	13.07	1459	9.72
其他结构问题	470	10.48	1184	7.89
合计	4484	100.00	15010	100.00

调查中的圈梁分为位于建筑基础上部的基础圈梁以及位于墙体上部、紧贴楼板的上圈梁，由钢筋混凝土构成。而构造柱是按构造配筋制成的混凝土柱，在建筑中与圈梁构成一个整体，起着类似“桶箍”的作用以增加建筑的整体性。经多次地震验证，圈梁加构造柱的系统作为“大震不倒”的主要防护措施在历次地震中起到了重大作用，可有效防止或延迟建筑物的坍塌。而由图表数据可知，1989 年以前建造的建筑接近半数没有圈梁及构造柱的设置，只有极少数建筑同时具备圈梁及构造柱。由此可见，这些建筑中真正具备一定抗震能力的是极少数，相对来说抗震加固任务更加繁重。

吴振波（2010）[69]等在汶川地震后对 901 栋建设年代明确的灾区建筑进行了

灾害调查统计，发现区域内 20 世纪 70 年代及 80 年代的建筑数量最多，其中建筑年代越早的房屋倒塌比例越大（60 年代 86%、70 年代 72%、80 年代 66%），但建于 50 年代的苏式建筑由于层数较少、平面和立面较规则，且现有留存的往往是较为重要的建筑，具有较好的施工质量，因此遭受破坏比例比 60 年代的略低（77%），具体情况如图 4-13 所示。

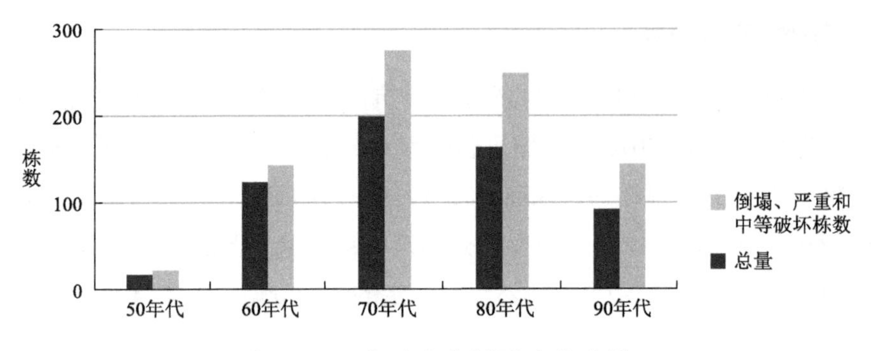

图 4-13　北川县城倒塌建筑统计

资料来源：见参考文献 [69]

建筑中的一些特殊部位在灾害中相对其他部位更容易遭受损害，具体如下：

楼梯间典型破坏形式：不论是在砌体结构还是框架结构房屋中，由于被横墙和楼板中断，楼梯间都是历次灾害中受毁较严重部分，尤其设置在建筑尽端或转角处的楼梯间，在地震中受损最为严重。地震发生时楼梯间的墙体极易受到破坏，而这些部位的墙体因为嵌入墙内的楼梯段被削弱，导致其破坏程度往往比其他部位更严重。此外，由于楼梯间墙体竖直方向没有强劲支撑，所以空间的刚度较差；顶层休息平台以上的外纵墙往往有一层半高，稳定性也较差；楼梯板与休息板连接处在地震中也是薄弱部分。

防震缝碰撞：通过在建筑中设置防震缝，可以将立面高差过大、有错层、相邻部分结构刚度不同的复杂结构划分为较简单规则的结构单元，以减少建筑的扭转并提高结构的抗震性。但震后调查显示，按建筑规范要求宽度设定的防震缝，在强烈地震作用下仍有发生震荡碰撞的危险，而防震缝过宽又将影响到建筑立面的设计。

不规则建筑破坏：根据《建筑抗震设计规范》GB 50011—2010（2016 年版）3.4.2 条，不规则建筑可概括为平面不对称及凹凸过大等平面布置不规则、尺寸突变及连体等竖向布置不规则、构件尺寸及材料突变等结构抗侧力构件不规则。汶川地震中，许多框架结构建筑由于平面布置及填充墙布置位置的不规则，造成建筑结构刚度分布不均，进而在地震中发生扭转破坏。

梳理了既有的不同结构建筑灾后的受损特点，以及比较共性的楼梯间破坏、防震缝碰撞、不规则建筑破坏等典型情况，进而寻求建筑中的薄弱处，有助于分析各类型既有建筑在灾情中易出现的疏散问题，并发现建筑中风险性较高的区域范围，为安全岛的位置设置提供了思路，具体总结如表 4-5。

既有建筑典型结构问题统计　　表 4-5

结构形式	薄弱问题	破坏原因
砖混结构	砌体约束性较差	无构造柱及圈梁设置，在地震中整体性较差
	单层高度较高	墙体厚度不足但单层高度 > 3.6m，易发生墙体断裂
	横墙间距过大	6、7 度时 > 11m，8 度时 > 9m，9 度时 > 7m，横墙易断裂
	空心混凝土预制板坍塌	没设置固定连接，或连接部分有限
框架建筑	柱梁结点破坏	不符合“强柱弱梁”的设计原则，或钢筋过少
	围护墙及填充墙破坏	围护墙及砌体墙的强度较差且易碎
底框建筑	砌体及框架转换部分破坏	结构变换刚度不均
	底框坍塌	上刚下柔，地震时受剪力坍塌
	柱体破坏	梁截面一般较大，很难符合“强柱弱梁”的设计原则
共性问题	墙洞面积过大；防震缝宽度不够；不规则建筑及结构转换处易破坏；重荷载房间坍塌	

除了地震，火灾也会引起建筑的坍塌。其中不燃材料及难燃材料构件、截面大的构件、表面有非燃性保护层的构件具有更佳的耐火性及稳定性，需结合建筑耐火等级查阅构件材料的耐火时间。另外由于爆炸、地震、撞击等外力作用产生火灾的情况，此时建筑结构往往已遭到破坏，使得建筑坍塌时间远远低于耐火极限时间。

4.2 安全岛布局限制条件

安全岛本身具有防灾性，其设置目的是为满足一定范围内的建筑使用人员的防灾需求，所以应确定安全岛的位置。安全岛的设置位置受建筑场地、疏散拥堵情况以及疏散距离的共同制约，其位置的设置必须满足相应限制条件。

4.2.1 灾害对既有建筑安全岛设置的影响

如前文中的分析，将城市常见灾害梳理为由地震引起的火灾及之后的爆炸、毒气泄漏等引发的次生灾害，地震引起的洪灾、山体滑坡等，风灾可能引起的风暴潮等，以上这些灾害都会造成建筑内人员的自行逃生疏散，因此在人员密度较大的既有建筑中往往会引起拥堵踩踏事件。

既有建筑的安全岛改造需在常见的灾害情况下进行考虑，其中主要需考虑的就是地震、火灾、爆炸、洪灾、毒气以及疏散不畅造成的拥堵踩踏问题。针对各类自然或人为造成的灾害对既有建筑及使用人员的危害表现形式，安全岛应在位置、构件、设施方面具备以下应对策略（表4-6）：

（1）地震易造成建筑物倒塌，以此暴露结构的薄弱位置。尤其部分既有建筑结构已存在诸多问题，在选择安全岛的位置时需对结构危险位置进行鉴别后远离此处，并尽量选取剪力墙等原有结构构件位置。除此之外，安全岛本身也需具备坚固性及整体性，以防止建筑物晃动后结构构件塌落对岛内人员的安全造成威胁。

（2）安全岛的结构构件及岛内设施应满足防火需求，其耐火等级应依据防火规范中一级耐火极限的要求设置。应对安全岛区域内既有建筑的梁、柱等原有结构构件进行耐火处理，在位置上应远离起火源及可燃物堆积区域。岛内还应配备灭火及自救设备。

（3）针对爆炸、洪灾及毒气等灾害的防护，主要体现在安全岛的门、窗、管道等设施方面，应符合气密性、水密性等防灾要求，同时需具备对外的疏散窗口。安全岛内还需备置应对洪灾、毒气等灾害的便携救生圈、防毒面具等。

（4）群体踩踏事件多由于交通不畅造成疏散拥堵，或由于处于灾害环境中的逃生人员的慌张心理叠加所致，这也是既有建筑中常见的人为次生灾害。对此，除了从根本上考虑交通拥堵问题的解决方法外，也应基于向外疏散的考虑，将拥堵位置靠近外窗的邻近区域改造为安全岛，并有明确标识，缓解拥堵情况，减轻逃生人员的慌张心理。

针对地震、火灾、爆炸、洪涝灾害、毒气以及拥堵踩踏等灾害情况，安全岛须具有相应的防灾性质，在考虑人员疏散问题的同时在设施方面需照顾到防灾需求，这样才能使安全岛的设计更加严谨，使既有建筑的抗灾改造更为完善。

灾害对安全岛设置影响 **表 4-6**

	地震	火灾	踩踏	爆炸	洪灾	毒气
位置	远离结构薄弱位置	远离起火源、可燃物堆积	靠近易产生拥堵位置	远离爆炸物	对外窗口	对外窗口
构件	坚固性 整体性	耐火性	—	防爆性	水密性	气密性
设施	—	灭火设备		配备便携救生圈、防毒面具等自救设施		

4.2.2 疏散拥堵情况

中外学者分别在走廊、人行道等区域中测试了疏散人群在爬行、弯腰及行走三种状态下的疏散速度[70-72]。测试结果中爬行疏散的速度是 0.73m/s，弯腰疏散的速度为 1.4m/s，行走疏散的速度为 1.7m/s。

疏散时人员间无意识的相互作用也会形成许多自组织现象，主要包括自动队列（lane formation）、出口瓶颈、密度波（density wave）及快即是慢效应（faster-is-slower effect）① 等，这些人类无意识间产生的效应都会在灾情现场对疏散情况及人员疏散路径的选择造成影响，比如实验者发现当教室的两侧出口均可用时，个体自测总疏散时间平均水平会小于单侧出口可用的疏散时间[73]；通向走廊的疏散门在远离主要出口的情况之下，反而不易产生拥堵[74]（图 4-14）。

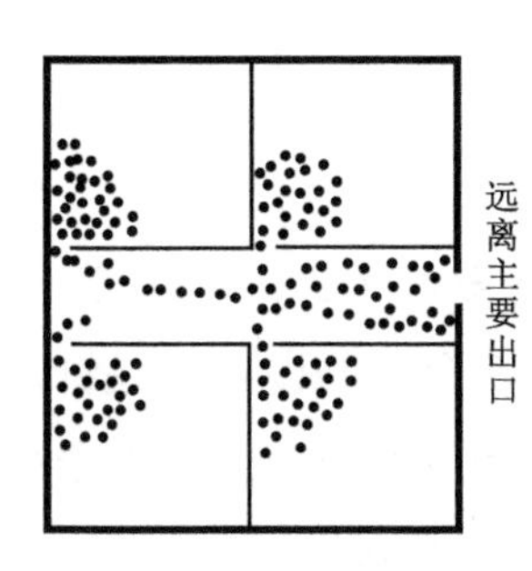

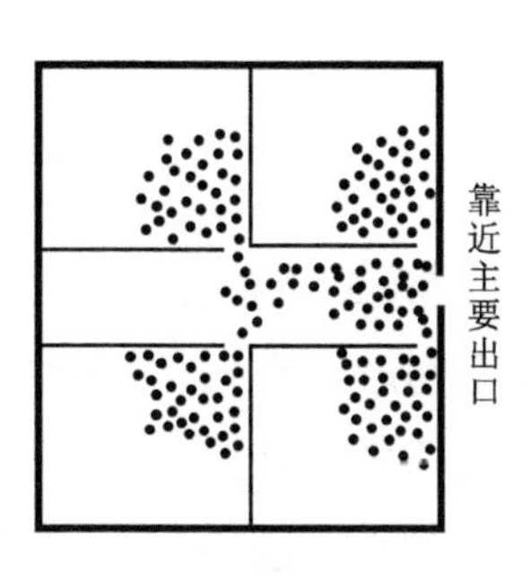

图 4-14 疏散门位置对拥堵的影响

图片来源：见参考文献 [74]

对于火灾或其他意外情况产生毒气的情况，研究者将疏散分为三种路线：理想疏散路线，即没有受到毒气扩散影响的疏散路线；可行疏散路线，即受到毒气扩散

① Helbing D. and A. Johansson, *Pedestrian Crowd and Evacuation Dynamics.Encyclopedia of Complexity and Systems Science*[DB/OL].http://www.springerreference.com/docs/html/chapterdbid/60554.html, 2014-01-17.

影响但还不会威胁疏散人员生命，这时的疏散人群尚能保证理智疏散；逃生疏散路线，即处于毒气浓度达到人体最大耐受区域，如果不能及时逃离致死区，则会有生命危险。在逃生疏散路线上的人群，由于疏散时间十分紧迫，因此极易产生恐慌情绪[75]，而产生的恐慌情绪将会大大影响疏散效果。综合危险临界值及灾害现场模拟软件，并适度考虑不同心理情况下人员的避难行为是十分必要的。

疏散中避难者会出现许多特定的心理与行为特点，如盲目性、排他性、无序性及多向性，使疏散者会出现奔向经常使用的出入口、奔向有光亮（包括自然光及灯光）部位、奔向与烟火相反的方向或奔向走道尽头、随大量人流奔跑等行为模式[76]。除了从宏观层面上根据逃生路径划定安全岛位置的大致范围，也应对人员逃生时产生的一系列比如向光、回巢等行为模式进行考虑（图 4–15），在相同情况下，选取偏向明显位置、光亮部位、常用楼梯间、主干道等符合人员逃生行为模式的路径。

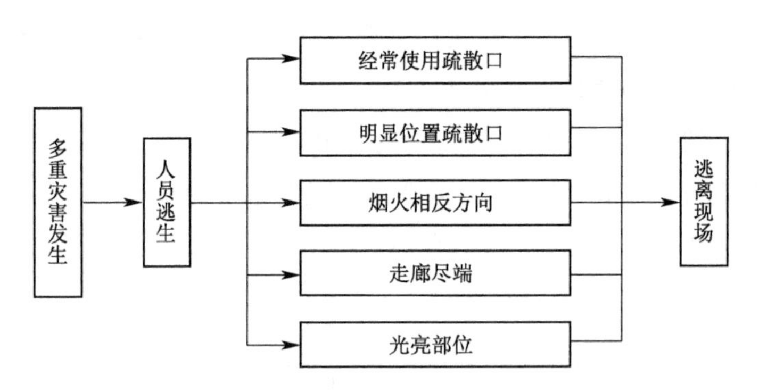

图 4–15　逃生时主要行为模式

既有建筑按交通形式大体分为直廊式、疏散大厅式、环岛式、单元式、复合式等几大类型，各交通形式有各自的优缺点，安全岛的设置就是针对各交通形式疏散的不足，也可根据各交通形式的特点提出相应的对策。以下根据各交通类型的特点结合前文调查实例，提出各类型交通的安全岛设置区位（图 4–16）：

（1）直廊式交通安全岛设置区位选择

此种形式常见于 20 世纪办公建筑。通过调研发现，此种建筑由于房屋面积相似且较小，利于上下墙对位，常常使用砖混结构。使用单走道式交通的建筑，走廊比较长，但是各房间使用人数分布比较均匀并且流线明确不迂回。灾情发生时人员从长走廊两侧的房间通过走廊行至楼梯处，因此设置安全岛需考虑长走廊中距离安全疏散口最远距离的房间，设于其可达范围，从而解决流线过长的缺点，使不能及时疏散到安全楼梯处的人员可以暂时躲避于此。

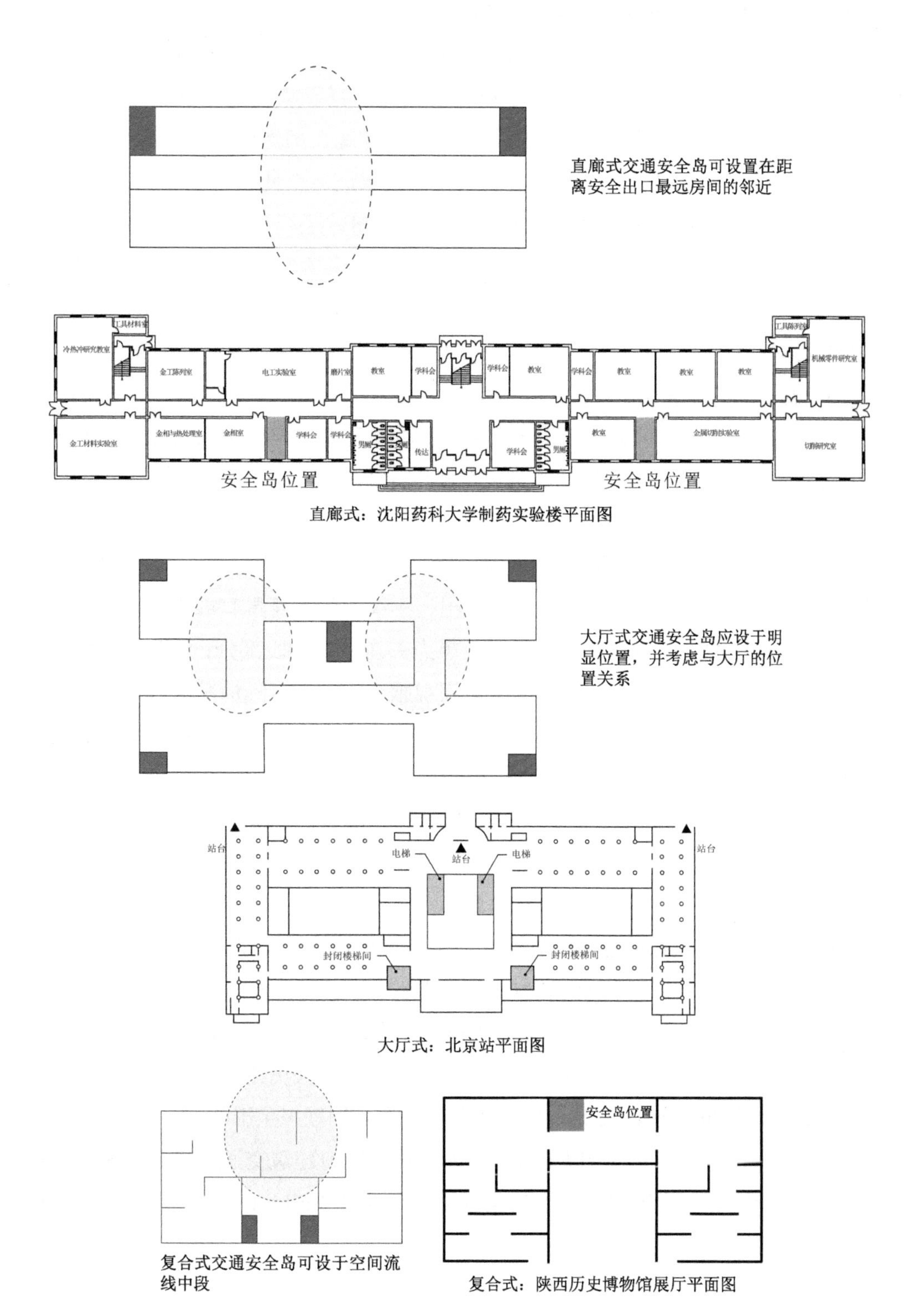

图 4-16 不同疏散路径安全岛设置示意图

（2）疏散大厅式交通安全岛设置区位选择

此种建筑一般为框架结构，分隔墙较少，中央大厅作为枢纽空间集结了大量人流。其疏散交通集中在大厅，部分中小型公共建筑甚至只在大厅设置楼梯。大型建筑常在不明显位置（例如建筑的四角）设置楼梯间，虽然单纯分析流线不复杂，但由于此类建筑一般规模较大且人员复杂，不能保证每个使用者都了解疏散流线，灾情发生时，大部分逃生人员出于惯性从四处涌向曾经经过的、明显的大厅疏散楼梯，从而极易造成踩踏事件。针对此种类型交通设置安全岛，需要考虑到疏散人群的急切逃离心理，将其设置于相对明显的位置，并特别注意安全岛与大厅的位置关系。

（3）复合式交通安全岛设置区位选择

由于建筑空间有相对灵活的分布需求，此种类型基本都选用框架结构，由非承重墙体或展架等作为空间分隔。展览建筑多用此种交通形式营造出曲折的空间感，这种做法同样有利于陈列更多展品。但考虑到对展品的保护或展览效果，多采用开高窗、小窗或不开窗的处理手段，使用机械通风及人工照明方式。在灾害发生时，曲折的通道使烟尘等有害物质不能迅速排出，不仅物质本身具有毒性，也影响了疏散效果。针对此种空间设置安全岛时，应重点关注流线中段部分；另外由于空间体量较大，若进行部分结构加固也将影响空间观感，需根据实际情况做进一步考虑。

公共建筑功能复杂，中大型的公共建筑多为多种交通方式相组合产生的平面形式，如博物馆、展览馆等多采用疏散大厅式与直廊式交通相结合的综合形式。此时，可使用以大化小的手段，在考虑防火分区等硬性条件下将建筑分解成典型而简单的交通形式。并且考虑到疏散方便，除利用安全岛自身的安全门、窗疏散外，安全门应至少可向两个方向疏散，所以尽量避免将安全岛设置于走廊的尽端。

我国及美国等国家的防火规范将人员密集场所的界限定为区域人数大于等于50人，但对于人员密度并没有明确规定。在此基础上结合成年男子正常行进状态所占平面面积0.5m^2，设定拥堵的区域人员密度大于等于2人/m^{2}时，该区域为拥堵区域。结合逃生黄金时间12s[①]的时间点，确定区域人员密度大于等于2人/m^{2}且人群数量大于50人时，疏散人员的逃生行为将会相互产生影响。

建筑设计师除了可以结合以上逃生行为模式及既有建筑交通形式预测灾害逃生过程中的拥堵区域外，还可以借助安全疏散软件（如Building Exodus等）对疏散过程加以验算。

① 凤凰网．震后求生的谬误与真相．http://v.ifeng.com/program/qmxdl/lushandizhen/.2014-04-17.

4.2.3 建筑场地

原则上既有建筑的每个防火分区都需配置安全岛，而具有外墙的防火分区中的安全岛位置必须位于消防车可停靠场地上方。这主要是由于灾害发生后，无论是建筑内部逃生人员的疏散还是外部救援人员的进入，都需要借助消防云梯，所以在选择安全岛位置时需参考常见消防云梯的使用范围（图 4-17），目前世界最高云梯可达 100m，常见高度为 19-53m。

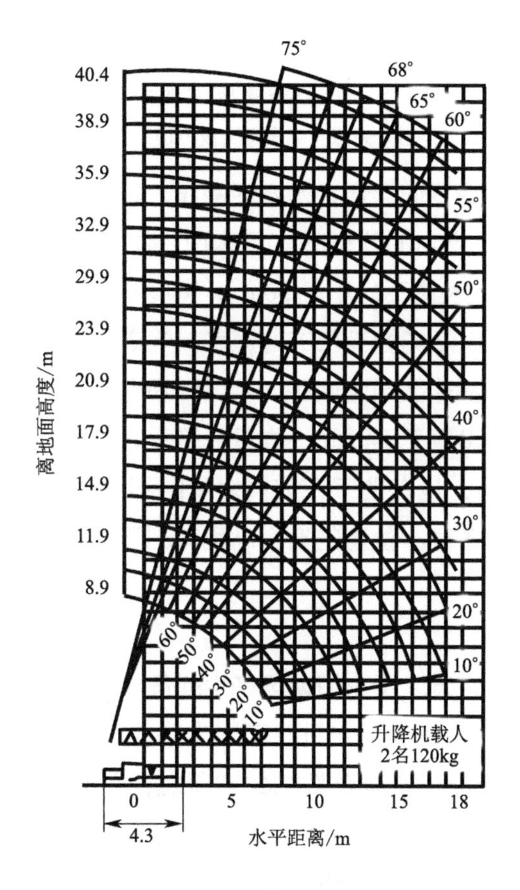

图 4-17 云梯的使用范围

既有建筑每个防火分区需最少布置一个安全岛。而从场地划分，则建筑至少有一条长边的外墙需布置安全岛；若为高层建筑，则至少一条长边或总长度 1/4 且不小于一条长边长度的外墙需布置安全岛，且裙房外边突出高层部分不宜大于 4m。《建筑设计防火规范》GB 50016—2014（2018 年版）“7.2 救援场地和入口”中要求高层建筑场地中必须设置可供消防车停靠的位置，参考相关规范要求，提出消防车云梯停靠场地的其余要求如图 4-18 所示：

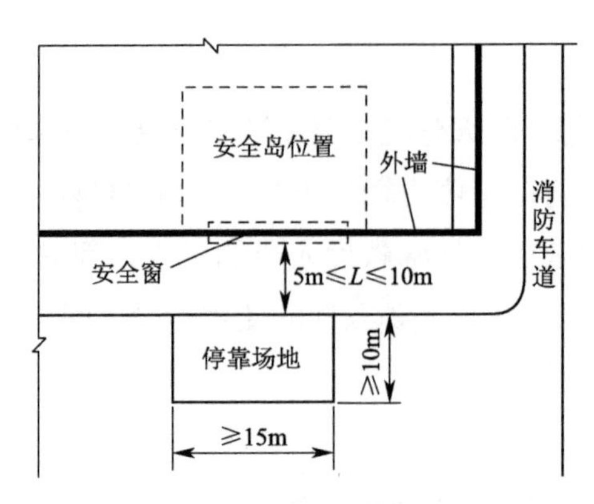

图 4-18 安全岛场地设置要求

图片来源：见参考文献 [80]

（1）停靠场地应与消防车道连通，为方便停靠，场地靠建筑外墙边缘与墙体的距离应在 5-10m；（2）考虑到消防车的常见体积，停靠场地的长度不应小于 15m（建筑高度超过 50m，场地长度不应小于 20m），宽度不应小于 10m，场地上空不应有障碍物；（3）场地地面以及场地下部的地下室、管道和暗沟等应可以承受大型消防车的压力，不能满足要求时应及时加固；（4）场地附近应有相应的消防供水系统。

各层安全岛也应尽量设置于平面同一位置并呈垂直对齐，这不仅可以使消防云梯发挥最大辅助逃生效用，也有助于在灾情发生时不同楼层安全岛之间的自救逃生以及相互救助，同时位于同一位置的安全岛也有利于进行统一加固。

4.2.4 疏散距离

在安全疏散过程中，灾害以及灾情现场产生的危险物质会对人的生命安全产生威胁，烟气的减光效应又会影响到人员对于逃生路线的选择。对危险临界条件进行准确判定，是逃生人员能否安全疏散的关键所在，研究人员通过对灾害研究及动物试验，得出结论：主要的危险状态衡量准则包括热辐射[77]和烟气伤害[78]等。

人类体温的安全临界值为 43-48℃，澳大利亚建筑通则规定临界范围为不低于 2m 的空间平均烟气温度不高于 200℃、低于 2m 以下温度不高于 60℃。美国国家标准与技术研究院（NIST）研制开发的火灾模拟软件（fire dynamics simulator，FDS）模拟火场，可以获得某一特定时间内所设定参数的静态数据，例如温度、能见度以及 CO 含量等[79]。研究人员综合运用火灾危险度临界值与火灾模拟软件（FDS）计算并研究得出建筑的可用逃生时间（ASET）及必需安全疏散的时间（RSET）[80]，必需安全疏散时间要小于可用安全逃生时间，以此制定安全疏散标准[81]（图 4-19）。

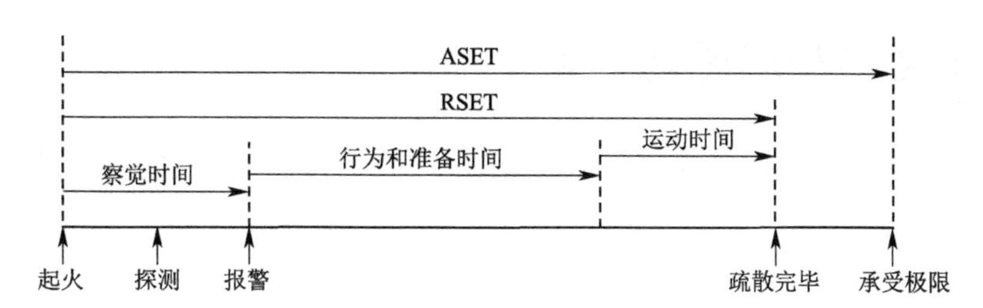

图 4-19 人员安全疏散时间判据

图片来源：见参考文献 [80]

研究人员结合建筑中的安全疏散时间与逃生人群的平均疏散速度、建筑中人群的平均密度，对不同使用类型的建筑房间疏散门与最近安全出口的最大距离作出规定，以保证逃生人群在达到心理、生理的承受极限之前抵达较为安全区域。参考《建筑设计防火规范》GB 50016—2014（2018 年版）的相关条例规定及分类，对普通建筑以及托儿所、适老建筑、大密度娱乐场所等特殊使用要求建筑的安全岛疏散距离分别作出规定，详见表 4-7。

房间疏散门至最近安全岛入口的最大距离（单位：m）　　表 4-7

名称	位于两个安全岛之间的疏散门 耐火等级			位于袋形走道两侧或尽端的疏散门 耐火等级		
	一、二级	三级	四级	一、二级	三级	四级
托儿所、幼儿园、适老建筑	25	20	15	20	15	10
歌舞娱乐放映游艺场所	25	20	15	9	-	-
医疗建筑 单层、多层	35	30	25	20	15	10
医疗建筑 高层 病房部分	24	—	—	12	—	—
医疗建筑 高层 其他部分	30	—	—	15	—	—
教学建筑 单层、多层	35	30	25	22	20	10
教学建筑 高层	30	—	—	15	—	—
高层旅馆、展览建筑	30	—	—	15	—	—
其他建筑 单层、多层	40	35	25	22	20	15
其他建筑 高层	40	—	—	20	—	—

资料来源：本表结合《建筑设计防火规范》GB 50016—2014（2018 年版）相关条例绘制。

1. 外廊敞开的既有建筑，房间门与安全岛的最大疏散距离可增加 5m。

2. 若最近楼梯间为敞开式，两个安全岛之间的距离应减少 5m；位于袋形走道两侧或尽端时应减少 2m。

3. 建筑内设置自动喷水灭火系统时，疏散距离可增加 25%。

4.3 安全岛布局影响因素

根据安全岛的限制条件可划分出安全岛的设置范围，然而安全岛最终位置的确定同样受一些因素的影响，如建筑结构类型、危险源及建筑功能等。

4.3.1 建筑结构

既有建筑的结构形式对安全岛设置具有一定影响。常见的既有建筑结构按照砖混结构、底框建筑、框架结构、筒体结构的顺序，抗震能力相对递增。根据既有建筑的结构类型特点选择合适位置，有利于利用不同结构类型的特点使安全岛的设置更加安全、经济（图 4-20、图 4-21）。

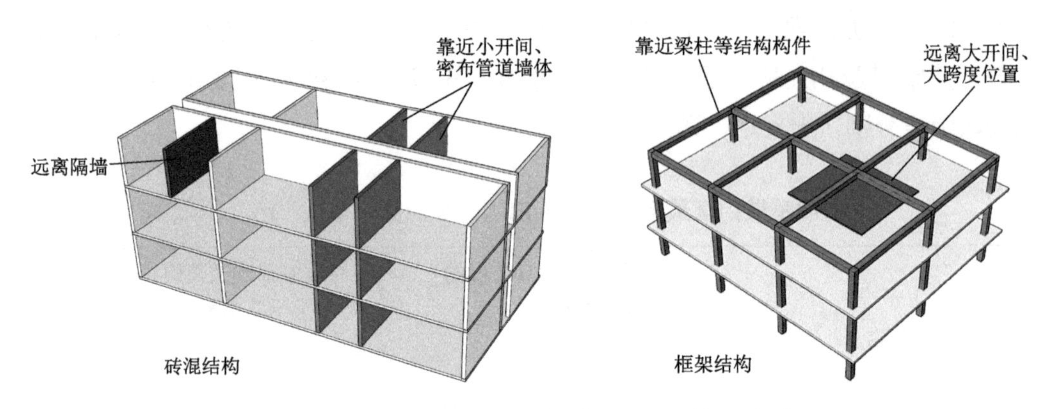

图 4-20 结构形式对安全岛位置的影响（a）

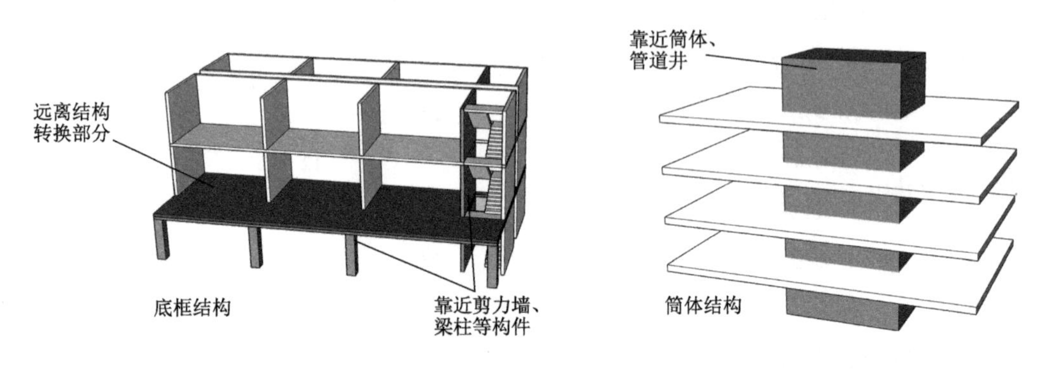

图 4-21 结构形式对安全岛位置的影响（b）

砖混结构：砖混结构一般建造年代较早。尤其是 1974 年以前的大部分砖混建筑并无构造柱及圈梁设置，缺乏必要的约束，在地震反复作用下墙体容易开裂而局部倒塌。此外，高度越高的砖混结构建筑，在震灾中越易损毁；以空心混凝土预制板做楼板的砖混结构建筑物，由于未设置固定连接，连接部分有限，在震灾发生时容易瞬间倒塌；砖混结构建筑中的隔墙本身整体性及稳定性较弱，灾害发生时容易发生粉碎性坍塌，设置安全岛时应尽量远离隔墙；卫生间等密布管道的房间墙体不容易断裂；开间较小的砖混结构房间也更为安全。

底框结构：底框结构一般上部砖砌结构、底框为混凝土框架结构，会由于上下不同的结构形式导致其上重下轻、上刚下柔，是一种抗震不合理的结构形式，但由于其经济性而被广泛应用。研究者对北川底框结构建筑灾害情况进行调查后发现，在极震区其主要的损毁表现为底框的坍塌和倾斜；随着震级的降低，底框部分与砖混部分的倒塌比会降低；整个建筑结构转换部分是底框建筑的结构薄弱部分；另外，由于底框结构的梁截面一般较大，不能保证受到灾害后梁先于柱损毁，因而很难符合建筑规范中的“强柱弱梁”设计原则。因此，底框结构建筑在选择安全岛位置时，应首先避开不同类型结构的转换部位，其次同样靠近剪力墙——此种结构的剪力墙往往设置在楼梯间附近。

框架结构：柱子的两端水平破裂、保护层剥落、剪力破坏等受损形式，是造成钢混框架结构既有建筑倒塌的主要原因之一。框架建筑中的围护墙及填充墙破坏虽不会造成建筑倒塌，但同样会威胁到使用者的安全。最易遭到毁坏的柱梁之间的节点，往往又会由于施工时钢筋搭接长度过短、横向接头钢筋不足等原因而对柱子造成破坏。虽然框架结构的梁柱节点在灾害中属于比较危险的位置，但进行加固后的安全岛可以有效弥补此缺陷。在灾害发生时，远离框架结构本身的位置最容易发生变形，所以框架结构建筑在选择安全岛位置时应靠近梁柱等结构构件，并避免大开间、大跨度位置。

筒体结构：作为我国后期兴起的建筑结构形式，筒体结构相对其他几种结构类型在既有建筑中占比较少，此种结构形式往往使用剪力墙将建筑的一部分（往往是交通核）作为主要支撑的筒体部分。筒体结构建筑的安全岛应选择靠近筒体的区域，尤其是电梯厅或楼梯间的疏散前室紧靠管道井的位置，因为金属管道网可以进一步加强附近墙体的韧性。

大跨结构：随着社会的发展，建筑功能趋向复合，建筑规模越来越大，结构体系设计也越来越复杂多样化，很多建筑出现大跨度结构，打破了建筑内部单一无趣的布局，使得内部结构布局复杂多变，建筑体型更加复杂，如一些商业综合体。现阶段的商业综合体主要采用的是框架结构体系、核心筒体结构体系以及剪力墙结构体系。裙房部分大多使用框架结构，受力构件为竖向的柱与横向的梁，都是采用现浇钢筋混凝土构件。受力传递途径为现浇钢筋混凝土楼板传递给梁，梁再传递给柱。当火灾发生一段时间后，一些框架结构的保护层可能由于温度过高会产生破坏、脱落而使得防火性能急剧下降，也可能导致结构不稳定而坍塌。梁与柱交接点容易遭受毁坏，由于建筑施工质量的原因，导致搭接钢筋长度不够或者过长都会导致对结构的影响与破坏，这也是灾害发生时建筑安全都应该考虑的重要因素。因此安全岛的布置应该避开结构薄弱、危险系数较高的区域，远离较大开间与跨度较大的空间［图 4-22（a）红色、没有柱子的空间］以及较为脆弱、易发生形变的普通隔墙［图 4-22（b）红色墙体，仅仅是分隔空间的作用，黄色墙体可以为防火墙］，可以选择靠近强度较高、耐火极限较高的圈梁、剪力墙等结构构件。商场中疏散楼梯间周围多设置剪力墙，将安全岛设置在附近也可以有效缓解人员疏散时在楼梯间附近产生的疏散拥堵情况，进而最大限度地避免人员伤亡与经济损失。

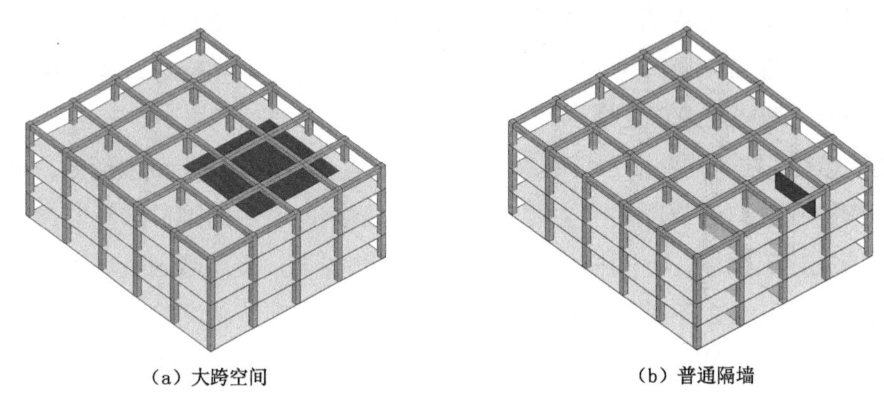

（a）大跨空间　　（b）普通隔墙

图 4-22　建筑结构对安全岛影响

综上所述，在设置安全岛时，总体原则是尽量选择靠近圈梁、构造柱、剪力墙等起结构作用的构件位置，并倾向结构形式简单、开间较小的区域，再根据不同的既有建筑结构类型特点进行参考选择。

4.3.2　危险源

既有建筑的危险源从类型上可分为灾害发生本身造成的破坏及建筑结构本体在灾害发生时导致的各种不安全因素两种。灾害的事故后果是两类危险源共同作用的结果。

危险源辨识是指利用一定方法发现、识别建筑及周边环境中存在的危险源，方法多样，但从总体上可分为规范对照法和安全分析法两种。其中规范对照法产生的评价简单易掌握，但由于是以现有规范、标准及制度为研究基础，使用范围较窄，不能应用于未有明确规范的公共建筑物的危险源辨识。而安全分析法较好地解决了对照法的缺陷，其将建筑看作一个完整的系统，通过逻辑分析理论对各类可能导致灾害发生的诱因及其相互关系加以分析，从而获知可能的危险源，其优势在于对尚无相似事故经验的既有建筑，同样可以查明其危险源。所以在实践中主要采用安全分析法中的故障树分析法（fault tree analysis，FTA）对危险源进行分析。对既有建筑危险源的分析可以立足于人员、建筑本体及周围环境三个方面因素（公式 4.1）。

$$危险源 H = 人员危险源 H_P \times 建筑本体危险源 H_A \times 周围环境危险源 H_E \quad (4.1)$$

（1）人员危险源 H_P

建筑内人员往往是造成灾害的诱导因素甚至主要因素，同时人也是在灾害中最容易受到伤害的角色。人员疏散不及时除了容易造成伤亡外，还易发生踩踏等群死群伤的次生灾害。调查既有建筑的危险源时必须对建筑使用人员的疏散能力加以考虑，其中主要包括人员的特性以及由特性所导致的人的行为。人员特性包括人员的文化、身体、反应灵敏度和工作责任心等方面特征。

具有相对高文化素质从而具有一定消防常识，或经过专门消防训练的人员，在应急心态、处理紧急事态的能力方面要略强。有些人由于身体条件的限制（老、弱、病、残等弱势群体）而导致面对紧急疏散时处理能力相对较弱，不能达到普通人群的疏散速度，并可能由于处理不善导致灾害的扩大。弱势群体或无相关疏散消防意识的群体过于集中的区域，除加设无障碍设施及疏散路标等辅助疏散设施外，还可以将其聚集区的密度计算值增大，以使该区域具有更高级别的防灾设施。不具消防常识或未受过相关消防训练的人员以及疏散不便的弱势群体聚集处，其密度可将原密度值乘以系数进行处理。如果是老年公寓等主要使用人群为弱势群体的公共建筑，在安全岛的设置安装过程中应视实际情况给予更大程度的重视。

（2）建筑本体危险源 H_A

针对建筑本体危险源的调查主要包括建筑功能及建筑结构两个方面。

建筑功能危险源：如前文所述进行改造后的既有建筑在疏散上可能存在一些问题，将建筑与现行国内外建筑防火、设计统一标准等建筑规范相对比，可找出该建筑物平面布局设计不合理、消防设施不完善及安全管理疏漏等问题，这些因素都是潜在危险源。主要包括：流线过于迂回；线路故障起火；仓库等可燃物堆积；厨房等有起火源功能房间；燃油或燃气锅炉、充有可燃油的高压电容器以及柴油发电机房；重荷载房间。

物质是燃烧的首要要素。可从可燃物角度根据可燃物的性质、数量以及分布状况分析既有建筑的火灾危险性。同一类型的公共建筑，由于功能不同、防火等级不同，可燃物的种类、数量以及分布状况不同，从而导致火灾危险性不同。例如商场类型物品繁杂的公共建筑中，日用百货、五金电器、建筑材料等不同售卖区域火灾危险性各不相同。而同一座商场中，售卖区与大量货品堆积的仓库区危险源危险度也不一样，仓库中火势蔓延较快且情况更为复杂不易扑灭。既有建筑中的火源、瓦斯及大功率电源都有可能成为起火原因，这些都是建筑中的危险源。如果既有建筑用电规模较大，且电气设备与线路安装不合理或使用不当，或者由于电路老化、超负荷用电等所引起的短路等线路故障也会引起火灾。在地下室若设置有柴油发电机组，在通风不畅、可燃气体大量聚集的情况下，遇到明火可能会引发爆炸。建筑耐火等级、平面布局等如果不合理，也会严重影响火灾的扑救和人员及物资的疏散。

建筑结构危险源：震灾易使建筑物暴露出结构薄弱处，而薄弱处即是既有建筑面对灾害情况下的结构危险源。结构危险源主要包括：填充墙体；单层高度＞3.6m（砖混）；墙洞洞边距端柱大于300mm（砖混）；同一轴线上的墙洞面积在抗震设防烈度6、7度区≥55%，8、9度区≥50%（砖混）；楼板断裂；防震缝碰撞；不同结构类型交接处；横墙长度6、7度区＞11m、8度区＞9m、9度区＞7m（砖混）；宽度方向中部累计长度大于0.6L，但未设内隔墙的建筑（砖混）；空心混凝土预制板等材料作为棚顶；局部开洞尺寸超过楼板宽度30%开洞楼板（砖混）；结构平面凹凸超过典型尺寸50%的不规则建筑不同形状连接处（砖混）等。

根据对受震灾损毁建筑的研究，得出以下主要结论：

① 砖混结构建筑——砌体约束性普遍较差，尤其是无构造柱及圈梁设置的砖混建筑在地震中容易产生粉碎性坍塌；而墙体厚度不足但单层高度＞3.6m的砌体建筑，在地震中易发生墙体断裂；横墙在6、7度区＞11m、8度区＞9m、9度区＞7m时，横墙易断裂；另外设置空心混凝土预制板的房间容易坍塌。

② 框架建筑——围护墙及填充墙强度较差，受震时易碎。

③ 底框建筑——结构转换处易断裂。

（3）周边环境与地质危险源 H_E

既有建筑的危险源不仅限于建筑内部的人员及结构，所在区域的环境、周边建筑等条件都会对灾害的发生及蔓延造成影响。安全岛位置同样需要远离环境及地质灾害敏感区域，尤其是安全岛设置的疏散外墙窗，要考虑到周边建筑以及环境情况，防止由于周边地区发生灾情而对安全岛产生威胁，参考《建筑设计防火规范》GB 50016—2014（2018年版）对相邻建筑物防火间距的规定及保证消防车停靠场地安全的使用要求（场地距建筑外墙不小于5m、场地宽不小于10m），因此需要排除建筑安全岛外窗一定范围内的场地危险源。周边环境危险源主要包括建筑附近有瓦斯管道；与邻近建筑距离小于规范；邻近木建筑等火灾高危区域。

在我国某些地质灾害相对频繁且严重的地区，与山坡邻近的建筑极易受暴雨、洪涝之后产生的泥石流、山体滑坡等自然灾害影响。针对既有建筑周边区域的危险源调查，应该从周边环境的灾害敏感度以及气候、地形地貌等地质条件入手。地质危险源主要包括地基沉降、泥石流、山体滑坡等灾害。

（4）危险源对安全岛位置的影响

故障树分析法 FTA 采用逻辑分析的方法，对危险源进行形象化分析，体现了工程研究方法的系统性、准确性及预测性，结论直观明了，逻辑清晰，既可以做定性分析，也可以做定量分析[①]，其分析图是呈现倒立树状形态特征的分析法逻辑因果关系图，利用事件符号、逻辑门符号以及转移符号连接构成，用以表示程序系统中各类事件间的因果承接关系。逻辑门的输入事件为输出事件的“原因”，输出事件为输入事件的“结果”。将上文总结得出的既有建筑灾害的各类危险源以故障树分析法的形式总结如图 4-23。分析中所用故障树分析基础符号意义见表 4-8：

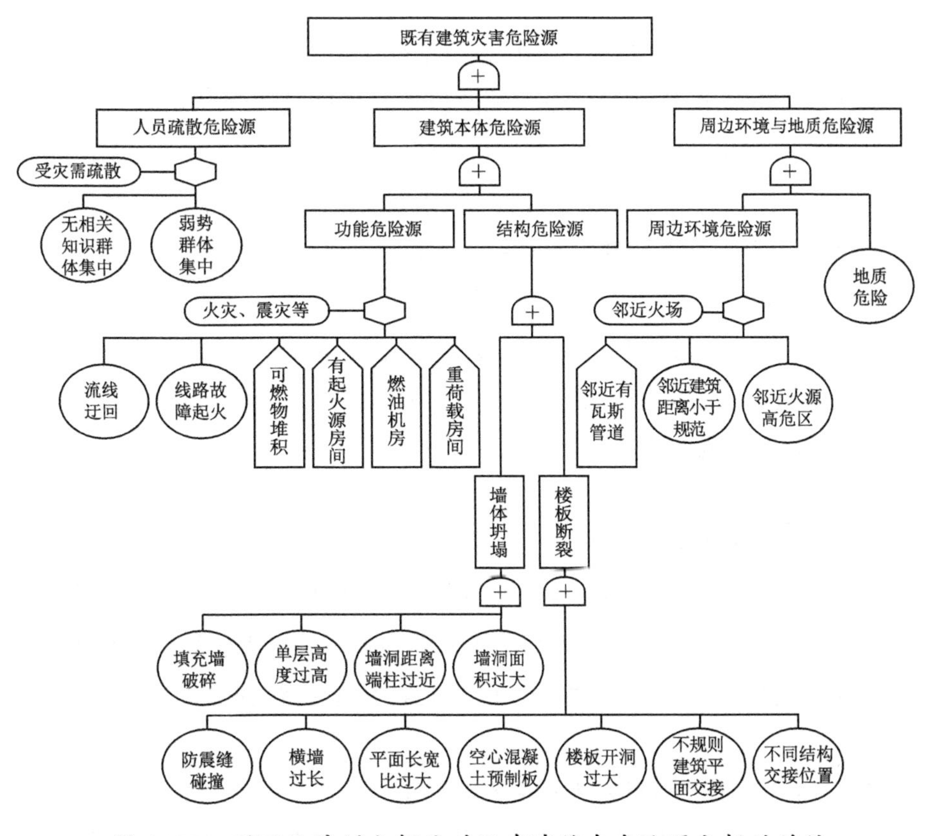

图 4-23 利用故障树分析法对既有建筑中危险源分析的总结

① 百度知道，http://www.baidu.com/s?wd= 故障树分析 &rsv_spt=1&issp=1&f=8&rsv_bp=0&ie=utf-8&tn=baiduhome_pg&rsv_enter=1&rsv_sug3=59&rsv_sug2=0&inputT=2457.2014-04-07.

本书所用故障树分析法基础符号　　表 4–8

	符号名称	图示	符号意义
事件符号	矩形符号		表示顶上事件或中间事件
	圆形符号		表示最基本事件原因
	屋形符号		表示正常事件
逻辑门符号	或门符号	+	表示输入事件 B1 或 B2 中，任何一个事件发生都可以使事件 A 发生，即 A=B1 ∪ B2
	限制门符号		表示输入事件发生且满足条件时，才产生输出事件

4.3.3 建筑功能

为了达到既有建筑空间的高效利用以及平衡使用，在选取安全岛设置区位时应考虑平时和灾害时期均合适的位置，因此应首先选择具有公共功能的房间，这不仅便于平时统一管理防灾物品，也能防止灾情发生时造成拥挤堵塞问题。

影响安全岛位置的部分其他建筑功能因素在前文已有阐述，如应避开厨房、柴油机房等有危险源或灾害蔓延危险功能的房间、靠近人员密集的房间等。从建筑功能考虑，应在同等条件下首先考虑将类似医务室等本身具备相关医疗、自救设备的房间或便于改造为安全岛的房间设置为安全岛；另外，既有建筑中放置贵重物品或需设置减震等抗震设施的精密仪器等实验室、库房等需特殊保护的房间，也应重点考虑将其设置为安全岛。

4.3.4 建筑外部造型

现在针对建筑外部造型的设计更多的是为了增加建筑在该城市的标志性，使得建筑具有更强的辨识度，更能吸引不同人群的眼球，以吸引消费者来聚集人气。但是不同建筑的外部造型各种各样，以下几种造型会对安全岛位置造成一定的影响：

（1）上下层外部造型设计元素产生序列关系

建筑的造型设计元素如果出现序列重复、不规则排列（例如上下错开、隔层相同等），这种造型设计会对人的视觉产生较强的主体化冲击，增强人们的视觉感受，增加辨识度，吸引人群关注。但是这种序列的出现，例如叠合、退台等，会对安全岛的位置产生一定的影响，使得安全岛的设置无法进行整体化设计，安全岛的设置只能上下或者左右错开。

（2）外部造型设计元素采用特殊表皮

20世纪之后，建筑外部造型、外表皮设计越来越趣味化，外表皮已经不单单是建筑造型的最外层，更是被定义为一种具有重要意义的显示界面，用来传播和传承一定的信息。这种表皮越来越强调人为主体视觉感受，符合当下人们的消费观、个性化审美。同样，这种设计也是对传统建筑设计的突破与超越，新颖的外表皮具有较强的层次感，但这样的外表皮设计对安全岛的位置也具有较大的影响。夸张的造型、形态的变换以及复杂的外表皮材料很难保证安全岛有对外开启的外窗，特殊的材料也增加了救援人员进入安全岛的难度，会减缓对疏散人员的救援进度。

（3）整体式、简洁的外部造型设计

整体式、简洁的建筑外部造型设计是当下设计主流，能够表达很强的体量感，更加简明地表达出地域特色和设计的主题，让消费者更清晰地感受到建筑主体带来的巨大视觉冲击。在混乱、复杂以及忙碌的城市中，这种造型更能满足消费者的猎奇心态，可以吸引更多消费者进入建筑内部。这种整体、简洁的设计易于建筑安全岛的设置，更能满足安全岛整体化布置，易于对外开窗，因此是一种较为理想的外部造型设计。

4.3.5 场地与街道

建筑周围的场地、街道都会对安全岛的位置造成影响。前面提到安全岛的位置宜靠外墙整体布置，接下来将阐述不同的建筑场地对不同位置的安全岛设置的影响。

在建筑设计防火规范中对消防车道以及登高场地有详细的规定，登高场地是消防车停靠的重要场地，安全岛的位置应该与消防登高场地相对应。这是因为当火灾发生时，消防救援人员在消防登高场地运用云梯进行救援，通过安全岛进入建筑内部将疏散人员救援到安全区域。参考《建筑设计防火规范》GB 50016—2014（2018年版）中消防救援场地的设置要求（图4-24a），对云梯救援的场地进行设计（图4-24b）应符合以下要求：

（1）靠外墙布置的安全岛应有独自的云梯救援场地。

（2）云梯停靠场地布置满足消防登高场地要求，用来停靠消防车、消防云梯。

（3）场地距离布置安全岛的建筑外墙大于等于5m，小于等于10m。

（4）场地的长边不应小于 15m（建筑高度大于 50m 时，不应小于 20m），短边不应该小于 10m。

（5）场地上空不应该有遮挡物，避免造成对救援的影响。

（6）提供消防供水系统。

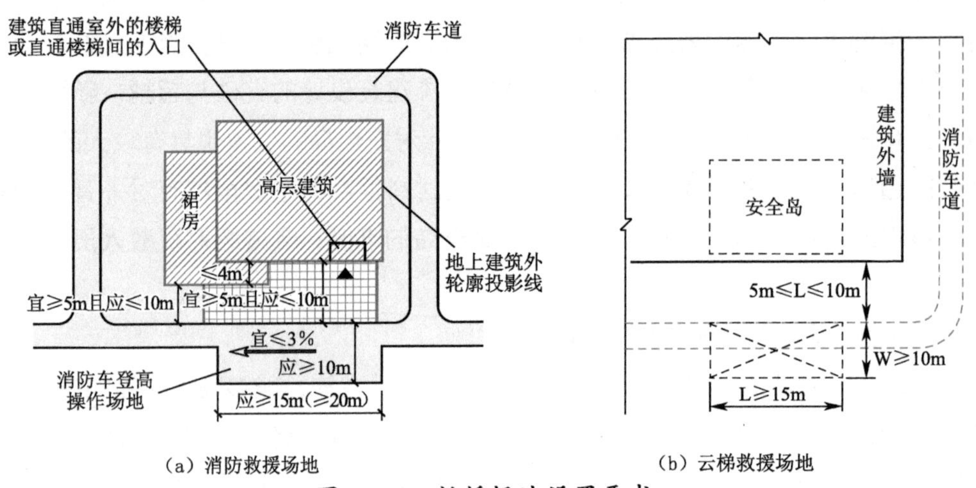

（a）消防救援场地　　（b）云梯救援场地

图 4-24　救援场地设置要求

根据场地要求以及建筑临街方式（图 4-25），建筑内部环岛式疏散、单元式疏散以及复合式疏散要尽量做到至少有两条边用来布置安全岛的外墙。建筑单面临街时，内部的疏散方式多为直廊式疏散，内部空间呈直线型，可以吸收整条道路的人员流量，全体人员疏散时的组织模式也很简单。在这种单面临街的场地云梯停靠场地布置不灵活，即使设有消防车道也要考虑与周围建筑的相互影响，还应考虑安全岛的布置。建筑为双面临街与多面临街时，内部的疏散方式多为复合式疏散和单元疏散方式，这时主要考虑多条街道上的人员流量，云梯停靠场地布置也较为灵活，建筑至少有两个外墙用来布置安全岛。

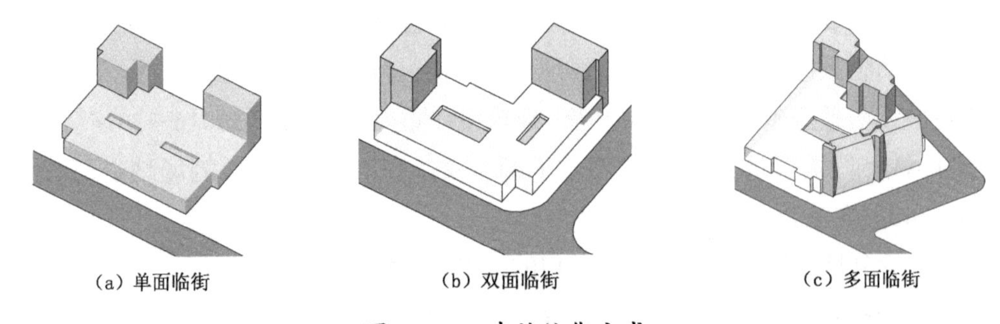

（a）单面临街　　（b）双面临街　　（c）多面临街

图 4-25　建筑临街方式

不同类型的既有建筑对安全岛面积的需求不同，设置面积的主要影响因素是公共建筑内的使用人数，此数值在不同功能及设计情况下可分别由施工图、常识或通过建筑中的人员密度计算得出。

4.4 安全岛布局影响因素选取顺序

既有建筑中安全岛位置必须满足疏散拥堵情况、建筑场地及疏散距离等限制条件，并在一定程度上考虑建筑中建筑结构类型、危险源、建筑功能、建筑造型等因素的影响。而在具体的设计过程中，根据场地及建筑的实际情况（既有建筑往往具有疏散、结构等多方面的缺陷），以及建筑的重要程度，按照以下顺序进行考虑:

由于疏散过程中的人流拥堵情况会严重影响疏散效率，所以在安全岛设置之初，设计者应根据常见逃生行为模式及交通形式或依据疏散软件对既有建筑疏散中大致的拥堵情况作出预测，设定黄金逃生时间 12s 为时间点，使用疏散模拟软件检测灾时既有建筑中人员的拥堵位置，并对该位置给予一定程度的加固。

对没有拥堵危险的房间再根据场地特点及疏散距离限制条件进一步筛选安全岛区域位置。为保证安全岛为建筑内部被困人员提供逃生出口、并为外部救援人员提供入口的设置目的达成，安全岛所处位置必须考虑场地内消防车的停靠以及云梯的停放；疏散距离同样影响疏散效果，建筑防火规范针对不同类型建筑的使用特点对疏散门至安全出口的距离作出了规定，可参考各类规范对各房间与安全岛门的距离加以限制。

还需根据既有建筑砖混、框架等不同结构形式的特点，确定安全岛位置时选择靠近构造构件，如构造柱、圈梁、剪力墙等，并远离结构转换层等位置（同时也是结构危险源），从而保证安全岛区域具有更强的抗灾性能。

在有多处安全岛设置位置备选的情况下，避开较为严重的危险源（其中包括建筑本体及周边地区）以保证疏散人员在逃生过程和临时避难时段的安全；还应考虑人员的逃生能力，使区域内人员顺利到达安全岛；结合建筑功能，对内有精密仪器的房间施以保护。

最终安全岛设置位置确定步骤总结见图 4-26。

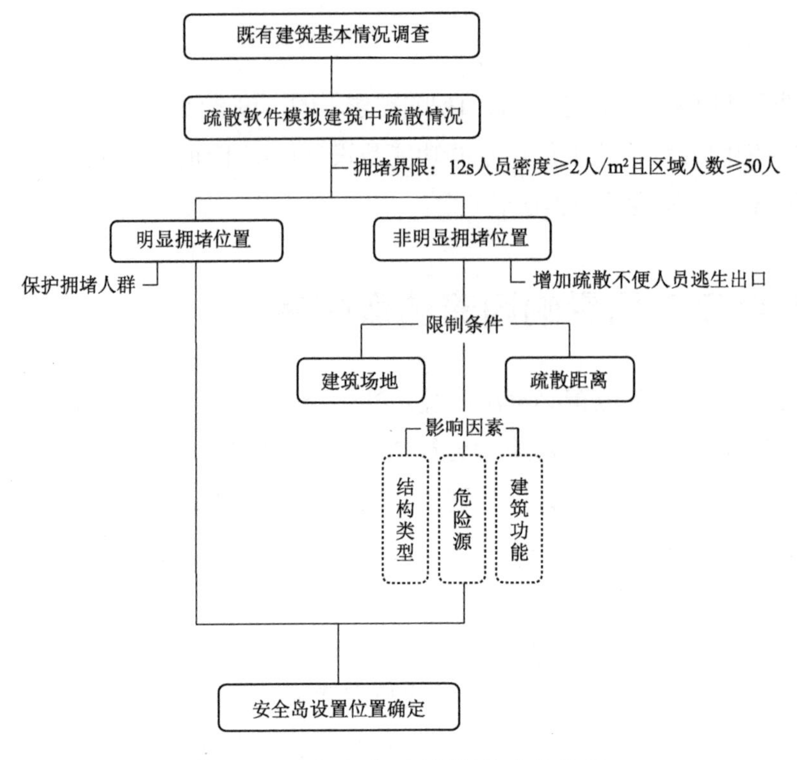

图 4-26　安全岛设置位置确定步骤

4.5　安全岛设置原则与策略

安全岛作为防火的基本单元，应根据安全岛最基本的防火功能与疏散人员使用需求制定安全岛的设置原则。考虑到建筑本身会对安全岛位置设置产生一定的影响，同时结合影响因素，最终得出最佳的安全岛具体位置方案。

4.5.1　安全岛设置原则

安全岛的设置是为了在火灾发生的情况下，使建筑内疏散人员进入安全岛并且能够在一段时间内保证人员的生命安全。安全岛同时能够为救援人员提供更多的救援措施，通过安全岛这一亚安全区进入建筑内部实施救援，在首层设置的安全岛能够让一部分疏散人员直接疏散至室外。安全岛需要符合高等级的防烟性与耐火性、疏散诱导性、易达性、经济适用性、整体易救性与平灾结合性等原则。

（1）防火安全性

既有建筑火灾危险源大多为电气火灾、可燃物与可燃材料燃烧，同时燃烧扩散速度也较为迅猛，因此在安全岛位置的确定上首先应该远离可能发生火灾的火源，如远离库房、杂物堆放处、电路较为集中处等存在火灾隐患的房间。同时需要配置喷淋系统、灭火系统来控制早期火灾的发生与蔓延。火灾发生的同时燃烧产生的有毒气体同样能够危害疏散人员的生命安全，因此需要排烟系统、挡烟垂壁以及蓄烟仓等能够有效防止烟气蔓延的措施来确保安全岛的安全性能。防火安全性是为了确保安全岛对火灾、烟气的隔离作用。

（2）疏散诱导性

由于火灾发生时建筑的结构、建筑内部装饰材料、外部环境以及不同的火灾起火原因方式都会密切影响到火灾烟气的蔓延速度、有毒气体浓度变化以及演化规律，使其变得更加不可控，因此需要配置应急疏散照明指示系统，即使在烟气较浓，可见度、灯光照明度较低时，发光型疏散指示器、语音诱导装置以及声光报警装置能够发挥出双重诱导的互补作用，对疏散人员起到视觉诱导与听觉诱导，消除疏散心理恐惧，选择最佳的逃生路径进入安全岛内。

（3）易达性

保证既有建筑发生火灾时疏散人员在生命不受危害的情况下到达安全岛，在这种前提下尽可能缩短疏散时间以及疏散路径，保证疏散路径的安全性。将安全岛设置在离火灾危险源较远的位置，安全岛与建筑内部各个位置的距离限制在一个易达的有效范围内。

（4）整体易救性

各层安全岛应该位于同一竖向直线上，确保不同层安全岛的整体性，而且在建筑结构与装饰材料等安全岛的建造细节上能够进行统一设计。同时安全岛的位置应该靠外墙，能够具有向外开启的窗洞，利于安全岛内的自然通风；可结合消防人员救援窗，利于救援人员较为容易地从窗洞进行救援。

（5）经济适用性

从性能化设计角度进行安全岛设计，也要满足建筑的实用性与适用性需求，安全岛的技术配置也要具备一定的经济性。

（6）平灾结合性

这是要求既有建筑安全岛在平日里也具有日常的使用功能，而且日常使用功能不能影响火灾发生时人员的安全疏散和停留。

4.5.2 安全岛位置设置策略

安全岛要具备一定的防火性能，以满足既有建筑内部使用人员的防火疏散要求。当既有建筑发生火灾时，建筑内部人员会自发地相互聚集、相互作用，形成小型组织进行疏散。在疏散过程中根据个人行为习惯会出现自动排队的行为，在各个出入口、楼梯间会出现瓶颈效应，增加了人员密度，从而降低人员疏散速度，进而增加疏散时间。这种下意识跟随动作，会对疏散人员的疏散路径选择造成较大影响。火灾发生时，安全岛的设置可以疏导一部分人员，减少可能出现的瓶颈效应，尽量将拥堵最小化。火灾发生后，烟气将直接影响疏散人员的生命安危，可以根据烟气状态划分三种疏散路径：第一种为最佳疏散路径，火灾发生时人员远离火源进行疏散不受烟气影响；第二种是可行的疏散路径，火灾烟气已经开始蔓延扩散但未对疏散人员造成严重的生命安全影响，这种疏散路径的安全性能要低于第一种疏散路径；第三种为危险疏散路径，也就是火灾已经发生一段时间，烟气中有毒气体浓度、能见度、温度在极限时间内能够造成人员伤亡，如果在极限时间内不能到达安全区域，疏散人员会有生命危险。第三种疏散路径也是最危险的，安全岛的合理设置能够减少和避免危险疏散路径的产生。由于火灾发生的无征兆性和紧急性，人群在选择疏散路径的同时很容易产生恐慌心理，这会使疏散人员的疏散效率降低，大大影响疏散效果。

根据疏散中人员会出现的一些行为习惯，如无序性、盲目性、从众、消极往返行为、冲动误判行为、向光亮部分逃生、向熟悉的路径逃生、向疏散口位置明显的方向逃生、朝火源相反方向逃生等，我们可以对直廊式疏散、环岛式疏散、复合式疏散与单元式疏散四种疏散形式安全岛的位置设置提出相应的对策。

（1）直廊式疏散安全岛位置选择

这种疏散形式的建筑较为常见，通过调研发现，这种形式的建筑内部中间位置的行走路线较为单一，但是行走路程较长，走道两侧的各个空间内部的人员分布也是比较平均的。当火灾发生时，疏散人员从空间内部向走道进行移动，再行至各个疏散楼梯、安全出口。图中虚线框内为可设置安全岛位置（图 4-27），安全岛设置应该考虑到两个安全疏散口中间的房间，尽量解决疏散路程过长会造成的拥挤危险，将一部分不能够及时疏散到安全区域的人员疏散至此，保证这部分人员的生命安全。

（2）环岛式疏散安全岛位置选择

这种环岛式疏散流线较为简单，但是这类疏散形式的建筑中人流量较大，进深较大，导致人员复杂，建筑内部危险系数较大。当火灾发生时，中庭处会聚集大量人员再进行集中疏散，使得拥挤踩踏事件极易发生，因此此类疏散的安全岛位置的设置应与中庭相结合，设置在相对明显位置（图 4-28），来消除人员的恐惧心理（图中虚线框内为安全岛位置）。

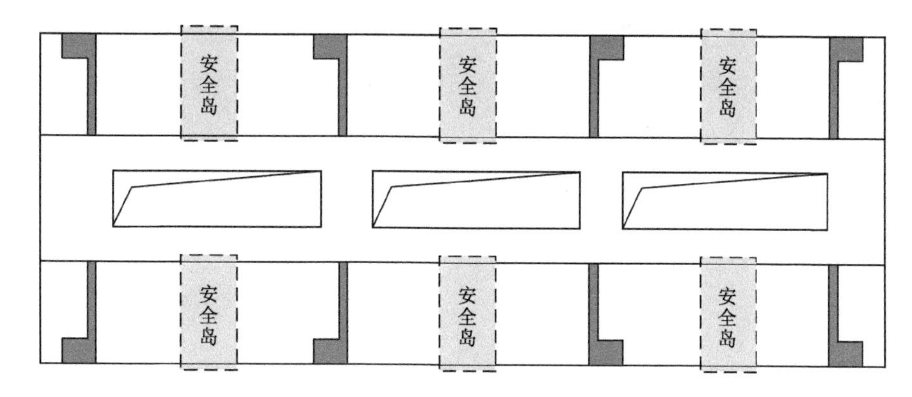

图 4-27　直廊式疏散安全岛设置

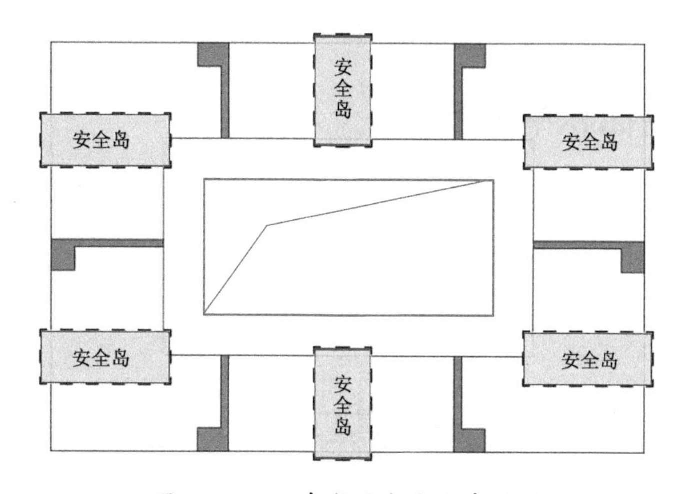

图 4-28　环岛式疏散安全岛设置

（3）复合式疏散安全岛位置选择

这种疏散形式是采用两种或两种以上的方式进行复合疏散，此类建筑内部空间十分灵活，可以营造出复杂的流动空间以及丰富的空间感受。安全岛的位置设置可以采用由繁化简的手法，拥有较大中庭的部分采用环岛式疏散安全岛位置对策进行设置；当有一部分动线较为单一、流线较长时，可以采用直廊式疏散安全岛位置对策进行设置，这样就可以由大化小对整个建筑进行安全岛设置。

（4）单元式疏散安全岛位置选择

采用此疏散形式的建筑每层的面积较大，人员更加复杂，建筑内部空间也更加复杂，将平面划成不同单元进行疏散，这样会一定程度减少火灾发生时人员疏散流线的交叉，但是拥挤程度也会随人数的增加而增加。将这种单元式疏散应用到安全岛位置的选择，在每个单元内均设置安全岛，能够提供足够的避灾空间，增加疏散效率，提高人员安全性（图 4-29）。

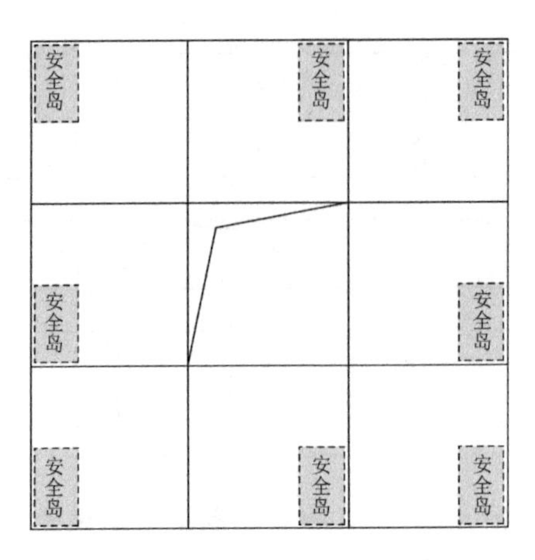

图 4-29　单元式疏散安全岛设置

4.6　安全岛面积的确定

4.6.1　安全岛使用人数计算

安全岛首先以防火分区为单位计算使用人数，其方法主要分为设计规定使用人数和根据公式计算两种（图 4-30）。

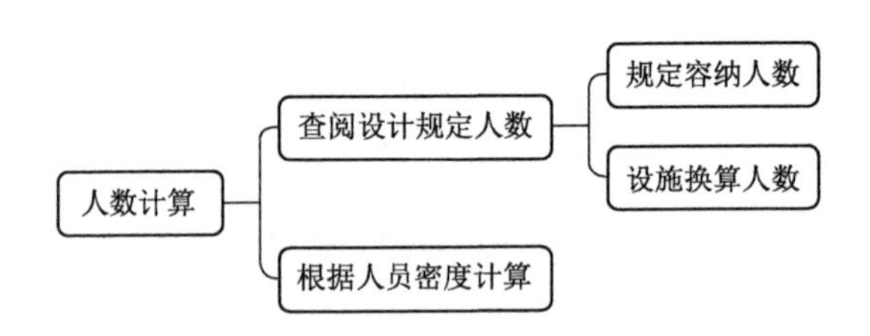

图 4-30　人数计算方法

（1）设计规定使用人数

既有建筑中的某些功能房间，如餐厅、宴会厅、多功能厅、会议厅等，往往在建筑设计之初已由甲方设定了接待人数；而客房等功能的使用人数按照客房可容纳客人数量计算。这种情况下可查阅建筑的设计施工图，加上适当的工作人员数量，得出该防火分区的使用人数。

另外如地下停车场等功能区，虽未直接提供使用人数，但已对停车位进行数量设置，则可根据通常的使用情况，按停车位数量 ×2（人 / 车）的数值或者根据建筑的特殊使用情况进行计算。

（2）根据公式计算

无设计规定使用人数的防火分区可由人员密度计算得出使用人数。不同资料中关于公共建筑中不同功能区域的人员密度数据尚未统一，日本政府 2001 年出版的《避难安全验证法的解说以及计算实例及其解说》规定住宅类房间的人员密度为 0.06 人 /m^2，办公室、会议室等为 0.125 人 /m^2，商场为 0.6 人 /m^2 等。

规模较大的既有建筑往往具有多种功能。人员密度是一个区域值，若建筑整体为同一功能，则取此值计算；若为多种功能的综合建筑，按照主要功能的值计算或者将平面按照功能分区分别计算。某些功能在设计之初已经规定了接待人数（如宴会厅等），应根据实际情况，对数值加以计算。而建筑中不同功能区人员密度数据众说纷纭，我们综合消防标准、建筑资料集等相对权威的资料总结出人员密度图示（图 4–31）。推荐数值也只提供参考，况且密度数值也会进行变动，譬如餐厅人员密度是 0.5 ～ 1.2 人 /m^2，但在实际使用中，1.2 人 /m^2 只适用于食堂或人员密集的美食广场等，部分高档餐厅座位较为宽松可能低于 0.3 人 /m^2，需要设计师根据已有经验针对实际情况进行调整。

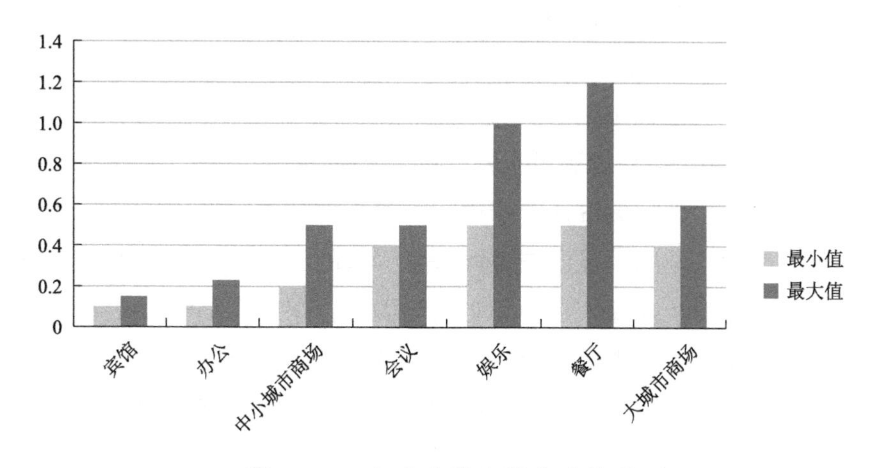

图 4–31 公共建筑人员密度范围

商业建筑一般规模较大，大部分面积均为商业空间，不同楼层的疏散人数不同，一般随着楼层的逐渐递增，人员密度逐渐缩小。在《建筑设计防火规范》GB 50016—2014（2018 年版）中将同类型楼层的换算系数更改为 0.30 ～ 0.60，在最终计算相似类型建筑疏散人数的时候也可以参考这一比例系数（表 4–9）。

商店疏散人数换算系数（单位：人 /m^2） **表 4–9**

楼层位置	地下二层	地下一层	地上一、二层	地上第三层	第四层及以上
换算系数	0.56	0.60	0.43 ～ 0.60	0.39 ～ 0.54	0.30 ～ 0.42

表格来源：建筑设计防火规范 GB 50016—2014（2018 年版）5.5.21-2.

以防火分区为单位对使用人数进行换算，可以按照商业建筑设计规定来计算使用人数，或根据设计规范给出的折算系数进行公式计算。

按照《建筑设计防火规范》GB 50016—2014（2018 年版）5.5 条，安全疏散和避难中商店的疏散人数应按照每层营业厅的建筑面积乘以规范中规定的人员密度来计算（公式 4.2）。

$$N_{商店疏散人数}=S\times D \tag{4.2}$$

式中：$N_{商店疏散人数}$——商业建筑中需疏散的人数（人）；

S——营业厅建筑面积（m^2）；

D——人员密度（人 /m^2）。

根据规范，建筑面积 S 不包括营业厅内展示货架、柜台、走道等顾客参与购物的场所，以及营业厅内的卫生间、楼梯间、自动扶梯等的建筑面积。人员密度值（D）则为上述建筑设计防火规范表 5.5.21-2 中的商店疏散人数换算系数，在取值时应考虑商店的建筑规模，当建筑规模较小（比如营业厅的建筑面积小于 3000m^2）时宜取上限值，当建筑规模较大时可取下限值。

安全岛面积大小的设置要满足人体工程、人性化的设计理念，要考虑到无障碍设施的存在，加入了无障碍设计就能更加针对人性化进行设计。建筑的使用人群中包含老人、儿童、孕妇以及由于外界因素导致的行动不便者以及病患等。在这些人中，老人、儿童及残障人士为相对弱势群体，在灾害发生时被滞留在建筑中的概率远大于成人，因此对特殊人群的聚集位置应给予重点考虑。

由于安全岛主要供在灾害中疏散有障碍、暂时滞留在建筑中的人群使用，因此安全岛的使用人数的计算需要用总使用人数乘以滞留人数折算系数。

2006 年，我国进行了第二次全国残疾人抽样调查，结果显示我国有残疾人口 8296 万，占全国总人口的 6.34%；2010 年第六次人口普查显示我国 60 岁以上老年人口占总人口的 13.26%。综合以上两个数据，并参考《无障碍设施设计标准》DG J08-103-2003 中无障碍设施设置的相关比例，设定除特殊使用要求的建筑（如养老院、医院等）外，既有建筑中疏散有障碍的安全岛硬性需求人群比例为 15%，即滞留人数折算系数为 15%，考虑到正常人群也有可能遇到疏散阻碍，故滞留人数折算系数为 25%，即安全岛的最低使用人数为建筑总使用人数的 25%。

由此对安全岛使用人数进行计算，具体计算公式如下（公式 4.3）：

$$N_{安全岛使用人数}=S \times D \times K \tag{4.3}$$

式中：$N_{安全岛使用人数}$——安全岛使用人数（人）；

S——各层建筑面积或各防火分区面积（m^2）；

D——人员密度（人 /m^2）；

K——滞留人数折算系数，一般取值为 25%。

4.6.2 安全岛设置面积换算

对于一般的公共建筑，国内外规范未给出明确的面积计算指标。在不同的国家、不同的规范中对不同类型的建筑给出了不同的人员使用面积，例如《新加坡防火规范》对医疗建筑避难区域人员荷载进行了规定，如医院为 2.8m^2/ 人，疗养院为 2.8m^2/ 人，不为病患提供住宿的楼层为 0.56m^2/ 人。通常情况的既有建筑使用面积可查阅施工图得出，《建筑设计防火规范》GB 50016—2014（2018 年版）5.5.23 规定，高层避难层的净面积应达到 5 人 /m^2，原则上此空间可以满足成年男子站立的使用需求，但是在安全岛内的逃生疏散中，由于人员的流动性及互相干扰性，现行规范的 0.2m^2/ 人不能满足移动人群的疏散要求。考虑到成年男子的身体平均宽度为 0.5m、平均步幅为 1m，可计算得出成年男子处于正常行进状态时所占的平面面积为 0.5m × 1m=0.5m^2，Building Exodus 软件同样认定人员密度 2 人 /m^2 是人员相对正常疏散、互不干扰的临界值。安全岛的设置需要考虑到的是人群中 25% 的行动不便人士，基于以上原因并参照成年男子坐在地上的尺度（图 4–32）及国外相关避难空间的设计标准，设定安全岛的净面积应满足 2 人 /m^2 的要求，即 0.5m^2/ 人。同时由于安全岛的主要设计面向群体是 25% 的弱势群体，取 0.5m^2/ 人的人均占地面积也是为了增大安全岛在特殊情况下的安全性。

一般情况下，以防火分区为单位计算安全岛的需求面积，在根据实际情况选择该分区面积折算值以及疏散人数换算系数后，将分区内使用人数及人均最低避难面积标准进行乘积计算，具体计算公式如下（公式 4.4）：

$$S_S = N_{安全岛使用人数} \times A_{min} \tag{4.4}$$

式中：S_S——安全岛面积（m^2）；

$N_{安全岛使用人数}$——安全岛使用人数（人）；

A_{min}——人均最低避难面积标准（m^2/ 人，一般取值为 0.5m^2/ 人）。

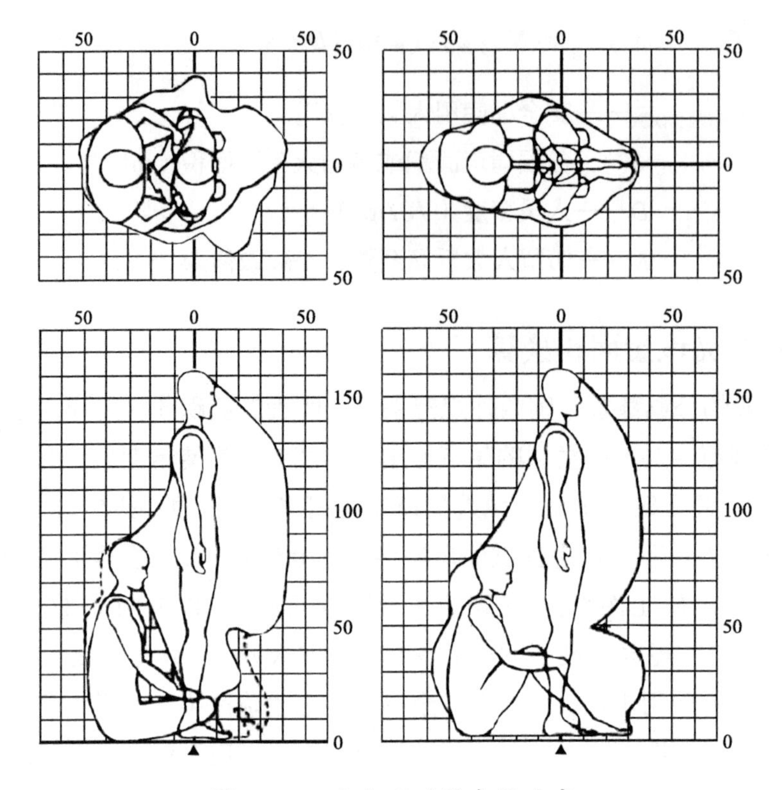

图 4–32　人坐下时的空间尺度

图片来源：朱钟炎，贺星临，熊雅琴．建筑设计与人体工程 [M]. 北京：机械工业出版社，2008.

4.7　安全岛设计步骤

灾害下的安全岛设计是一套受到多方面因素综合影响的复杂程序，由于既有建筑形式及各地区实际情况不同，不能简单地采取同一方法解决。我们提出如下安全岛设计程序，该程序可大致划分为 6 个步骤：（ 1 ）情况调查及资料获取、整理；（ 2 ）消防评估，确定消防目标；（ 3 ）面积确定；（ 4 ）位置确定；（ 5 ）改造方法确定；（ 6 ）疏散软件测试疏散效果。

第一步，设置安全岛建筑基本情况调查。

首先了解既有建筑的基本情况，如平面、立面、总图以及设计说明等，对建筑的火灾荷载、消防薄弱环节、防火分区以及面积大小有一个初步了解，为下一步模拟的准确性提供保证。对周边区域情况进行调查并进行记录、标注，其中包括：地区内常见灾种、建筑结构形式、防火分区情况、各功能分区面积及使用情况、建筑周边地区及自身结构，以及功能方面、装饰材料方面的危险源，这些因素将在不同程度上对安全岛的设置面积、位置、改造方法等产生影响。

第二步，运用模拟软件对建筑进行消防评估。

作为安全岛性能化设计的最重要的一步就是进行软件模拟评估，即运用火灾模拟软件与人员疏散模拟软件对既有建筑进行数字模拟，得到的各个数值进行对比分析，能够得到建筑的火灾危险性，从而确立在既有建筑中设置安全岛的具体目标。

第三步，安全岛最低面积确定。

根据既有建筑内每个防火分区的使用人数及密集程度确定安全岛的设计面积。参照已有的防火分区，按照主要功能选择人员密度值，对每个防火分区人数加以估算，其中除了在普通情况下按照公共建筑人员密度换算表计算区域人数，同样应对特殊情况如不具有消防常识或未受过相关消防训练的人员聚集处乘以系数 1.05 计算，老、弱、病、残、孕等疏散不利的弱势群体聚集区域密度值乘以系数 1.2 计算。

第四步，安全岛位置确定。

安全岛需选取相对安全、便于到达的区域以暂时避免灾害对逃生人员造成侵害。所以安全岛设计策略的第四步就是评估既有建筑中的安全区域——决定安全岛设置的最合适区域。

应用疏散模拟软件模拟疏散过程，并根据拥堵滞留人数及程度设置安全岛加设范围。由于公共建筑的功能相对复杂，各层区别较大，所以考虑到疏散难度，应有选择地从疏散难度最大的建筑较高楼层考虑设置位置——比如高层公共建筑的标准层等适用范围较大楼层，选取设置位置时应首先根据建筑场地、疏散距离等限制条件确定设置范围，其次于可设置范围内在一定程度下考虑人员逃生路径、行为模式、建筑结构、功能等影响因素，尽量选取靠近人员密集位置、主要楼梯间、弱势群体功能区等，最终确定该层安全岛的设置位置。除以上条件，考虑到疏散安全，安全岛的设置位置不宜选取走廊尽端的房间，安全门本身应至少向两个方向疏散。

在确定该层的设置位置后，在各层平面的同一位置参照已有的防火分区，根据实际情况（对原建筑功能及结构采取最大利用、最少改动的改造方针）于既有建筑的每个防火分区、每层或隔层设置安全岛，在此位置不满足某层的安全岛需求时，再根据前述过程于该层加设安全岛。

第五步，安全岛内部空间改造方法确定。

根据既有建筑的结构特点、安全岛设置位置等影响因素对选定的空间进行安全岛改造。首先，确定安全岛的改造方式，有两种方法，一种是应用原建筑改造法，第二种为成品设备应用法；其次，对安全岛内部空间进行界面设计及细部设计。

（1）安全岛的改造方式

安全岛的改造有两种方法，一种是应用原建筑改造法，即对安全岛原有的围护结构进行改造和加固，增强其坚固性，使其具有一定抗灾能力；第二种为成品设备应用法，可以将市场开发出来的成品安全岛产品或构件安装在选定的房间内，形成安全岛。

（2）界面设计

在应用原建筑改造法时，需对各个界面进行改造设计，使其适合灾害时使用，对竖向界面（墙壁）、底部界面（地面）以及顶部界面（顶棚）进行具体研究设计，确定各个界面材质的选择以及顶棚的照明设置。

（3）细部设计

针对安全岛内部的细节进行设计，对安全岛内部构造进行设计以及安全岛内部设施进行设置，包括消防设施、电气设备、通风以及防排烟设施、绿植的覆盖、急救包的具体设置、指示标识等。

第六步，疏散软件测试疏散效果。

通过疏散软件检测既有建筑安全岛设置后的疏散效果，对比设置前后疏散时间。在具体的操作过程中，疏散人群设置为：25% 的较弱人群，疏散至安全岛；75% 的正常人群，疏散至楼梯间，并对疏散过程及结果加以记录分析，其结果可以作为研究基础，为日后形成更为系统、分类更为完善的安全岛设计程序服务。

安全岛设置步骤如图 4-33 所示。

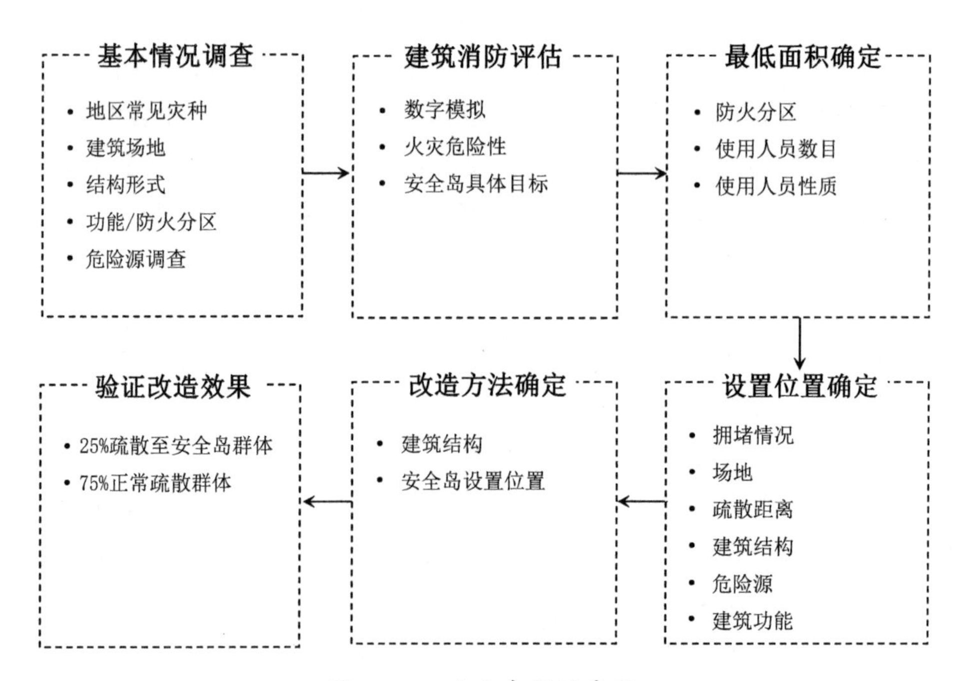

图 4-33　安全岛设置步骤

4.8 本章小结

本章介绍了安全岛空间布局的设计方法。在既有建筑防灾能力分析的基础上，分析了安全岛设置位置的限制条件和影响因素。既有建筑安全岛设置位置的影响因素复杂多样，设计者需权衡利弊，考虑建筑场地、疏散拥堵情况与疏散距离等限制条件，以及建筑结构类型、危险源、建筑功能和建筑造型等因素的影响，不能单纯地认为防火分区内的楼梯配比符合规范即可满足现实中的疏散要求。

在安全岛布局设计中，针对直廊式疏散、环岛式疏散、单元式疏散以及复合式疏散等四种形式分别进行讨论，依据防火分区内建筑的主要功能，选择人员密度值，计算使用人数，从而得出安全岛的最小面积。基于建筑的实际使用状况，通过疏散人数折算系数的调整，对弱势人群密集处给予偏重。

5 安全岛内部空间设计

安全岛设计是将特定空间区域设计成为既有建筑中相对独立的单元，灾害发生时形成暂时安全的疏散和停留空间，在满足安全岛设计性能的基础上，总结设计方法，完善安全岛空间界面和细部设计，达到防火性能、设施完善、方便救援、经济等方面的要求。

5.1 安全岛性能设计要求

根据既有建筑安全岛的各类抗灾要求，针对性地从建筑本体及周边乃至整个地区可能面对的灾害加以评估分析，考虑既有建筑本身的改造条件及使用要求，提出既有建筑的安全岛性能，保证既有建筑安全岛内部空间设计的有效性，以实现灾害发生后产生实际抗灾、保护人员生命安全的效果。

5.1.1 坚固性及防火性

通常情况下的安全岛设计应可抵御一定程度灾害的侵袭，在灾害发生时安全岛部分不应因结构或岛内设施的坍塌、掉落而对岛内人员产生人身伤害或影响疏散效果，因而安全岛需具有坚固性的特点。安全岛的结构、空间界面的防火性能应满足临时疏散和停留所需要求。

5.1.2 气密性及水密性

火灾及爆炸都会产生有害气体及冲击波，所以安全岛的气体密封性能同样需要得到保证，使其不受外界影响。疏散门窗在闭合后不会因为冲击产生气体泄漏，在台风及暴雨的情况下也不会出现漏水现象。

5.1.3 有效性及持久性

安全岛中的结构及防灾设施需保证防灾功能的持久耐用，在突发灾情时能发挥作用；除建筑功能及构造设施在安全岛设计改造之时需满足关键指标的要求外，每隔一定时间需有专人对设施的有效性进行维护检查，并对过期、失效的防灾设施及应急食品、药品等给予更换调整。在不影响安全岛室内防灾设施及疏散门窗相应的抗灾要求的情况下，也可以使安全岛在不影响抗灾的前提下发挥其他日常使用功能。在配备岛内救助设施时，可根据地区不同的常见灾害，给予不同的偏重。

5.2 安全岛设计方法

安全岛的防灾性能及要求相对建筑整体要高。在抗震性能方面，除整体建筑要达到“小震不坏，中震可修，大震不倒”外，在巨震中还要求安全岛不发生坍塌。在防火、防爆等性能方面，安全岛的墙体及疏散门窗设计等都应达到相应等级。针对既有建筑的改造，可以对梁、柱等建筑结构构件进行部分加固，即采用原建筑改造法；但部分既有建筑的结构形式（例如砖混结构建筑）并不适合大拆大改，针对这种建筑可将整体的安全岛防灾设备在建筑内重新组装，即采用成品设备应用法。

5.2.1 原建筑改造法

原建筑改造法主要适用于可改造性较强的既有建筑，从实际情况出发，原建筑改造设计从控制结构倒塌和加固结构两个方向开展构思，国内外在这两种结构处理方面都具有相对成熟的案例。

（1）控制结构倒塌模式

我国现有的抗震设防措施主要以防止结构倒塌为出发点，但结构的强度有限，往往不能在遭遇强震时保证完好无损。从加固的反方向——控制倒塌入手，通过控制建筑结构的损伤机制以及倒塌模式也可保证整体的相对完好性。

对框架结构的特性来说，在“强柱弱梁”抗震设计原则下，塑性铰[①]出现在结构的梁端以及柱脚位置，框架内柱仍然保持弹性，则易造成建筑结构的整体倒塌。但若塑性铰出现在结构的梁端或者框架柱的内部，受到灾害的震动后，框架结构位移就会集中在相对薄弱的位置，出现结构部分倒塌的后果。可以设计房间结构在灾害中的损坏倒塌模式：在房间结构构件上加入一个受力薄弱部位，使房间结构在遭到灾害时提前损坏，损坏倒塌时能形成一个供人临时躲藏的空腔——“生命三角”，形成房间的固定倒塌模式。这种“强柱弱梁”的模式，可以使灾害发生时首先由梁的这一位置倒塌（图 5-1）。此种思路也可以通过在房间中设置一种在灾

① 塑性铰：一个结构构件在受力时出现某一点相对面的纤维屈服但未破坏，则认为此点是塑性铰，这样一个构件就变成了两个构件加一个塑性铰，塑性铰两边的构件都能做微转动。

害发生时可自动倒塌形成生命三角的装置来实现。

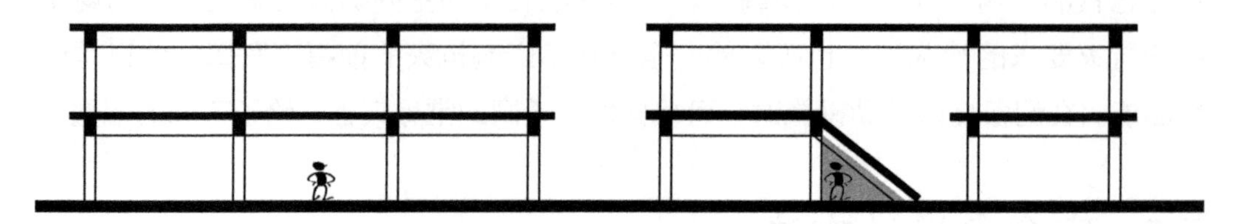

图 5-1 控制结构倒塌模式图示

由于此种思路还未有太多类似的资料可参考，所以具体的实施手法未必具有可用及实用性，并且让结构自动倒塌的做法也可能对上一楼层的逃生人员造成威胁，因此这里只是提供一种思考。

（2）加固结构模式

框架建筑由于本身的整体性较强，其抗震问题主要表现在框架中柱及梁的抗震承载力、变形能力不能满足要求上，所以针对框架结构建筑的加固方法也主要体现在提高结构柱、梁的抗震承载力和变形性能的措施上。可通过提高柱、梁外包钢筋混凝土面层加固法、外包型钢法、粘钢加固法、碳纤维加固法来提高抗震性能；也可以通过增设抗震墙的方法来加固建筑结构。

目前，除已成熟的如上述常见结构加固方法外，日本兴起了一种廉价的防震加固技术——采用树脂材料作为抗震“绷带”包裹建筑物支柱的“SRF 工艺”。采用这种工艺后，地震发生时，被包裹的支柱即使出现内部损伤也不会倒塌。利用这项技术对需加固的梁及柱进行加固，具体施工步骤见图 5-2。

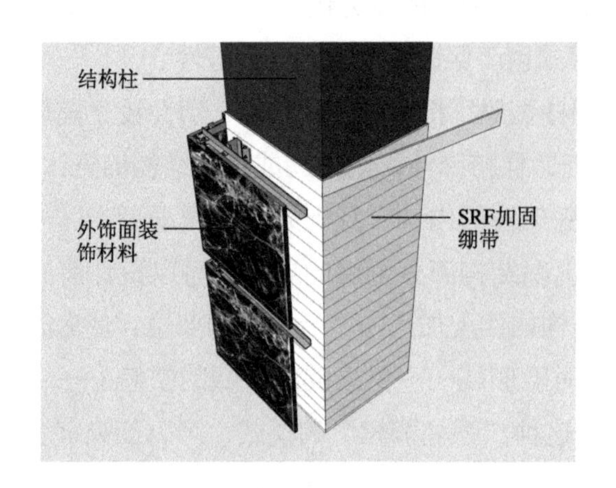

①拆除装饰材料：拆除装饰材料将黏合面裸露出来。
②涂抹黏合剂：用齿状板刷均匀涂抹黏合剂。
③缠绕 SRF 加固绷带：为使绷带没有松弛部位，使用人力拉紧绷带。
④上装饰材料：装饰材料施工结束后，加固工程结束。

图 5-2 日本 SRF 加固方法施工工艺示意图

图片参考：杨熹微.建筑危房的加固技术 SRF——日本确保“生存空间”的抗震结构探索 [J]. 时代建筑，2009（01）：54-57.

SRF施工工艺的优点如下：施工工艺相对简单，需要施工区域面积较小；不用考虑轴力比的限制；在施工方面可以分时分段对建筑进行加固，并且由于材料不会产生粉尘、臭气或噪声，因此可在不影响使用的情况下进行加固；可灵活应对建筑中各类障碍物，并可针对各种装饰材料进行改造；造价较低。

对于各层安全岛位置可以完全对位的既有建筑可采用屈曲约束支撑方式，对房间的主体结构进行加固以形成较安全的安全岛（图5-3）。这种加固方式比较适合整体性较强的框架结构建筑。由于安全岛为达到方便救援的目的，在竖直方向上往往呈一条直线的状态，这种形式更有利于某一范围内竖直方向的结构加固。这类框架结构的主要加固对象为梁、柱等构件，但安全岛的围合墙体及楼板同样需进行加固。

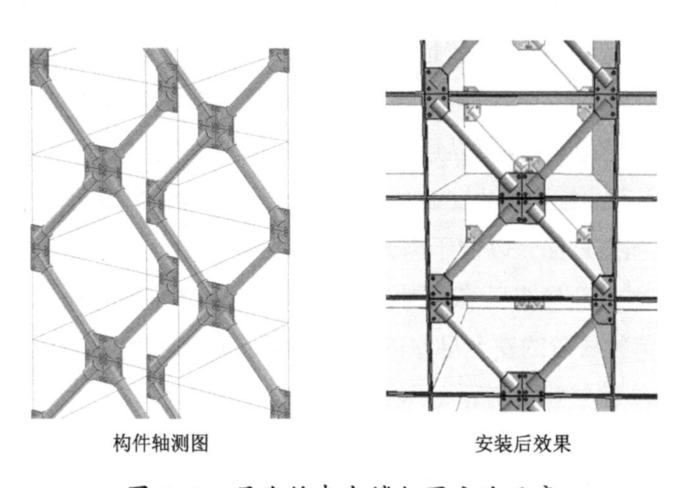

图5-3 屈曲约束支撑加固方法示意

砖混结构建筑的抗震问题主要出现在抗震能力、变形性能相对较弱以及整体性欠佳上。针对如上问题，可以通过使用增大墙体抗震性能的方法进行加固，如增大钢筋混凝土面层、钢筋网水泥砂浆面层等；可增大结构整体性的压力灌浆、增设圈梁或构造柱（尤其针对建于1990年前未设圈梁、构造柱的既有建筑）、拉结钢筋等；也可增设建筑内的抗震墙数量以分担位移对薄弱部位的剪力，进而对砖混结构进行加固。

无论采用控制结构倒塌模式还是加固结构模式，即使对于日本SRF这项技术而言，原建筑改造法都有较大缺点，那就是施工加固技术类型及加固后的稳固性受到原建筑结构的限制——由于结构的类型，某些加固方式不适用或效果不强。但原建筑改造法的优势在于对建筑的室内空间影响较小，加固后的房间可以通过装饰装修覆盖施工迹象，不影响其平时的使用。

5.2.2 成品设备应用法

根据既有建筑的结构等自身情况，在常见结构加固方法效果欠佳的情况下，也可以选择成品设备应用法，将不同型号的成品或半成品安全岛在既有建筑的选定位置进行组装或改造。

成品设备法从“减震”的思路出发，在使用坚固材料制成的安全岛“房中房”下部安装减震设备，用以消耗震动对安全岛的能量输入，从而减小安全岛结构受到的地面上传来的震动反应，有效抵御地震及风灾或其他使既有建筑发生坍塌的灾害，形成安全岛效应。

根据容纳疏散人数的不同，安全岛可分为多种型号，但基于保证坚固的目的并参考矿区避难硐室及美国家用防飓风避难所的设计数值，安全岛不宜过高，一般应在 2.2m−3m，宽度可根据放置地形及容纳人数来决定。安全岛的外形应避免出现尖角，由此将其设计为圆弧角，这样可以分散可能由上部坍塌建筑构件带来的冲击力。安全岛的各种型号可以通过组合不同规格的板材实现，材料根据建筑情况由工厂定制后运至施工场地安装。安全岛也可为钢制焊接而成的整体空间，下部可安装车轮及拖挂套件，以便于整体的运输安装。

安全岛的两侧应设置加强玻璃制的窗子，以便观察外界情况。由于安全岛下部设置了减震器，单独放置的安全岛室内高度若高于附近地坪，则需设置坡道。同时，钢制的安全岛应注意与外界的隔烟隔热（图 5−4）。

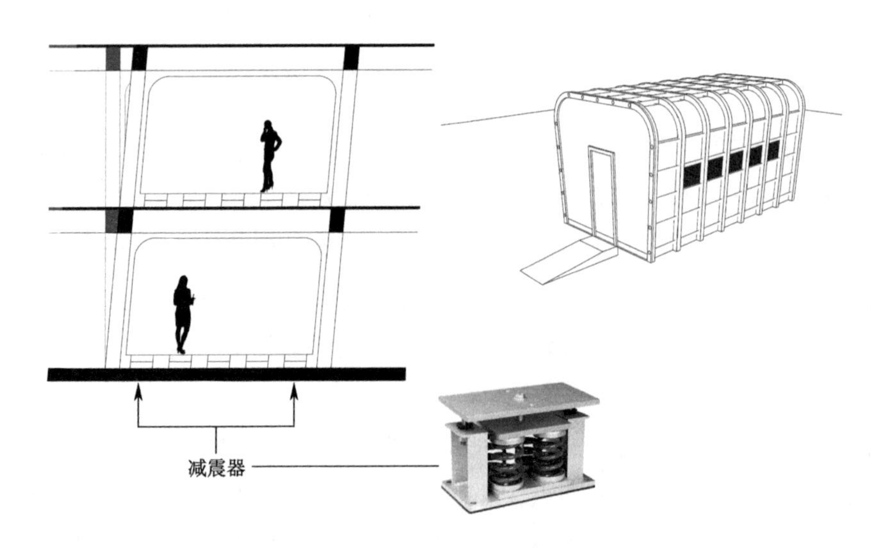

图 5−4　成品设备安全岛示意图

成品设备应用法安全岛的优势在于灵活性比较大，可以任意设置在既有建筑的任何位置，不必考虑原有的结构情况。而且正是由于不必考虑原有建筑的性质，在某些建筑结构改造空间有限的情况下，成品设备应用法安全岛具有更高的安全性；但是相对于原建筑改造法，成品设备应用法的缺点是安全岛的内部空间已经确定，基本不能安排其他使用功能。

5.3 安全岛内部空间界面设计

平时使用过程中，为了满足不同人群的审美、美观的要求，安全岛空间的界面会采用大量的饰面装饰材料与照明设备，一般选择化学性质稳定或者是在温度条件较高的情况下不易发生氧化反应或氧化反应的发生速度很慢的装饰材料。根据不同的耐火等级，建筑装饰材料可分为不燃材料、难燃材料以及易燃材料。在既有建筑安全岛内的材料应选择不燃与难燃材料，避免使用易燃材料，以有效提高安全岛自身的防火性能，降低由装饰材料所带来的消防隐患。既有建筑安全岛内部界面的设计，包括竖向界面、底部界面以及顶部界面，需根据综合成本、功能和消防等多方面的要求，对墙壁、地面、顶棚进行材质选择。

5.3.1 竖向界面——墙壁

安全岛内部空间的装饰材料并不需要过于华丽，而应具备较强的实用性，同时起到一定的装饰作用。安全岛内部墙面使用的涂料应该具备更加理想的防火性能，涂在墙面的防火涂料又叫阻燃涂料，可以在一段时间内阻止建筑材料的燃烧以及被涂防火材料的表面温度升高，提高墙体的耐火性能，有效控制火灾的蔓延速度，提高安全岛房间内部整体的耐火极限，最大限度提升安全岛的安全系数，保证内部避难人员的生命安全。

在建筑中常使用的防火材料为非膨胀型防火涂料、一般膨胀型防火涂料以及纳米膨胀型防火涂料。一般膨胀型防火涂料相较于其他防火涂料，在火灾发生时能够较好地隔绝氧气，也能起到隔热的效果，以达到遇到小火自身不燃烧、中火自主熄灭以及大火延缓、阻止火势蔓延的目的。因此，安全岛内的装饰涂料应选择一般膨胀型防火涂料。但随着涂料技术的发展，会有更新型、更安全的防火涂料出现，可再根据经济效益性、实用性以及美观性进行选择。在满足了墙面涂料的防火性能之后，还要考虑色彩质感等问题，尽量采取不易脱落、不易破碎的材质。避免使用可燃、易燃材料，如避免使用在高温条件下容易燃烧的普通壁纸，可选用经过特殊处理的防火阻燃壁纸；玻璃材质属于不燃性，但在火灾时破碎容易伤人，应选用具有特殊防火措施的玻璃材料。竖向界面可选装饰材质见表5-1。

墙面可选材质对比　　表5-1

材质名称	具体说明	优点	缺点	燃烧性能等级	图例
涂料	在墙体表面涂刷具有保护膜性质的材质	1. 耐磨性 2. 绝缘性 3. 种类繁多 4. 价格低廉 5. 美观	1. 有些材质燃烧时会产生有毒气体 2. 保温性能差	B1难燃性	
陶瓷墙面砖	由黏土、非金属材料进行烧结而成	1. 耐火性能极佳 2. 易于清洁 3. 种类繁多 4. 施工方便	受到冲击易碎	A级不燃性	
壁纸	用于装裱墙体表面的一种室内装饰材料。材质不仅仅是纸质，还有其他材料。多分类为覆膜壁纸、压花壁纸	1. 环保 2. 种类繁多 3. 美观 4. 施工方便	1. 易脱落 2. 易褪色 3. 耐火性能较差	难燃壁纸为B1难燃性 普通壁纸为B2可燃性	

5.3.2 底部界面——地面

人们在安全岛空间中与地面（底部界面）的关系是最密切的，而地面的铺装材料需根据安全岛平时的使用功能、使用人群及其心理以及当火灾发生时应满足逃生避难需求等因素进行选择。安全岛应该为非消费行为发生场所，不需要考虑房间的各个因素对商品产生的影响。因此安全岛的地面并不需要新颖的造型设计，能够做到让任何时段使用人员都感觉到安全舒适即可。在地面材质方面，选择平时使用干净整洁，火灾发生时能够保证平整、防滑的地面。尽量避免使用木材、软包装，例如燃烧性能等级为B2级可燃性的地毯以及与之同等级别的各类天然木材、人造模板以及燃烧时会产生有害气体的地面材质；同时，还要考虑具有较好的经济效益。底部界面可选装饰材质详见表5-2。

地面可选材质对比　　表 5-2

材质名称	具体说明	优点	缺点	燃烧性能等级	图例
大理石	作为商业建筑中使用量较大的装饰性石材，主要成分为碳酸盐与相关变质岩；抛光面、哑光面、切割面、喷砂面较为常用	1. 耐磨、耐用 2. 美观大气 3. 平整度较高	1. 质地弹性差，易断裂 2. 空隙、缝隙较多，易被污染	A 级 不燃性	
水磨石	主要材料为水泥，与碎石、石英石等碎片进行混合搅拌，再进行打磨、抛光	1. 造价低廉 2. 施工方便 3. 拼花选择较多 4. 防尘、防滑	1. 易老化 2. 抗污能力差	A 级 不燃性	
瓷砖	有耐火的金属以及半金属氧化物，经过烧结而成的装饰材料	1. 防水、防滑 2. 耐磨 3. 使用寿命较长 4. 种类繁多	1. 易出现划痕 2. 存在一定辐射	A 级 不燃性	

5.3.3 顶部界面——顶棚

相较于地面，安全岛顶棚处的变化会更加复杂，比如管道设置、空调设备、照明系统等都分布在顶棚。参照《建筑设计资料集》对既有建筑的照明种类以及特征，对于安全岛房间内的照明方式进行选择，相较于重点照明与装饰照明来说，基本照明的方式更加适用于安全岛房间。重点照明是为了提高物品四周的亮度，利用照明来增加展示物品本身的特征。装饰照明是针对室内环境主题特征进行灯光表现起到装饰效果，从而展现商品。而安全岛不需要对物品进行展示，应满足日常办公需求、疏散要求以及相应人员的需求即可。采用基本照明就可以保持安全岛内部的基本照度，也可以形成室内的基本氛围。相较于重点照明采用的投射灯直接照明（可调上下高度的吊灯、可调左右方向的鱼眼灯）和装饰照明的 LED 彩灯，基本照明的日光灯与节能灯更加经济适用，且可以保持亮度的均匀。灯光色彩的选择在安全岛设计中也是十分重要的，不同的灯光颜色均需要一定的明度、纯度（表 5-3）。顶棚处灯光颜色以白色、略带暖色的浅黄色光源为主，就可以使人清晰地看清眼前人、事、物，并且具有一定的引导性，给人以温暖安全的视觉。

顶棚的材质选择与墙壁饰面的选择类似，不需要过于华丽，适用性较强即可。

光感 表 5–3

明度对比	强 易见度高 具有前进感 弱 易见度低 具有后退感	纯度对比	强 易见度高 具有前进感 弱 易见度低 具有后退感

5.4 安全岛内部空间细部设计

根据上文所述的安全岛设计原则，安全岛应该保证坚固、防火，在灾害中保证气密性及水密性，并且安全岛设施应该有效并持久。为保证达到安全岛的防灾设计目的，本书提出以下安全岛建筑内部空间构造、其他岛内设施以及指示设施的设计要求。美国《避难场所设置指南》（*Design Guidance for Shelters and Safe Rooms*）是美国联邦应急管理署（FEMA）应对 CBRNE 灾害（Chemical 化学、Biolgical 生物、Radiological 放射、Nuclear 核、Explosive 爆炸）而出版的避难场所设计指南，虽应对灾种与安全岛不完全相同，但其对门、窗等坚固性、气密性的具体要求对安全岛设施也具有借鉴意义（图 5–5）。

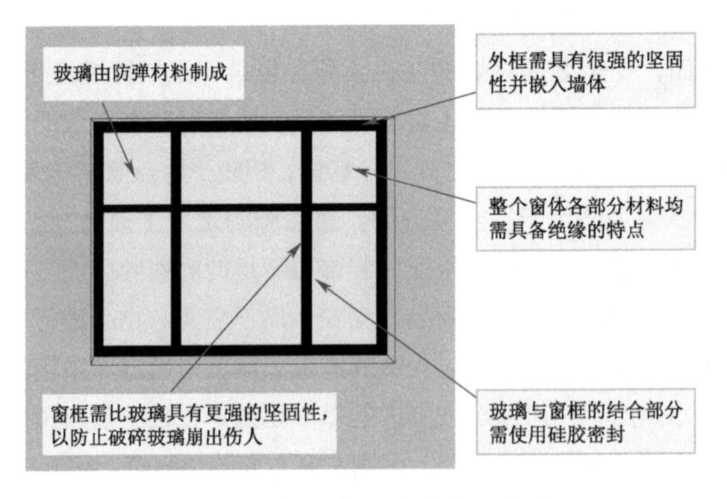

图 5–5 安全窗设施要求示意图

5.4.1 内部空间构造设计

（1）安全疏散口

安全疏散口包括安全岛内的安全门及安全窗。安全岛内的安全门应采取平开门，以便疏散人员逃生。安全岛的门应该使用双扇平开门并向疏散方向开启，也就是向安全岛内开启，便于人员疏散。安全门的宽度同样参考《建筑设计防火规范》GB 50016—2014（2018 年版），应比建筑中符合规范的其他普通门稍宽，以利于疏散。本书对安全岛空间安全门的净宽度加以相应规定（表 5–4），且最小宽度不小于 1.0m。为了便于疏散，安全岛的安全出口（包括安全门及安全窗）应尽量分散布置，如果安全门数量大于等于 2 个，则依据防火规范的相关规定每相邻 2 个安全出口最近边缘之间距离不应小于 5m，并应争取最大疏散范围。成品安全岛设备在平日应保持敞开。根据《建筑设计资料集第 5 分册：休闲娱乐·餐饮·旅馆·商业》中商店防灾设计不同功能空间疏散口最小净宽，对安全岛房间门最小净宽进行规定（表 5–5），不小于 1.4m，并且紧靠门口内外各 1.4m 内不应该设置踏步。每个安全岛房间应根据规范对公共建筑内部的疏散门数量进行规定，数量为 2 个，在首层的安全岛房间应有对外的安全出口。

一般公共建筑安全岛疏散门每百人的净宽度（单位：m/ 百人）　表 5–4

耐火等级	一、二级	三级	四级
地上第一、二层	0.75	1.00	1.25
地上第三层	1.00	1.25	–
地上四层及以上	1.25	1.50	–
与地面出入口高差不超过 10m 的地下建筑	1.00	–	–
与地面出入口高差超过 10m 的地下建筑	1.25	–	–

商店安全岛疏散门每百人最小净宽度（单位：m/ 百人）　表 5–5

建筑层数	耐火等级
	一、二级
1–2 层	0.65
3 层	0.75
大于 4 层	1.00

安全门需采用角钢、槽钢、工字钢拼装焊接制作门框骨架，门板则以抗爆强度高的装甲钢板或锅炉钢板制作，但考虑紧急情况下开关方便，不应过于沉重。其防火性能不低于甲级防火门，能自行关闭，同时具有信号反馈功能（图 5–6）。安全门一般安装在能够为人员疏散提供安全的区域，为疏散人员提供更好的保护作用。在人员密集、人流量很大以及人员出入频繁的建筑内，设置安全门能够提高人员疏散的安全系数，同样也便于日常管理。根据使用频率，还有常开防火门与

常闭防火门。安全岛首层向外开的疏散门还要保证当火灾发生时易于从内部打开（图 5-7）。

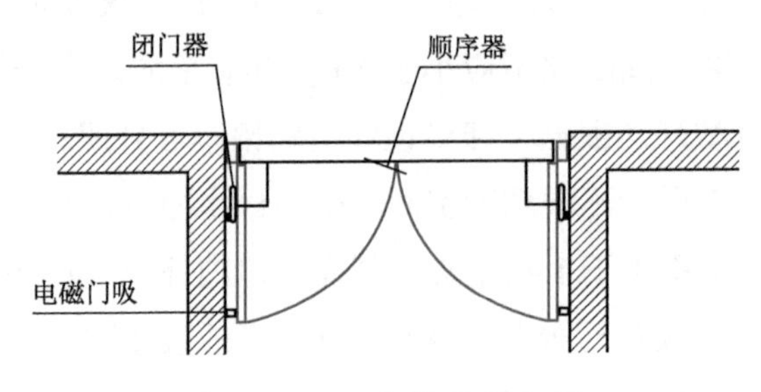

图 5-6　双扇常开防火门

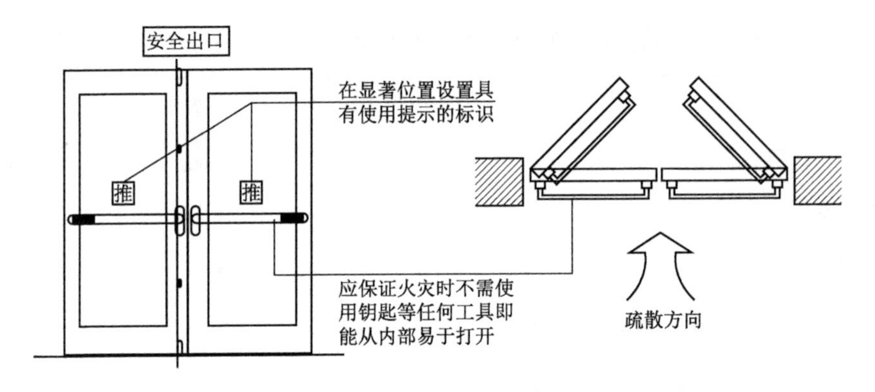

图 5-7　首层安全岛疏散门

安全窗（图 5-8）除了作为安全门通向室外的出口，同时可作为其他楼层逃入本层安全岛的入口。窗口宽度可参照安全门，并尽量采用平开等能争取最大窗宽的开窗方式。安全窗的防火性能不低于甲级防火窗，能够阻挡火势的扩张与烟气的快速蔓延，同时能够满足较高的耐火性能。安全窗的整体性及构件的坚固性要好，能够对外开启。安全窗与两侧门窗、洞口最近的边缘水平距离不小于 1m。安全窗可根据疏散需求安装爬梯作为逃生辅助设备，同时通过统一的设计，使消防人员可以在最短时间内找到安全岛位置，提高救援效率。为了方便人员的出入，安全窗的窗口净尺寸应不小于 1.0m × 1.0m，窗口下沿距室内地面不宜大于 1.2m，参考公交汽车窗的易击碎设置，窗口附近应放置安全锤。安全窗及附近外墙应设置明显标志，方便救援人员立刻确定安全岛位置。装备辅助逃生设备的安全窗可辅助逃生人员逐层离开灾害发生区域，示意如图 5-8。

安全门、安全窗除需达到甲级防火标准且具有防爆性、气密性外，在有洪水、内涝隐患的地区，还需考虑水密性。

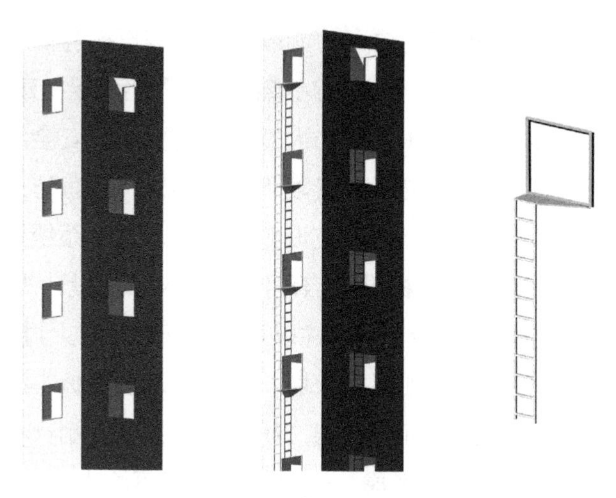

图 5-8 安全岛安全窗示意图

（2）承重构件

安全岛部分应采用达到建筑相应耐火等级要求的墙体与建筑其他部位隔开，并不能有任何管道穿过墙体。尽量选择剪力墙等起结构作用的墙体以获得更好的抗风、抗震性能，装修材料燃烧性能等级必须为 A 级。

建筑平面柱网的排布尺寸遵循空间利用最大化、资源利用最大化、经济效益最大化以及成本最小化的设计原则，同时考虑地上与地下部分（地上部分多为商场、公寓、办公，地下多为停车场与设备用房）。空间柱网尺寸并不需要进行特意设置，与公共建筑整体柱网尺寸相符合，保证建筑整体的结构稳定性与统一性。公共建筑空间的设计十分紧凑，每一部分空间都有联系；同样，安全岛与周围的空间空隙很小，为了防止周围火势的蔓延影响到人员疏散至安全岛以及影响到安全岛自身的安全，安全岛与其他空间应用防火墙进行分隔。若安全岛部分空间功能为开放空间，要用防火卷帘与其他空间进行分隔。根据建筑构件的耐火极限与燃烧性能，对安全岛内建筑构件的耐火极限与燃烧性能进行规定（表 5-6）。

构件耐火极限与燃烧性能　　表 5-6

安全岛内构件名称	燃烧性能以及耐火极限（单位：h） 耐火等级 一级
防火墙	不燃烧体 3.00
柱	不燃烧体 3.00
梁	不燃烧体 2.00

根据表 5-6，安全岛防火墙的防火性能最高，应该直接与框架结构的梁柱结合砌筑，同时要满足属于耐火极限大于 3h 的不燃烧体，严格满足《建筑设计防火规范》GB 50016—2014（2018 年版）6.1 中对防火墙构造的要求，安全岛楼板的耐火极限满足 6.4.14 中对防火隔间的楼板的耐火极限不小于 1.5h。当有防火卷帘时耐火极限同样不能低于防火墙的耐火极限，同时应设置自动喷水灭火系统进行保护。自动喷水灭火系统要符合现阶段的国家标准《自动喷水灭火系统设计规范》GB 50084—2017[82]的规定，防火卷帘与楼板、梁、柱以及墙之间采用防火封堵材料进行封堵。

在安全岛内部结构设计中，如果防火墙、梁、柱以及楼板等建筑构件承载能力不能满足实际要求，仅仅通过表面穿一层“防火衣”来实现耐火极限的提高，同时并没有从结构本身的力学原理来考虑，这只能是治标不治本，是存在消防隐患的。因此安全岛内的结构设计要严格按照梁、柱以及楼板的尺寸与所承受荷载进行计算，对涉及的建筑构件、结构进行严格的耐火承受能力计算。

（3）支撑构件及管道井

经改造后的安全岛内结构支撑构件均应为不燃烧体，且应满足耐火等级一级的相关耐火极限要求。建筑内的所有管道应采用不燃材料将通过处的管线空隙填塞紧密。

（4）地面

安全岛的地面应为不燃或难燃、不易产生火花的地面，其构造按材料的性质划分为铜板、铝板等有色金属地面和有机、无机材料的非金属地面。

（5）家具及其他物件

安全岛内日常使用功能的家具等应避免尖角并加以固定，摆设、装饰画等小物件也避免使用陶瓷等易碎、自重比较重的材质，防止灾害导致安全岛晃动时这些物品、物件掉落砸伤岛内人员。

（6）屋面

通过裙房屋面疏散且裙房屋面用作消防车登高操作场地时，裙房屋面板的耐火极限不应低于 2.00h。

5.4.2 内部空间设施设计

（1）消防给水及灭火设施

安全岛作为发生灾害时为疏散人员提供生命安全保证的区域，同样需要达到有效灭火的程度，应距离安全岛外墙相对安全的位置设置室内消火栓系统，同时配备易于操作与使用的移动灭火装置（灭火器），如干粉灭火系统或泡沫灭火装置等。

此外，还要配备应急广播来同步播报火灾状况与救援情况，安装报警阀与消防专线电话来保证与外界救援的通讯。

（2）防烟及排烟设施

为了保证逃生人员在灾害发生时的安全，安全岛内应具备独立的通风系统。安全岛内防烟及排烟设施应符合《建筑设计防火规范》GB 50016—2014（2018年版）、《安全技术对策措施》等要求。为了保证既有建筑发生火灾时疏散人员生命安全，安全岛内空气压力要高于建筑相邻部位压力，防止烟气侵袭安全岛；保证在人员聚集时安全岛内空气质量，达到无害、无毒以及无异味。所以在安全岛内部应该有通畅的自然通风设施以及机械通风设备，以获得足够的新风量，一般不小于30-50m^3/（h·人），通过新风的输送稀释掉一部分空气中的有害物质并且排出一部分室内空气，降低由于火灾发生时人员聚集所产生的CO_2、人体产生的体臭、人员所带入的灰尘、细菌以及有害气体，解决空气缺乏产生的窒息与空气污浊的问题。在安全岛出入口部位设置有截尘功能的固定设备，能够拦截一部分人员带入的灰尘、有害气体。但是对于无法设置对外开启的防火窗的安全岛应该设置独立的机械防烟设备，以保证安全岛内的气压高于其他部位，防止有害气体以及固体颗粒进入安全岛内部。

（3）电气及通信设施

安全岛的消防用电应按照一级负荷进行设计，在发生火灾建筑用电被切断时，保证安全岛内部消防用电设备的正常用电，岛内所有用电皆应按消防用电配置，应从地上直接引进并双回路供电。安全岛的消防配电线路应该穿金属导管或封闭式金属槽盒来进行保护。安全岛内若有电器设备，如灯具、火灾报警探测器、冰箱、空调、机械进排风系统等，均应设置为安全系数更高的防爆设备，在安装及后期维护、检测中，均应符合相关安全规范。安全岛内火灾疏散照明灯最低照度值不应低于疏散走道应急照明照度标准1.0lx。安全岛应设置应急广播以及连接独立电源的消防专线电话，以备联络之用。

（4）应急包

安全岛内应配备紧急避难应急包，并放于明显标注位置处，除按安全岛设计人数配备3-5天分量的矿泉水、压缩饼干等食物及应急毯等防灾生活用品外，还应配备高频防灾应急哨、信号器、多功能工具刀（剪刀、小刀、螺丝刀等）及反光逃生绳等求助设备、手摇式手电筒等照明设备、防尘口罩、防滑手套、便携式氧气瓶等防护设备以及医疗胶布、消毒纱布、绷带、创可贴等急救物资。为由于灾害造成既有建筑坍塌而困在安全岛内的人员提供救援到达前一段时间内的物质生存条件，按照物品使用用途列出具体防灾物品，详见表 5-7。

应急包内物品列表　　表 5-7

物品用途	物品名称
生活类	人均 3-5 天分量的矿泉水 + 等量压缩饼干等食物 + 保温应急毯
求助类	3000Hz 防灾应急高频哨 + 信号器 + 多功能刀具
照明类	蜡烛 + 防风防水双头火柴 + 手摇式手电筒
防护类	防尘口罩 + 防滑手套 + 防灾应急雨衣 + 反光逃生绳
急救类	便携式氧气瓶 + 创可贴 + 药用纱布绷带 + 棉球 + 剪刀 + 酒精消毒片 + 棉签 + 镊子

（5）绿植覆盖

安全岛内部应在适当的部位覆盖一定的绿色植物。由于安全岛需要满足上文提到的平灾结合，所以安全岛在平时是具有使用性质的，安全岛内部不能仅仅满足灾害发生时为疏散人员提供避难场所的要求，还要满足在平时供人员使用的心理要求。绿色植物的覆盖设计在一定程度上是能够满足人在平时的基本心理愉悦感受，并营造出一定的生活气息的，能够让使用人员在快节奏的生活和工作中放松身心；同时，绿色是能够让人感到安全的颜色，能够在火灾发生时一定程度上消除疏散人员的心理压力与紧张情绪，最大限度地为疏散人员提供一个安全的环境。

5.4.3　空间指示设施设计

在通向安全岛的路线上，应设置非常易于发现的指示灯，如在地面设置发光或荧光指示灯，同时应有明确的疏散路线图、灯光疏散指示标志以及消防应急灯，将疏散人员指引到安全岛内（图 5-9），使得火灾发生空气中有害气体浓度较高、能见度较低时，疏散人员弯腰或匍匐前进也能够清晰地看到指示灯，进而顺利到达安全岛。指示灯具以及照明灯具应该严格符合《建筑设计防火规范》GB 50016—2014（2018 年版）、《消防安全标志》GB 13495.1—2015[83] 以及《消防应急照明和疏散指示系统》GB 17945—2010[84] 的规定。

安全岛入口位置应设置醒目的标志灯。建筑中的主要功能通道以及人员密集位置的地面或靠近地面的墙体两侧需涂刷指示方向的荧光涂料，或设置发光指示标识，以防止灾害发生时由于烟气笼罩通道的上部空间，使得逃生人员不能准确看清墙体上部的疏散指示，或由于烟气过大而必须在地面爬行疏散的情况下，可以利用地面的疏散指示进行疏散。疏散标识详见图 5-10。

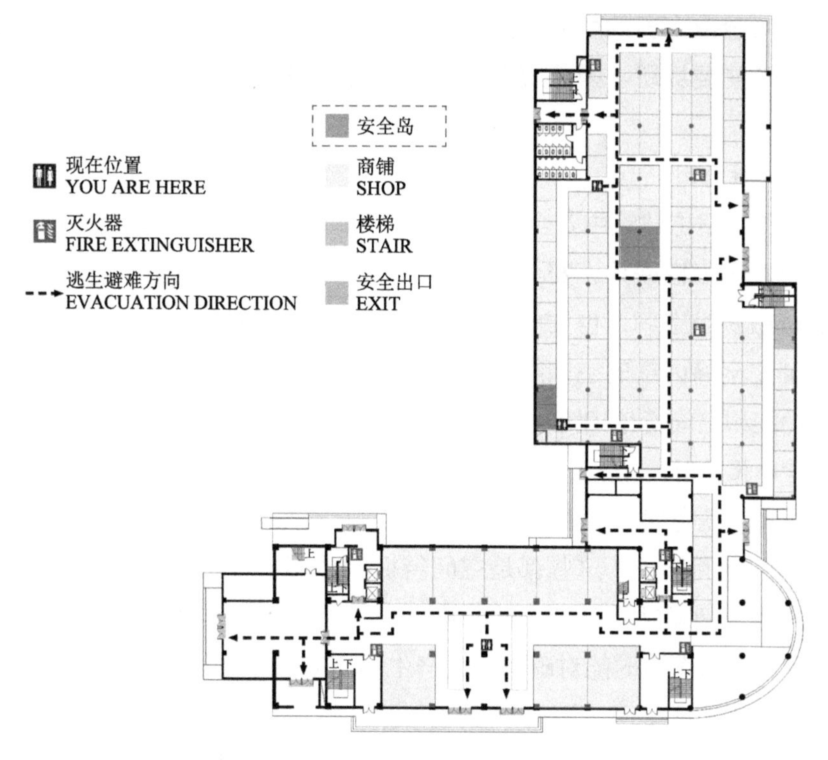

图 5-9 某商场应急疏散指示标牌

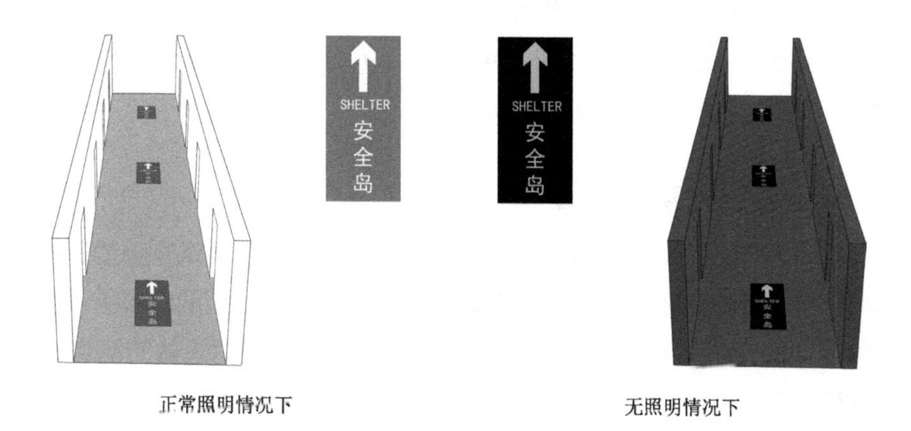

图 5-10 荧光涂料疏散标识

5.5 安全岛空间功能设置

5.5.1 安全岛空间功能设置原则

既有建筑安全岛空间应该避免设置为设备用房（如变电室、机房等）、库房等危险系数较高的功能空间，当火灾发生时这类空间功能可能会使经济财产损失更加严重，也对疏散人员的生命安全造成较大威胁，同时这类功能空间管理不当也会变成火源的重要场所。因此安全岛的空间功能设置应该远离危险源，同时满足以下原则：

（1）统一性原则

安全岛作为整栋建筑中安全系数最高的空间，是既有建筑整体空间的一部分，与整体建筑功能紧密联系，安全岛空间不仅仅作为灾害发生时为疏散人员提供一段时间的疏散避难空间，也要成为整个既有建筑功能的一部分。因此，在设计时不仅要保证安全岛内部的空间结构完整性，在功能设置和空间氛围上也要与既有建筑整体功能和空间特色相统一。

（2）特征化原则

不同功能的既有建筑使用人群、人流组织方式均不同，建筑空间的变化与组合会给人不同的空间感受，这些都是空间特征的体现。安全岛作为既有建筑空间的一部分，在满足日常功能的统一性原则下，其空间形态与空间组合也要具有自身的特征性，在灾害发生时能对疏散人流产生强烈的引导性与导向性。

（3）开放性原则

首先，空间的开放性可以满足既有建筑空间的日常使用性，实现平灾结合。其次，在不同性质的既有建筑中，安全岛的开放可以增强不同人群在安全岛中的参与性，提高安全岛空间的利用效率。加强安全岛的开放性能够提升使用者对灾害的认知，在灾害发生时能够熟练利用安全岛逃生。

5.5.2 安全岛空间功能设置

既有建筑安全岛的设计要满足火灾发生时，为疏散人员提供安全的避难场所的基本要求，同时要满足在日常生活中为建筑里的人员提供舒适的环境进行工作或休息的功能。在满足平灾结合的安全岛设置原则基础上，根据人体工程学来对安全岛空间进行配置与设计，满足人体尺度、行为特点、心理与生理上的相关测量数据，同时要考虑安全岛内部的空间布局与整体的无障碍设计。在安全岛中应该避免人员拥挤、无序疏散、人流交叉等情况发生。安全岛的空间功能应该是满足建筑内部人员的一种或多种避灾需求，其具体功能包含以下种类：

（1）通行

安全岛空间可以作为日常和灾害时期的通行空间，例如一段作为疏散至安全出口的走廊。既有建筑的规模和性质不同，会直接影响人员流动性的大小，导致人群行走行为也具有较大差异、随机性。当灾害发生时，由于会产生一定的混乱行为，因此，在将安全岛作为通行空间设计时要尽量减少人们在灾害发生时无目的的行走行为，而是形成目的性较强的疏散通道。

（2）驻留

安全岛空间可作为日常和灾害时期人员的停留空间。人员的驻留行为与性别、年龄、有无目的等有关，可以产生时间长短不一的驻足与休憩行为。相较于时间较长的驻足行为，时间较短的驻足所需的空间要求不高，随机性也较大，仅仅可能是因为一些小事，例如打电话、打招呼、系鞋带等。时间较长的驻足行为带有较强的目的性，对空间环境要求较高，例如大多数是商场消费者的休息性驻足行为。这种空间可在灾害发生时被临时分隔成独立的驻留空间（安全岛），等待灾害降低或救援。

（3）交互

安全岛可以作为交流与互动的空间。这类空间主要是为建筑内人员避难时能与外界沟通联系，实时汇报建筑灾情和安全岛内情况，为救援人员提供有效灾情信息，供救援组织者快速制定救援计划，为救援人员精准救助提供支持。

（4）储藏

安全岛空间可作为重要物品长久和临时停放场所。这主要是针对灾害发生时无法迅速转移的重要文件或物品，也可以根据需要保护物品的情况设计日常功能，例如档案室、机要文件室等。

5.6 本章小结

本章分析了安全岛性能设计的相关要求，介绍了原建筑改造法及成品设备应用法等改造设计方法，同时对安全岛竖向、底部和顶棚界面进行设计；提出安全岛内部空间构造和设施设计要求，对安全岛细部，如防火门、防火窗、消防设施、电气设备、通风防排烟、绿植覆盖、急救包以及指示标识进行设计。最后，构建了安全岛内部空间功能设置原则和可设置的相关功能形式。

6

案例研究：某酒店建筑安全岛设计

本章结合实际的酒店建筑案例，介绍酒店建筑安全岛设计过程。通过 Building Exodus 软件模拟，预判人员疏散过程中可能产生的拥堵位置，进行安全岛设计，从而缓解拥堵，提高酒店建筑消防性能。

6.1 酒店概况

该酒店工程位于辽宁省朝阳市。酒店位置邻近火车站，在朝阳本地属于较为知名的四星级酒店，原建筑面积为 44323.2m^2，高度为 54m，经改扩建后建筑面积为 51780.0m^2，高度为 59.4m（图 6–1）。

改造前

改造后

图 6–1 酒店建筑改造前后

该酒店的建筑层数为地上 16 层、地下 1 层。客房总间数为 258 间，其中有标准间 91 间、大床间 90 间、套房 76 间以及总统套房 1 套。地下一层的原建筑层高为 5.1m 及 4.5m，扩建部分局部层高为 4.9m、3.1m，地上一、二层建筑层高为 4.6m，三层层高为 3.0m，部分层高为 5.3m，设备夹层（三、四层之间）层高为 2.3m，四至十三层层高为 3.0m，十四层层高为 4.7m，十五层层高为 3.9m，十六层层高为 5.2m。经改扩建后的建筑总高度为 59.4m。

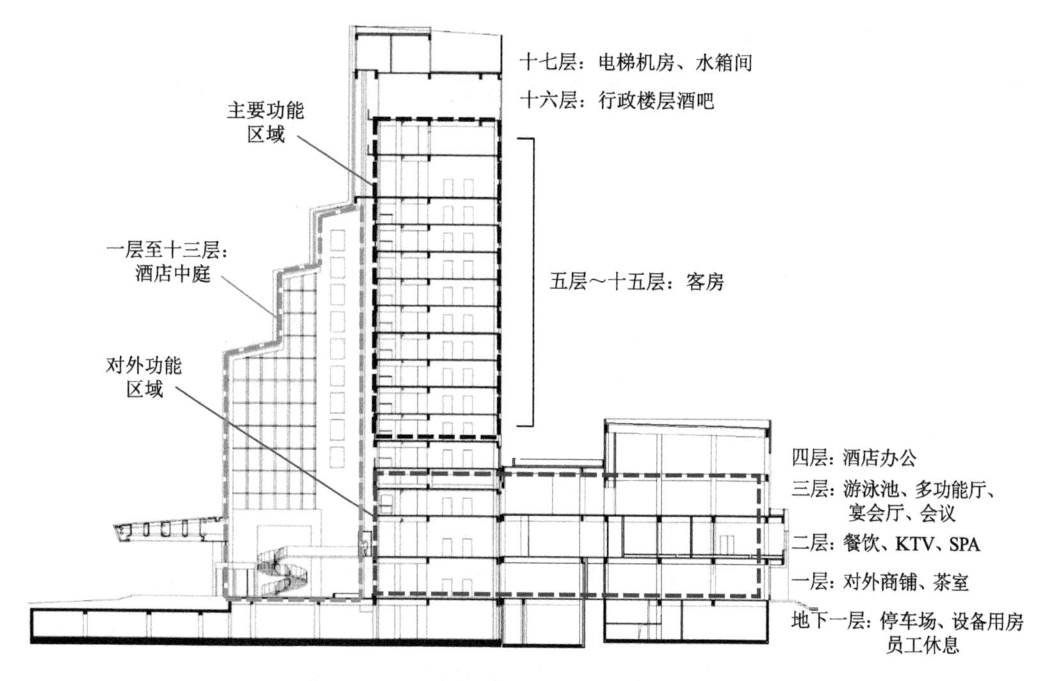

图 6-2 酒店改造后主体部分剖面分析

建筑从功能上主要分为人员相对复杂密集、功能较为多样化的对外功能区域（主要位于酒店的三层裙房内）及功能相对单一的客房部分（五层至十五层，共有 285 间 405 张床位）。改造后贯通地上一层至十三层做三退台式中庭作为大堂以及中央景观（图 6-2）。

酒店的建筑结构形式为框架结构，结构的合理使用年限为 50 年，抗震设防烈度按照朝阳地区要求设为七度。防火设计执行《建筑设计防火规范》GB 50016—2014（2018 年版），防火分类为一类，耐火等级为一级。建筑设置有自动喷水灭火系统及火灾自动报警系统，消防控制室设在一层。建筑为一类高层，地上一层按五个防火分区设计，每个防火分区至少有两个及以上对外出口；地上二层、三层均为三个防火分区，共设有八部疏散楼梯，每个分区至少有两部疏散楼梯；地上四层办公和客房分为两个防火分区六部疏散楼梯，其中地上五至十层均为两个防火分区，每个防火分区至少有两部疏散楼梯。楼面为 C20 细石混凝土，保护层厚度为 30mm。

6.2 基于 Building Exodus 的酒店安全疏散性能模拟分析

安全疏散理论是引导处于危险区域的人们向安全区域撤退的设计理论。在灾害发生时，灾情现场的疏散设施及疏散路线都会对安全疏散效果产生影响。疏散路线中的门、通道、楼梯的长宽及所处位置等都会对疏散时间造成影响。应用疏散理论结合实际情况总结开发出的各类模拟软件可对既有建筑灾害发生时疏散情况作出预测，并根据疏散情况对建筑的不足之处通过安全岛措施加以改进。

6.2.1 安全疏散模拟软件分类

安全疏散标准是以建筑使用人员能够脱离灾害危险并步行到安全地带为原则，模拟人群疏散情况往往采用计算机建模的方式，以数据先期量化的方式排除个人特性及行为对实地疏散演习造成的随机性影响。大体可分为优化模型、模拟模型以及风险评价模型三种。

优化模型优化了疏散人员的复杂性以及疏散路线，不考虑个体年龄、性别等特性，把所有疏散人员作为简单的、具有单一性质的群体来考虑，并不受外界环境的影响，比较常见的软件为 Evacnet 等；模拟模型较为复杂，一般通过算式计算出人员个体特性及行为特性对疏散路径决策造成的影响，如 Building Exodus、Simulex 等，也是最常使用的疏散模型类型；风险评价模型使用量化的手段得出灾害中的各类危险源对人群疏散造成的影响，并通过这些变量得出疏散的相关数据，如 Crisp 等。具体分类情况如图 6-3 所示[85]。

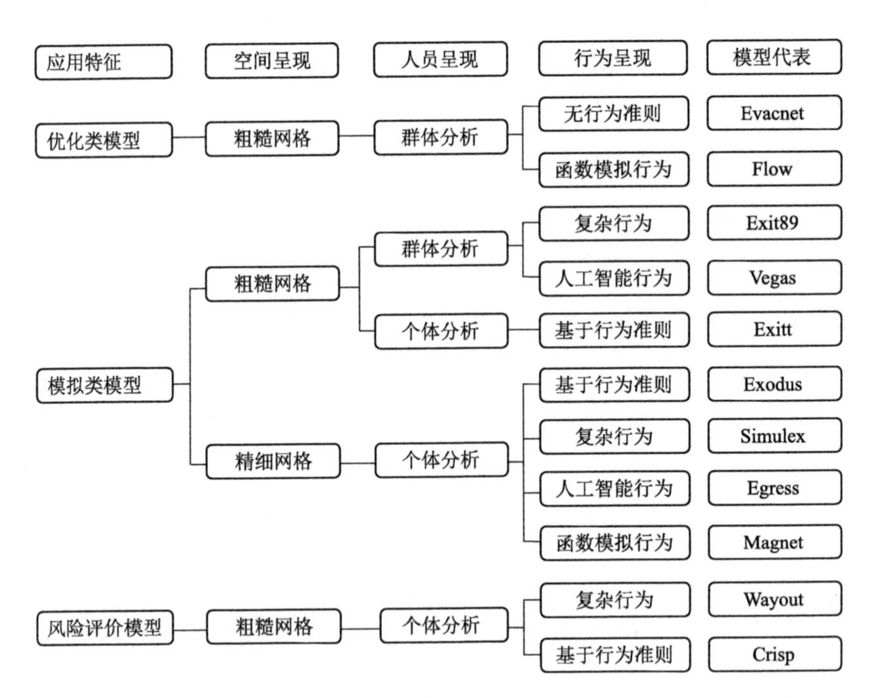

图 6-3 常用疏散模拟软件

图片来源：见参考文献 [85]

6.2.2 Building Exodus 使用原理

基于安全岛的使用需求，选择疏散模拟软件 Building Exodus 辅助安全岛设计。Building Exodus 是由英国格林尼治大学开发的可模拟人与人、人与结构以及人与环境之间相互作用的细网格模拟软件[86]，由建筑、人员、运动、行为、危险性及毒性六个相互联系的子模块组成，通过模拟疏散现场人群及场景的特殊属性和行为，得出疏散过程的细节及发展方向。与上文提到的其他疏散模型相比，Building Exodus 除考虑了包括个人特征及社会学特点的 22 项社会因素外，对建筑内人员对建筑疏散路径的熟悉情况、素质、灾害对人产生延迟作用以及出口处可能发生的滞留现象都进行了考虑。

以下通过简要介绍建筑、人员、运动、行为、危险性及毒性六个子模块来阐释软件的使用原理（除特殊说明外，本章中软件截图均来自朝阳市某酒店安全岛改造工程）。

（1）建筑子模块

Building Exodus 可导入 Auto CAD 或自带绘图软件绘制的平面图，并处理得出采用由节点和弧线构成的二维栅格划分的建筑平面，每个节点仅能容纳一名人员，大小为 0.5m × 0.5m，弧线长度表示节点间距离及通行难度；根据位置的不同，软件可以设置包括楼梯、安全出口在内的 12 种可影响人员疏散速度及决策行为的节点类型（图 6-4）。

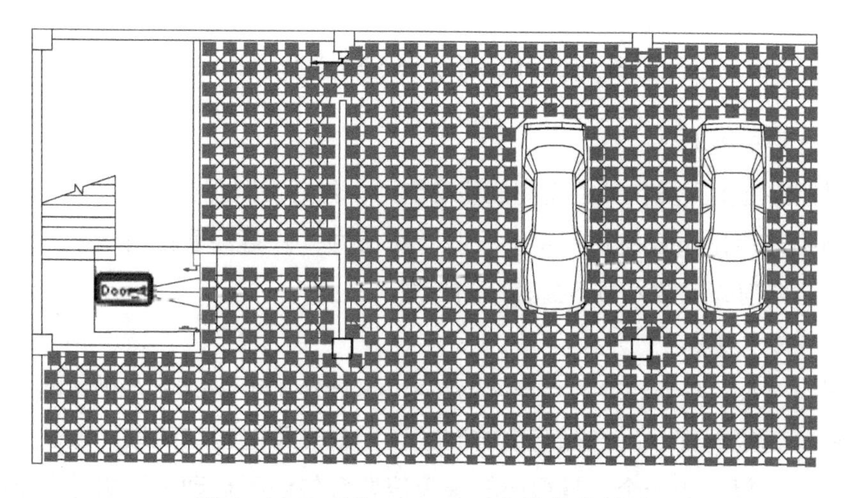

图 6-4　Building Exodus 建筑参数设置

（2）人员子模块

主要分为四类参数（图 6-5）：①生理参数：疏散人员的年龄、性别以及身高、体重等。一般情况下，软件按照建筑使用人员最密集时段的场景并根据实际使用人员的性别、年龄相关参数进行模拟；②心理参数：根据具体生理参数的不同对建筑使用人员在现场的忍耐力、疏散动力、灵敏度等进行既定值设置；如男、女性的动力设置范围分别为 5 ～ 15、1 ～ 10，灵敏度分别为 3 ～ 7、2 ～ 5 等；③经验参数：使用人员对各安全出口的熟悉程度以及反应时间等相关因素。软件设定灾情发生位置与相邻房间人员的反应时间为 0 ～ 30s，其余房间认定为需通过他人通知而得知灾情发生，则反应时间为 30 ～ 60s；④ 灾害影响参数：逃生人员缺氧并暴露在 CO、CO_2 或高温、烟气中，同样会对活动性造成影响，进而降低人员疏散速度。

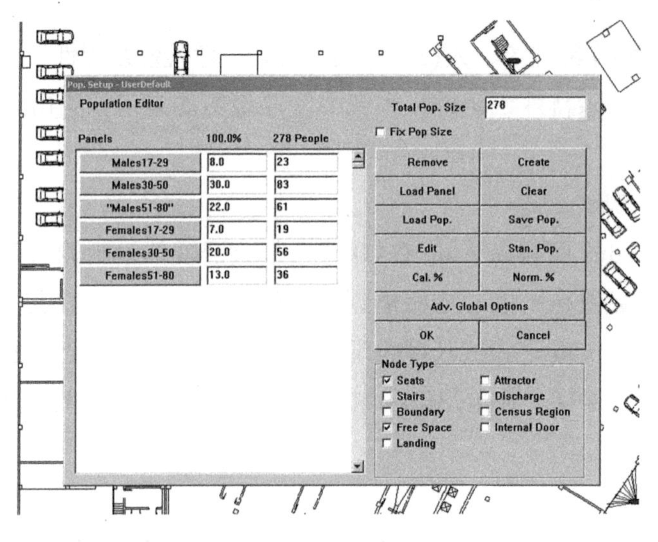

图 6-5　Building Exodus 参数设置

（3）运动子模块

可以控制逃生人员在节点之间的移动能力，包括设置并计算人员在不同种类节点中的行走速度以及逃生过程中的一些特殊行为，并将保证在用户设置的疏散准备时间到达之前，疏散人员不会有运动行为。

（4）行为子模块

根据人与人、人与建筑、人与灾场环境间的相互作用来决定疏散策略，例如逃生人员根据建筑局部状况选择疏散方向或选择最熟悉的出口疏散。该子模块是所有子模块中最复杂的一个，其得出的决策信息会传递到运动子模块进而影响逃生人员的疏散运动。

（5）危险性子模块

通过设置有害物质的浓度等值用来实现灾情现场及建筑物、建筑出口开启状态等特征的变化。Building Exodus 不能对火灾的蔓延进行预测，但可以通过经验值设定，或通过引入火灾模拟模型 CFAST 等来弥补，进而可以真实反映灾情环境作用。

（6）毒性子模块

可计算得出火灾产物对人员的作用，包括高温、CO 及 CO_2 浓度、O_2 损耗等危险因素。

以上六个子模块的关系详见图 6–6[87]。

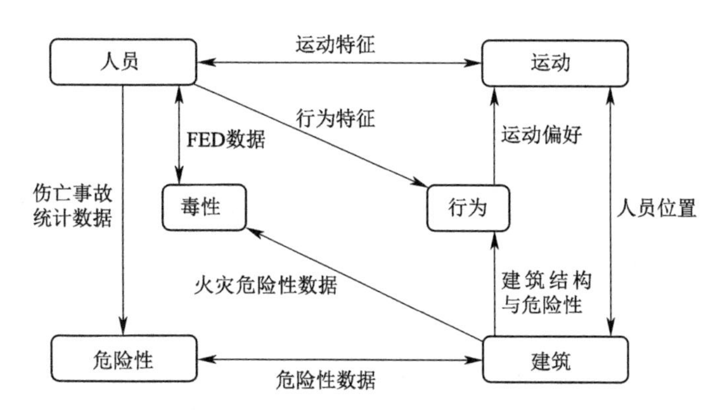

图 6–6　Building Exodus子模块关系

图片来源：见参考文献 [87]

6.2.3　Building Exodus 在安全岛改造中的应用范围

（1）模拟既有建筑疏散过程中的拥堵位置

专家根据多次震灾的经验——震中区两次较大地震波段（体感震动 P 波及激烈震动 S 波至房屋倒塌）之间的时间段为逃生的黄金时间，提出黄金逃生时间约为 12s 的说法，故使用 Building Exodus 首先测定既有建筑在灾害发生 12s 时的疏散情况，以便找出建筑疏散过程中的拥堵位置（图 6–7）。

我国和美国等国家的防火规范将人员密集场所的界限定为区域人数大于等于 50 人，但对于人员密度并没有明确规定。在此基础上设定拥堵的区域人员密度同时大于等于 2 人 / m^2 时，该区域为拥堵区域。此临界值的设定是因为：成年男子的身体平均宽度为 0.5m、平均步幅为 1m，由此得出人处于正常行进状态时所占的平面面积为 $0.5m \times 1m=0.5m^2$，因此认为人员密度 2 人 /m^2 是人员相对正常疏散、互不干扰的临界值。所以当区域人员密度大于 2 人 /m^2 且人数大于 50 人时，疏散人员的逃生行为将受到来自彼此的影响。经过多次软件实验验证，发现拥堵行为往往出现在人员较多房间的安全出口及封闭式楼梯间的入口处，安全岛应选择靠近拥堵位置的区域，方便不能经由楼梯间及时疏散至安全区域的人群疏散至安全岛。

图 6-7 Building Exodus 测拥堵位置

将疏散受阻人群安置在安全岛，既可以保证疏散受阻人群的暂时安全，也可以防止由于人群密度较大且行为慌乱而产生进一步的踩踏事故。

（2）测试安装安全岛后对效果的影响

经过导入 Auto CAD 平面、建筑内人员节点的填充、安全出口的设置、疏散人数及人员属性的设置等步骤后，可以模拟得出既有建筑某层的疏散过程、期间出现的问题及最终疏散所需用时间。通过 Building Exodus 模拟，分析在安全岛辅助作用下人群的疏散效果。模拟基于疏散人员向安全出口逃生的行动及受到各类建筑、人员等因素的影响，将进入安全岛的门与建筑的疏散口同时设置为安全出口，分析人群的疏散过程与疏散效果（图 6-8）。

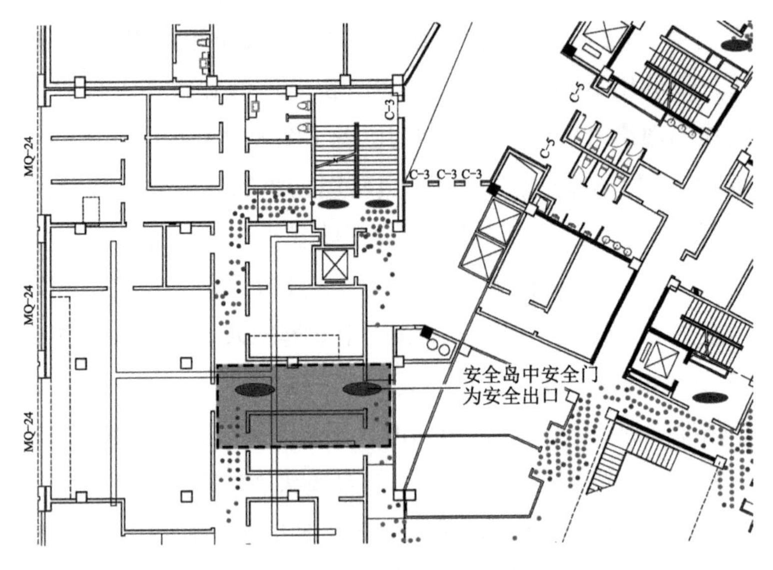

图 6-8 安全岛位置设置

既有建筑进行安全岛改造设计后再进行疏散模拟验证是安全岛设计策略的重要步骤。在验证安全岛安装效果的同时，可能发现在设计时没有预料到的问题。由于既有建筑类型多样、需重点关注的薄弱之处不同，本步骤对于发现安全岛改造设计的缺陷并进行调整等工作都十分有意义。对不同种类既有建筑中安全岛安装后验证效果的收集可为进一步的相关研究提供基础资料，并且有效利用这个环节形成一套更加完善的安全岛改造策略系统。

6.3 酒店安全岛设计

针对酒店建筑的实际情况，采用 Building Exodus 模拟对建筑进行安全岛设计改造研究。

6.3.1 酒店灾害危险性分析

（1）常见灾害种类

本书以灾害为安全岛设置背景，使得既有建筑中的安全岛具备更广泛的适用性。书中对灾害的研究主要从地震、火灾、踩踏、爆炸、洪灾、毒气等原生及次生灾害入手，并对风灾、山体滑坡等灾害进行一定程度的考虑，最终对安全岛进行相应的防灾设置及技术要求。

朝阳市区抗震设防烈度为 7 度，气候干燥，较易发生火灾并蔓延。经实地调查，酒店的地基无液化土质，建筑邻近无瓦斯管道或化工厂等危险区域，排除了建筑倾倒、毒气及爆炸等灾害的可能性。但若建筑发生火灾，会引起爆炸及毒气等的次生灾害。基于既有建筑流线复杂、人员较为密集的情况，疏散时易由于人群拥堵进而发生踩踏事件。其他灾害方面，并无洪灾、风灾、山体滑坡等气候、地质灾害的威胁。在酒店的安全岛设计中需对以上常见的灾害进行考虑，即地震、火灾、爆炸、毒气及疏散不畅造成的拥堵踩踏问题。针对以上灾害对酒店及建筑内使用人员的危害表现形式，安全岛应具备相应的应对策略（图 6-9）。

（2）建筑场地

场地情况：场地内无明显高差，呈轴线南北偏西向的长方形。广场均为硬质铺装场地，广场内部位置（图 6-10 D 位置）设有通向地下一层停车场的坡道。

道路情况：建筑面向两条双向四车道，而沿建筑东侧及北侧也各有一条双向车道。

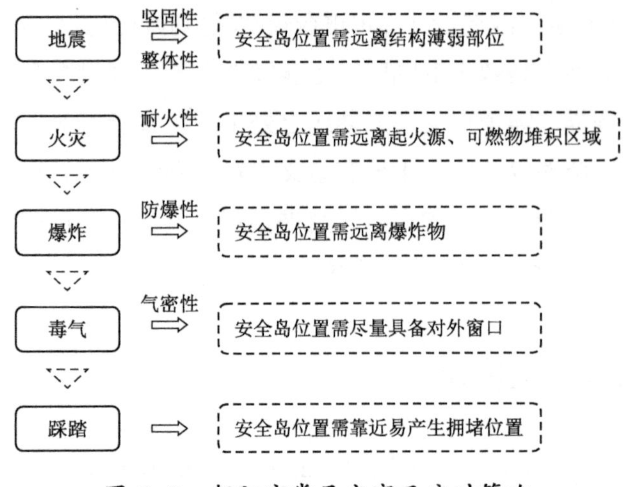

图 6-9　朝阳市常见灾害及应对策略

周边环境：建筑四周毗邻商业及办公建筑，一层沿街道设立对外商铺。建筑北侧的两条道路经常有车辆停靠（图 6-10B、C 点），虽然裙房与周边相邻建筑距离均大于 20m，若酒店建筑发生火灾，可能会蔓延到车辆停靠区域。

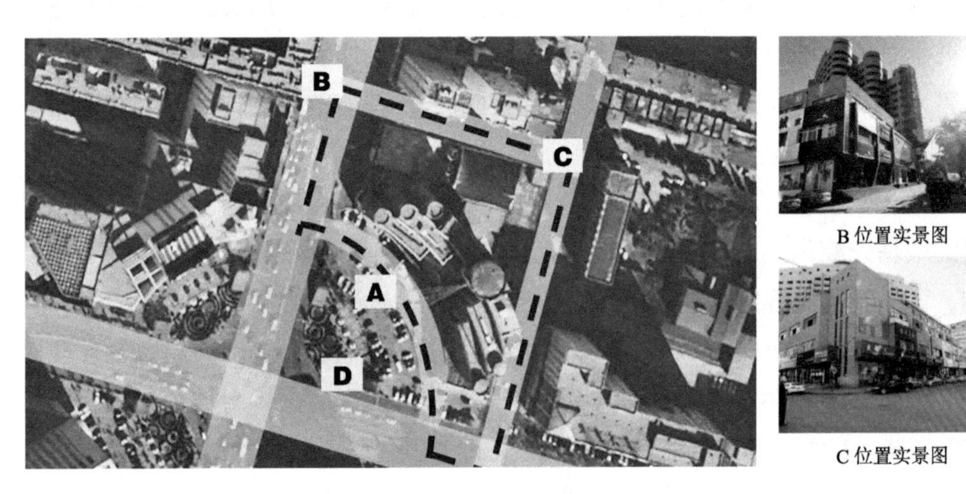

图 6-10　酒店建筑场地分析

入口：酒店设一个主入口及四个次入口（图 6-11），主入口面向交叉路口前的酒店停车广场，过往车辆沿弧线驶入场地内，并于主入口位置进行客人的上下车。建筑裙房一层对外开设商铺，商铺不与内部连通。次入口①及次入口②由于二层 KTV、三层可容纳 209 人的多功能厅及游泳池，所以疏散时可能人流负担较大。

（3）建筑结构

既有建筑安全岛改造方面的建筑结构调查一般包括建筑结构类型、剪力墙、建筑高度等对建筑安全岛类型产生影响的基本情况。在本实例中，结构情况调查主要侧重于对建筑剪力墙、构造柱等构件方面以及以往改造情况。以地下一层的情况为例说明：酒店建筑结构为框架结构，地下一层原建筑面积为 5887.3m^2，为满足更大的停车需求，经过改造，通过新加 57 根柱（图 6-12 深色柱）加固并扩建了建筑面积 2071.2m^2，达到 7958.5m^2。

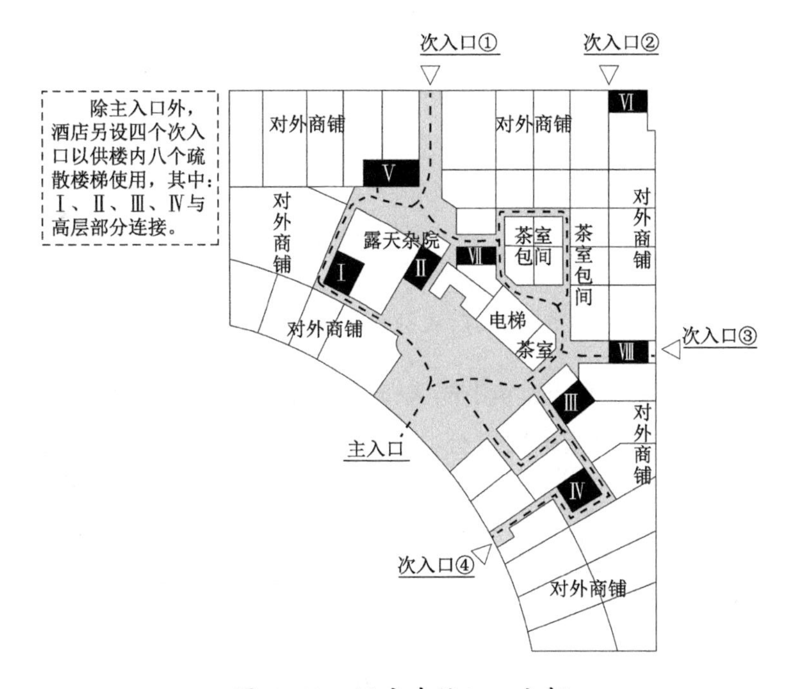

图 6-11 酒店建筑入口分析

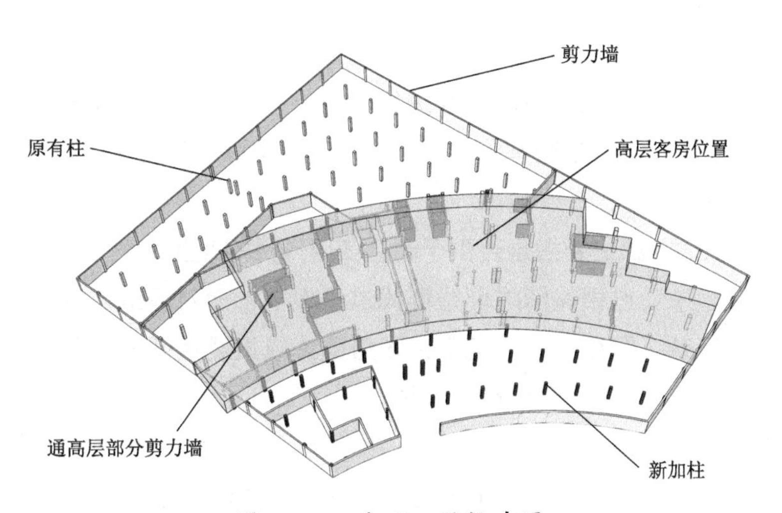

图 6-12 地下一层扩建图

（4）防火分区

依照《建筑设计防火规范》GB 50016—2014（2018 年版）5.3.1 条规定，高层建筑一类建筑每个防火分区允许最大建筑面积为 1500m²，设有自动灭火系统的防火分区可增加 1 倍。据《汽车库、修车库、停车场设计防火规范》GB 50067—2014 中 5.1.1 条规定[88]：耐火等级一、二级的地下汽车库或高层汽车库每个防火分区允许最大建筑面积为 2000m²，设有自动灭火系统的防火分区同样可增加 1 倍。

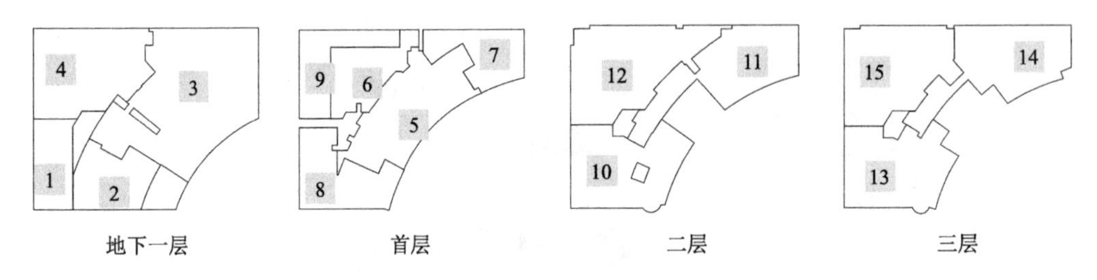

图 6–13 防火分区 1–15 示意图

按照防火疏散设计，酒店建筑的防火分区分别为地下一层 4 个、一层 5 个、二层 3 个、三层 3 个、四层至十层以公共电梯区域的右侧边线为分界划分为 2 个、十一层至十六层每层单独设一个防火分区。为方便后文叙述，针对每个防火分区进行的安全岛改造，将地下一层至三层的防火分区标号为 1–15（图 6–13），四至十层按先左后右顺序标号为 16–29，十一层至十六层标号为 30–35。

（5）危险源

危险源位置对建筑的安全岛设置会产生直接影响，安全岛所在位置及疏散通道须远离建筑本体、周边环境及地质危险源（对人员疏散危险源应进行偏重处理）[89]。从建筑使用人员、建筑本体及周边环境与地质条件三方面对安全岛设置位置造成影响的危险源类型及来源进行讨论，并形成故障树分析图。以下将针对各项细则，对酒店进行危险源鉴别及标注（无此类危险源时标注为 N）。

① 人员疏散危险源

本类型疏散危险源主要指是否由于酒店使用人员的某些特质（如弱势群体或无相关消防经验、未受过相关消防训练群体过于集中）而对疏散造成不利。该酒店虽然功能相对复杂，但在一般情况下，弱势群体或素质较低人群聚集于某一处的可能性较低，因此不存在人员疏散危险源。

② 建筑本体危险源

建筑本体危险源包括建筑内的功能危险源以及结构危险源。

酒店建筑功能及流线相对复杂，建筑的结构问题、疏散问题及起火源、重荷载等特殊功能房间都可能形成危险源，但由于该酒店在结构及消防方面已经做过改造，所以默认该建筑不存在由于老旧规范或材料质量而产生的结构问题或由于线路老化而造成的短路等问题。

首先是对于建筑本体功能危险源的分析。既有建筑流线迂回或疏散不畅，都是功能的潜在危险源，在灾害发生时产生踩踏等次生灾害或加重灾害后果，不利于提升逃生效率；物质是燃烧的首要因素，地震等多种灾害可引发火灾，可燃物堆积的位置、建筑中的火源、瓦斯及大功率电源等也有可能产生火灾或成为次生火灾产生的原因；若既有建筑用电规模较大，且电气设备与线路安装不合理或使用不当，线路故障同样易引起火灾；地下室若设置有柴油发电机组，在通风不畅、可燃气体大量聚集的情况下，遇明火可能会引发爆炸。

因酒店裙房及高层部分在单层面积、功能及流线复杂程度方面区别较大，将酒店分为包括负一层在内的三层以下裙房及四至十七层的高层两大部分（图 6-14），分别对功能危险源进行分析（由于安全岛设计是基于人员逃生需求，所以本书的安全岛设计不涉及设备层）。

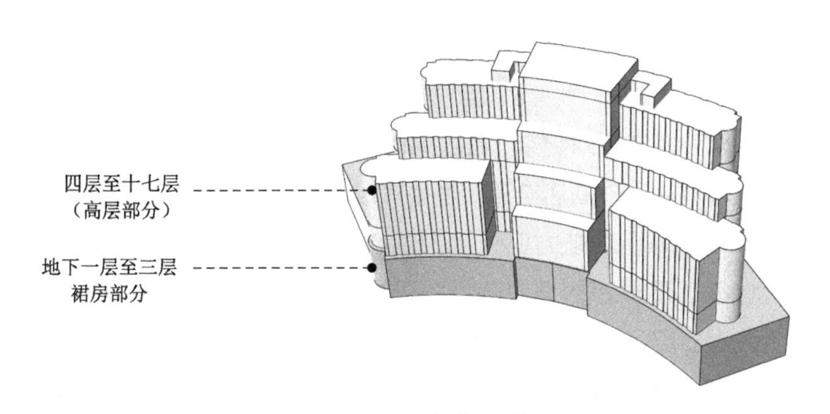

图 6-14　酒店建筑草模

酒店的客房部分功能比较简单，可以作统一分析。四至十六层共分四种平面形式，以串联形式排布（四层电梯厅连接一处 463.5m^2 办公空间），各客房均有自然采光通风，但楼梯间采用被动通风（图 6-15）。由于以走廊连接客房及疏散楼梯，故没有流线迂回的现象出现。相对于设有多功能厅、餐饮等密集功能部分的裙房来说，人员的密度较低，在灾害发生时，逃生人群从房间疏散入走廊，方向较为明确也不容易产生踩踏事故。

虽各客房内设有电器设备，但由于数量较少且功率较小，因此认为造成线路故障起火的可能性较小。每层均有一间布草间，位置不处在主要通道上，对疏散影响较小，但房间内储备各层需换洗的被单等物品为易燃物，所以设为功能危险源。十六层作为行政酒吧，除观光电梯外公共电梯无法通行，可由十五层经楼梯进入。此层设有酒吧厨房及新风机房，由于功能所需具有起火源或酒精物资储备，同样认定为功能危险源。

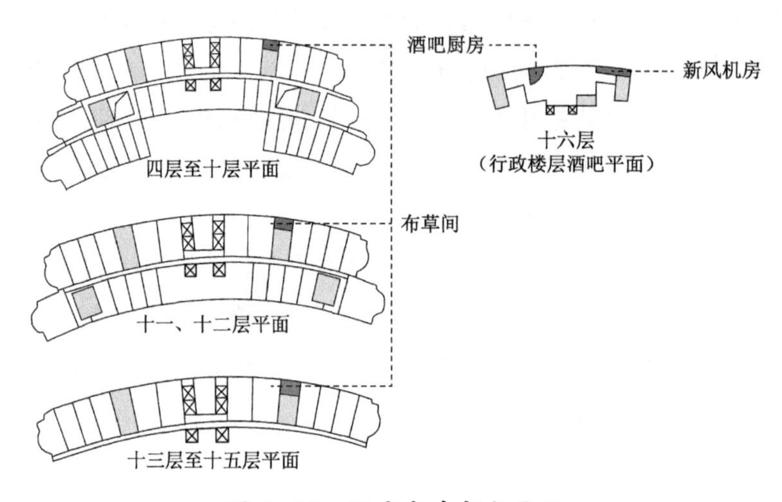

图 6-15 酒店客房部分平面

酒店的裙房部分功能相对复杂：首层除作为对外商铺及酒店大堂外，一部分作为茶室，但茶室也可直通室外酒店杂院（图 6-11），流线简单且疏散方向明确。没有堆积易燃易爆物品的区域，功能方面仅消控中心、排风、送风机房可能发生电路故障而列入功能危险源。同样，依据第四章的研究分析，对照酒店的施工图逐层比照裙房地下一层、地上二层、三层，对功能危险源进行识别并标注（图 6-16、图 6-17）。

由于该酒店已对结构进行了楼板、墙体等构件的安全性鉴定，并根据实际情况对建筑进行了加柱等结构方面的加固改造，其现有结构能满足现行结构规范且建筑材料的质量可以达到使用要求，所以没有材料质量之忧。酒店结构为框架结构，相对砖混结构在层高、窗墙比及房间长宽比上都具有更大的灵活性，危险源较少且更为坚固。

③ 周边环境与地质危险源

朝阳地区位于辽宁省西部，辖境居东经 118°50′ 至 121°17′ 和北纬 40°25′ 至 42°22′ 之间，土质比南方地区稳定，气候较为干燥，不易产生城市内涝，不易因暴雨、洪涝产生泥石流、滑坡等自然灾害。酒店所处位置为市中心，周边以办公楼、商业用房为主，经调查建筑地基较为坚固，无液化土质，建筑邻近无瓦斯管道或化工厂等灾难高危险区域，与周边的建筑距离符合建筑防火规范的要求，且未处于木建筑等火灾高发聚集区域。

最终总结酒店危险源详见表 6-1。

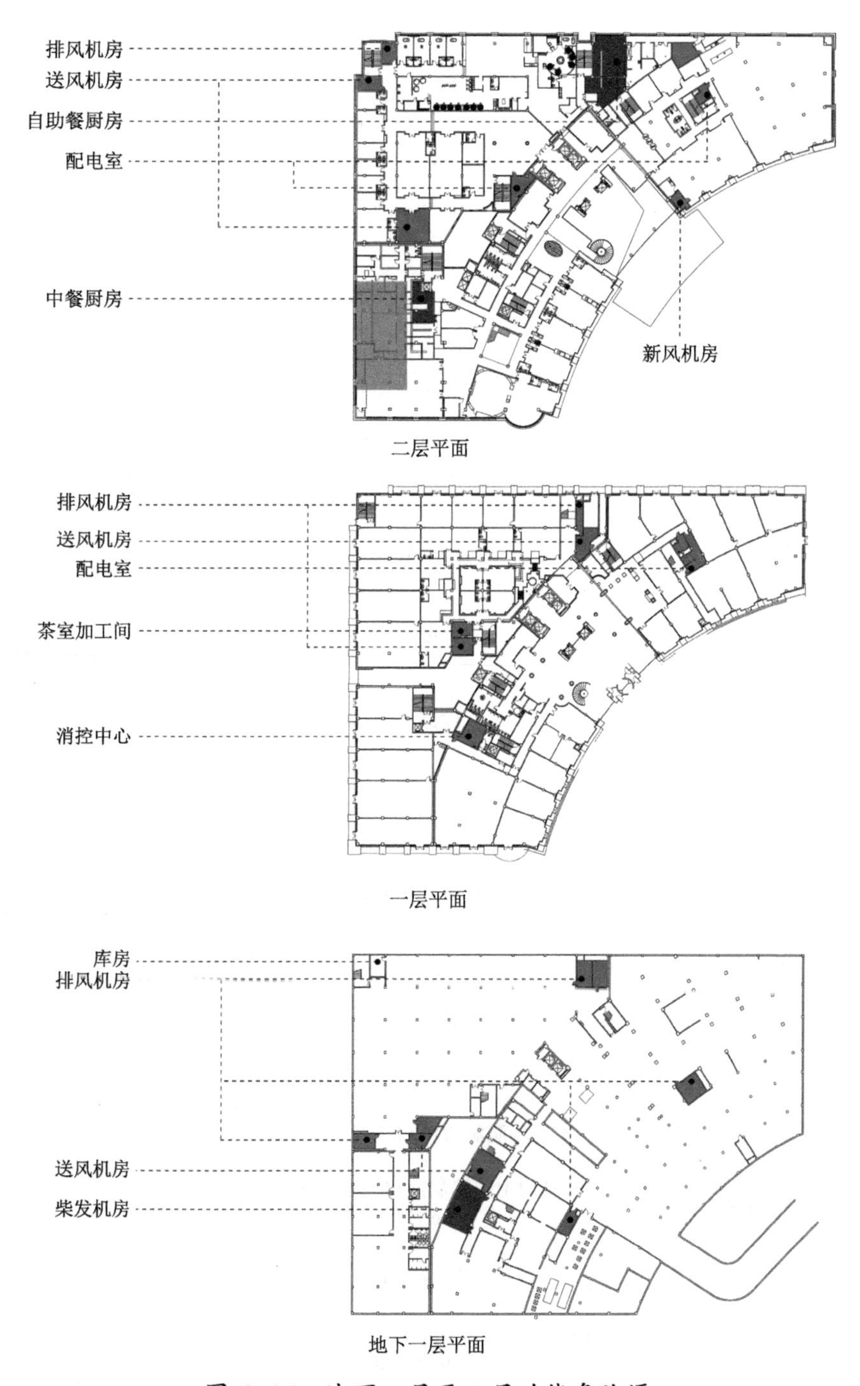

图 6-16 地下一层至二层功能危险源

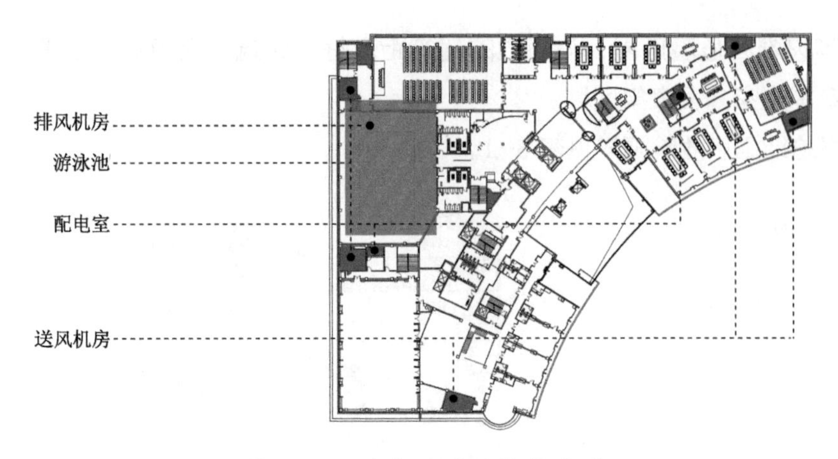

图 6-17　地上三层功能危险源

酒店危险源总结　　　　表 6-1

<table>
<tr><th colspan="3">危险源类型</th><th>危险源来源</th><th>危险源位置</th></tr>
<tr><td colspan="3" rowspan="2">人员疏散危险源</td><td>弱势群体集中</td><td>N</td></tr>
<tr><td>无相关知识群体集中</td><td>N</td></tr>
<tr><td rowspan="11">建筑本体危险源</td><td colspan="2" rowspan="5">功能危险源</td><td>疏散流线过长</td><td>地上二层厨房
自助餐厨房</td></tr>
<tr><td>线路故障起火</td><td>裙房部分各楼层机房、配电室等</td></tr>
<tr><td>可燃物堆积</td><td>高层部分各层布草间
地下室库房</td></tr>
<tr><td>有起火源房间</td><td>二层餐饮部分厨房
十六层行政酒吧厨房</td></tr>
<tr><td>重荷载房间</td><td>三楼游泳池</td></tr>
<tr><td rowspan="6">结构危险源</td><td rowspan="4">墙体坍塌</td><td>填充墙质量差</td><td>N</td></tr>
<tr><td>单层高度＞ 3.6m</td><td>N</td></tr>
<tr><td>墙洞洞边距端柱大于 300mm</td><td>N</td></tr>
<tr><td>同一轴线上的墙洞面积在 6、7 度区≥ 55%，8、9 度区≥ 50%</td><td>N</td></tr>
<tr><td rowspan="2">楼板断裂</td><td>防震缝小于 100mm</td><td>N</td></tr>
<tr><td>横墙长度在 6、7 度区＞ 11m、8 度区＞ 9m、9 度区＞ 7m</td><td>N</td></tr>
</table>

续表

危险源类型			危险源来源	危险源位置
建筑本体危险源	结构危险源	楼板断裂	宽度方向中部累计长度大于 0.6L，但未设内隔墙的建筑	N
			空心混凝土预制板等作为棚顶	N
			局部开洞尺寸超过楼板宽度 30% 开洞楼板	N
			结构平面凹凸尺寸超过典型尺寸 50% 的不规则建筑不同形状连接处	N
			不同结构类型交接位置	N
周边环境与地质危险源	周边环境危险源		邻近有瓦斯管道	N
			邻近建筑距离小于规范要求	N
			邻近火灾高危区域	N
	地质危险源		泥石流危险	N
			地基沉降	N
			滑坡	N

6.3.2　安全岛最低设计面积确定

欲求得安全岛的最低设计面积，需计算出每个防火分区内使用人数，之后按照 25% 的安全岛需求比例①及 0.50m^2/ 人的最低避难面积标准计算每个或相邻两个防火分区合用的安全岛需设面积，以选取合适的房间加以安全岛改造。酒店建筑的功能类型一般较为复杂，该酒店为四星级建筑，其功能更为多样，不同功能、不同情况下的使用人数计算方式不同。本工程中计算各防火分区内使用人数的方法如下：

（1）已给定人数：部分特殊功能房间（如员工餐厅 100 人、宴会厅 180 人、多功能厅 93 人等）根据建筑设计之初设定接待人数计算；客房层防火分区的使用人数按照客房可容纳客人数量计算；根据常识判断：地下停车场使用人数根据通常情况，按停车位数量 ×2（人 / 车）的数值计算。

（2）根据公式计算：防火分区各功能疏散人数按照建筑面积与主要功能人员密度的乘积计算（详细分析过程见本书 4.6 节）。

① 根据调研，本酒店弱势群体等疏散能力较弱人群聚集的可能性较小，故表格中安全岛需求比例按 25% 的常用需求值，并不列面积折算值。

$$S_S = N \times R_{\min}(\times K) \times a \times A_{\min} \qquad (6.1)$$

各防火分区位置、面积及经计算后的使用人数及需设面积总结详见表 6–2。

各防火分区使用人数及需设面积总结　　表 6–2

位置	标号	面积（m^2）	主要功能类型	计算方式	使用人数（人）	需求人数（人）	需设面积（m^2）
负一层	1	781.6	员工休息	给定	120	30	15
	2	966.2	设备机房	N	N	N	N
	3	3633.3	停车（42 辆）	2 人 / 车	84	21	11
	4	2009.1	停车（37 辆）	2 人 / 车	74	19	10
一层	5	1988.0	大厅 1464m^2 商业 524m^2	0.1 人 /m^2 0.6 人 /m^2	146 314	37 79	19 40
	6	990.0	茶室	给定	60	15	8
	7	937.9	对外商业	N	N	N	N
	8	907.9	对外商业	N	N	N	N
	9	1292.5	对外商业	N	N	N	N
二层	10	1881.3	餐饮	给定	200	50	25
	11	1907.5	餐饮	给定	301	75	38
	12	2303.0	康乐	给定	500	125	63
三层	13	1834.1	餐饮	给定	280	70	35
	14	1924.2	会议	给定	210	52	26
	15	2067.0	多功能厅 游泳池	给定	359	90	45
四层	16	1663.5	办公 463.5m^2 客房 1200m^2	0.1 人 /m^2 给定	46 30	12	6
	17	1215.6	客房	给定	30	8	4
五层	18	1237.5	客房	给定	30	8	4
	19	1256.6	客房	给定	30	8	4
六层	20	1200.0	客房	给定	30	8	4
	21	1215.6	客房	给定	30	8	4

续表

位置	标号	面积（m^2）	主要功能类型	计算方式	使用人数（人）	需求人数（人）	需设面积（m^2）
七层	22	1237.5	客房	给定	30	8	4
	23	1256.6	客房	给定	30	8	4
八层	24	1200.0	客房	给定	30	8	4
	25	1219.1	客房	给定	30	8	4
九层	26	1237.5	客房	给定	30	8	4
	27	1256.6	客房	给定	30	8	4
十层	28	1237.5	客房	给定	30	8	4
	29	1256.6	客房	给定	30	8	4
十一层	30	1774.8	客房	给定	40	10	5
十二层	31	1774.8	客房	给定	40	10	5
十三层	32	1116.9	客房	给定	18	5	3
十四层	33	1234.6	客房	给定	16	4	2
十五层	34	1161.7	客房 会议 $100m^2$	给定 0.4 人 /m^2	12 40	3 10	2 5
十六层	35	552.0	娱乐	给定	100	25	13

6.3.3 安全岛设计位置确定

前文已对该酒店基本情况进行调查并确定了酒店安全岛的设计面积。由于酒店裙房、客房部分面积相差较大，且疏散难度不同——裙房距地面较近（三层地坪高度为 9.2m），如三层多功能厅、宴会厅等功能房间更有可供单独使用的封闭楼梯间，故首先从疏散难度较大的客房部分需求出发，考虑到各层安全岛的设计应靠外墙同一平面位置上并尽量呈一条垂直线以利于救援及疏散，所以先寻求适合客房部分标准层的安全岛设计，并将酒店全部十六层由标准层分隔成三部分，在确定标准层设计位置后，再验证此处是否可以满足全部楼层的安全岛需求，若尚未满足则再根据裙房的情况加置安全岛的思路进行设计。具体如下：

（1）标准层（四层至十层）安全岛设计位置确定

由于酒店客房层的主要疏散形式为串联、疏散距离较长，纵向走廊最短距离为 86m，而中段位置又为公共电梯间及中庭，此处并不利于安全岛改造及外部救援，所以选择将每个防火分区设置一个安全岛。根据疏散距离的讨论结果，高层酒店位于两个安全岛之间以及位于袋形走道两侧或尽端的疏散门距离安全岛的最大距离分别为 30m、15m。由于本酒店设置有全自动喷水灭火系统，则安全距离可增加 25% 至 37.5m 及 18.75m。具体步骤如下：

① 将酒店客房层的平面图导入 Building Exodus，经过填充节点、设置人员特性等常规步骤后，模拟灾害发生后 12s 酒店的疏散情况（图 6–18 Ⅰ），并未出现拥堵（人员密度大于等于 2 人 /m^2）的情况，但考虑残障人士等存在疏散障碍，加设安全岛。

② 根据前文对酒店场地的分析，面向停车广场的酒店立面及客房层相关联的 15 个房间利于消防车辆及云梯的停靠（图 6–18 Ⅱ）。

③ 根据酒店施工图，标准层共划分为两个防火分区，两侧走廊尽端分别有若干间只能单向逃生的房间不能作为安全岛；其中疏散难度最大的客房位于两侧走廊尽端，根据第四章结论，满足不超过最大疏散距离 18.75m 的房间有 6 个；另外同样需要对其他走廊房间的疏散距离进行测量，以保证安全岛可满足所有房间需求。根据第四章研究，得出各房间的主要疏散路径并划分各房间 37.5m 内可达到的位置范围；两个范围的交集即安全岛的选取范围，如图 6–18 Ⅲ的 6 个房间。

④ 酒店客房标准层危险源只有每层一间的布草间，选定范围内并未受到影响。从结构构件角度分析，有剪力墙的房间更为安全。两侧备选房间皆为客房，其中左侧备选之一两面墙为剪力墙、右侧备选之一单面墙为剪力墙，最终选择此二房间为安全岛位置，（图 6–18 Ⅳ）。此二房间面积均为 26m^2（不含卫生间面积），符合两个防火分区 4m^2 的最小安全岛设计面积。

（2）十一层至十六层安全岛设计位置确定

酒店为台阶式造型，前文所选定的标准层安全岛位置在十一层以上并没有直接对应的房间。十一层至十五层的人群在灾害发生时若应用安全岛向外逃生，需分别疏散至十层或十二层的屋顶，再由此进行下一步自救或获得救援。

酒店的十一层至十五层为客房层，由于疏散距离过长（走廊长度 > 75m），虽每层只设一个防火分区，但基于安全岛保证疏散质量的考虑，仍设置两个安全岛。为方便向下层疏散，首先选取距离标准层安全岛位置较近并综合考虑剪力墙、改造难易度等因素，具体位置详见图 6–19。经鉴定所有楼层安全岛设计房间的面积、疏散距离都满足该层安全岛需求。

十六层为行政和酒吧楼层，建筑面积 552m^2，人员相对其他功能更为密集，经前文计算需设安全岛的最小面积 13m^2。由于该使用区域疏散距离小于 37.5m，在楼梯间附近设一安全岛即可满足需求，并面向酒吧空间开门，在缩短疏散距离的同时亦可避免疏散路线受到厨房危险源的影响。

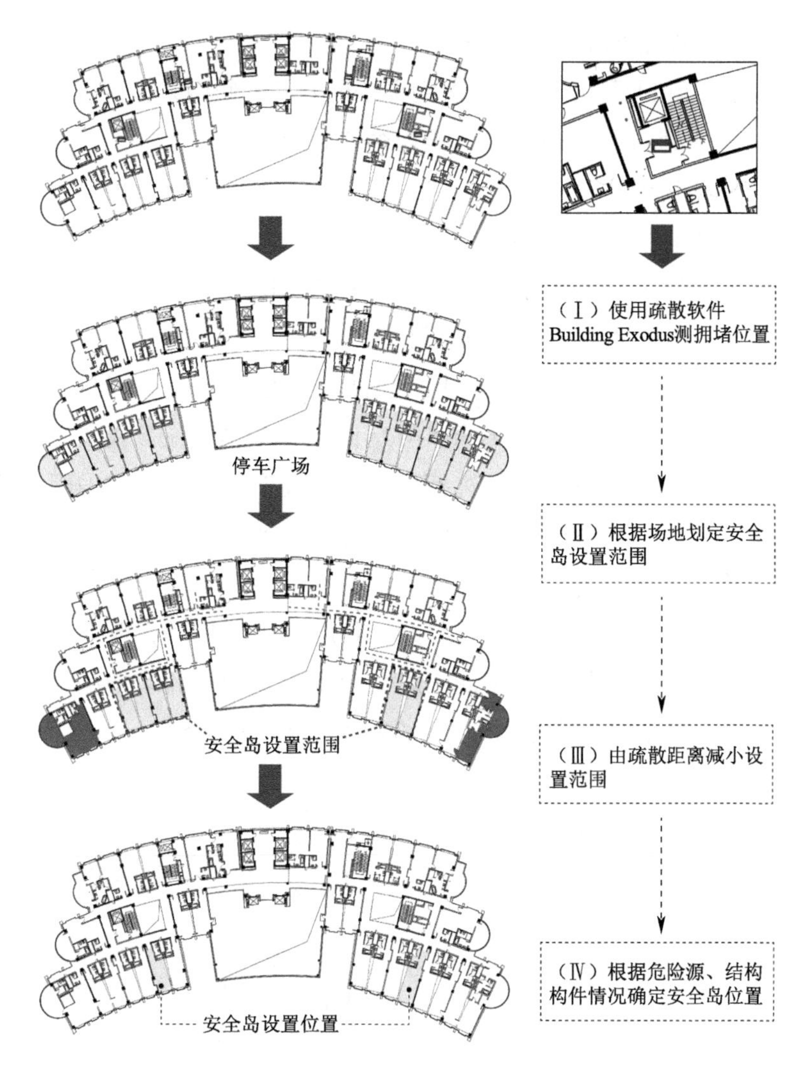

图 6-18 标准层安全岛设计位置步骤

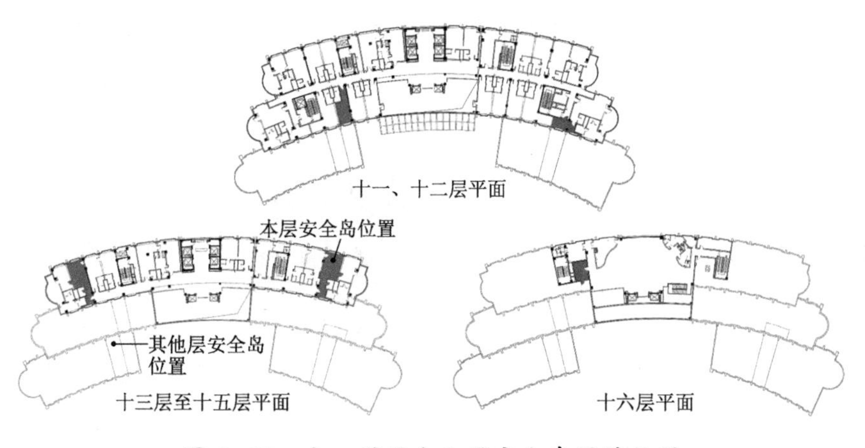

图 6-19 十一层至十六层安全岛设计位置

（3）一层至三层安全岛设计位置确定

安全岛的设计目的是使距室外疏散距离较远的房间使用人员可以更快捷地疏散到安全地区。由于酒店首层的主要功能为对外商铺及酒店大堂，该层每个防火空间均具有至少两个直通室外的安全出口，并且各房间均有两个疏散方向且具备在37.5m疏散距离内直通室外的能力，疏散难度较小，该层不需设计安全岛。酒店裙房其他楼层——地下一层及地上二、三层交通情况比较复杂，在疏散时容易产生拥堵，在此以最复杂的地上二层为例说明设计过程。

根据该酒店建筑施工图，酒店地上二层被划分为三个防火分区（根据图6-13标注为防火分区10-12）。使用软件模拟12s时可得疏散情况（图6-20）。模拟结果显示八个封闭楼梯间中的六个周边都出现不同程度的拥堵，其中两个是分别位于自助餐厅及特色餐厅附近的楼梯间，拥堵局部人数大于50，需要在安全岛设计位置时给予偏重。如前文所述，各楼层安全岛的位置应尽量保持一条直线以方便救援及自救，但基于该酒店平面相对复杂，各层功能不相同，保持位置一致并不利于疏散。考虑到自助餐厅等由于使用人数较多而造成的拥堵情况，选择与标准层直线距离邻近、位于同一堵剪力墙另一侧的位置作为安全岛。

图6-20　地上二层安全岛设置位置

酒店地上二层标号 10 的防火分区中左侧餐厨部分疏散距离较长，基于厨房功能区域内多处有明火装置使得多处位置受限，最终选定配餐间加设安全岛；防火分区 11 有部分区域由于横跨公共电梯厅与防火分区主体距离超过 20m，所以利用防火分区 11 另一端疏散楼梯的防烟前室加设安全岛；防火分区 12 主要使用功能分别为 KTV 及 SPA 等，人员密度较大，为满足疏散要求同样于每个防火分区设两个安全岛，于靠近尽端楼梯间加设一个安全岛。

地上三层设置有两个多功能厅及一个游泳池，安全岛设计位置需避开这一部分的大跨度结构，在综合考虑本楼层拥堵、剪力墙等结构因素后，确定共设计六个安全岛的位置，在此不再赘述。

地下一层主要功能是停车场，四个防火分区，使用软件模拟后并没有出现拥堵。由于无外窗，相对地上楼层，地下室的安全岛没有作为安全出入口的功能，主要设计目的是保证本区域不能逃生至外界人员的暂时安全，所以原则上不需与地上楼层对位。根据酒店的具体情况——停车场并无隔墙可直线疏散，以 37.5m 的疏散距离为半径，除靠近出口坡道 37.5m 范围内可不设安全岛外，其余区域以此确定安全岛设计位置。

最终裙房部分地下一层、地上二层、三层的安全岛设计位置详见图 6-21。

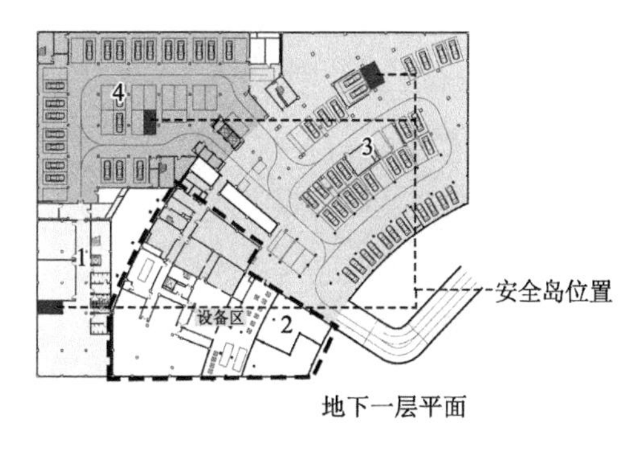

地下一层平面

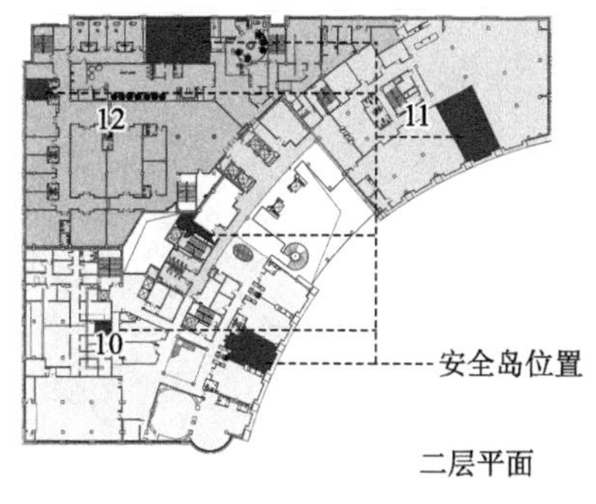

二层平面

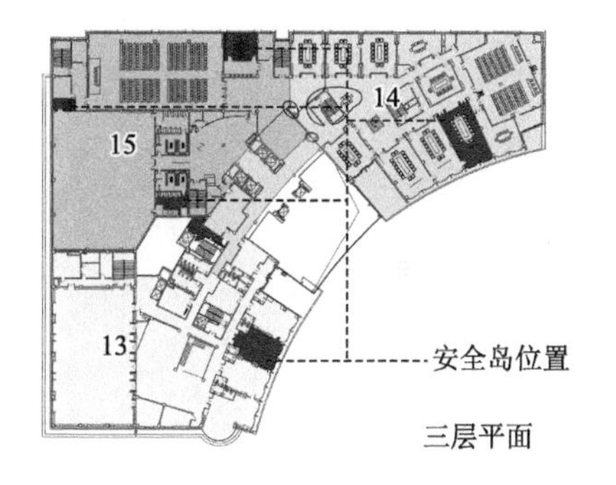

三层平面

图 6-21　地下一层、地上二层、三层安全岛设计位置

6.3.4 安全岛改造方法确定

由于该酒店在建筑形体、功能等方面存在诸多限制，各层的安全岛位置并没有达到完全对位，所以可以采用加固安全岛区域结构及部分使用成品设备的改造方法。基于对实际施工难易程度的考虑，疏散软件模拟出的人员拥堵位置往往处于人员密度大的空间、功能房间的出口位置与交通变化较大的区域，安全岛的改造设计选择梁、柱等主要结构构件加固的方式。而基于场地、疏散距离、危险源等条件选择出的为增加建筑安全出入口而设计的安全岛位置，如标准层的客房等，则采用结构加固与成品应用法的双重加固措施以达到最大安全值。本书仅对酒店的具体改造过程做简略设计及介绍。

以选择“结构加固 + 成品应用法”的地下一层为例，该层在疏散模拟中并未出现拥堵现象，则安全岛的作用主要是为不能迅速、安全疏散到室外的逃生人员提供暂时安全的场所。改造过程的第一步即对安全岛所在范围的周边柱体、剪力墙、梁等结构构件进行加固，可选用日本 SRF 加固施工工艺。该技术主要使用树脂纤维结合强力粘合剂，并使用绷带式加固材料缠绕加固建筑物的主要结构部分，如支柱、剪力墙、梁，有效防止支柱在灾害来临时发生倒塌。在进行结构加固后，将符合逃生避难要求的成品设备安装于需设置安全岛的位置（图 6-22）。

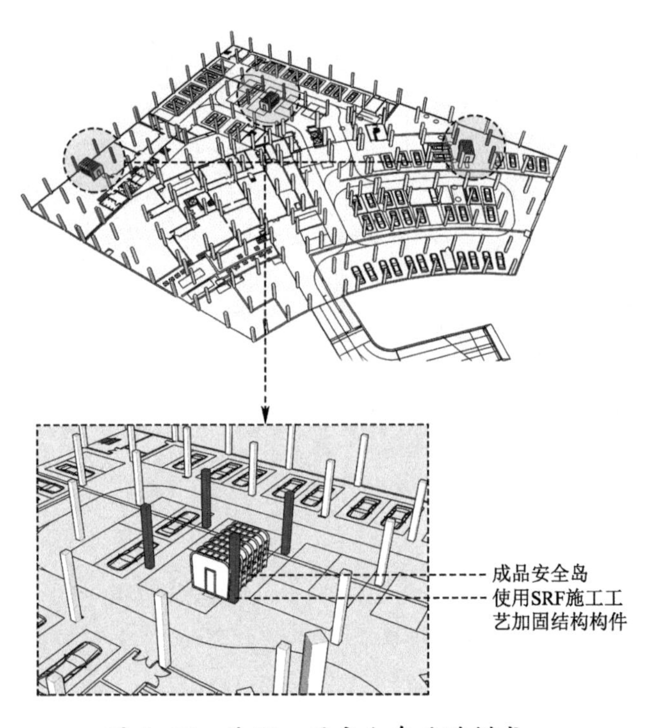

图 6-22 地下一层安全岛改造模式

对建筑结构进行安全岛改造后，同样需对安全岛的安全门、窗等根据要求进行加固，加强气密性或直接更换。

6.3.5 疏散软件验证改造后效果

该酒店进行安全岛改造后疏散效率有了显著提高，通过 Building Exodus 软件将疏散人群分为 25% 直接疏散至安全岛的弱势群体以及 75% 疏散至楼梯间两部分，并对安装安全岛前后的疏散时间作对比后发现，安装前在疏散开始 12s 时有拥堵情况产生的地下一层、二层及三层，疏散时间分别从 70s、133s、145s 减少到了 28.9s、55.4s、60.5s；而标准层由于客房功能人员密度较低，设置安全岛之前疏散比较顺利无拥堵位置，所以设置安全岛之后，在疏散时间上并没有特别明显的提升（图 6-23）。

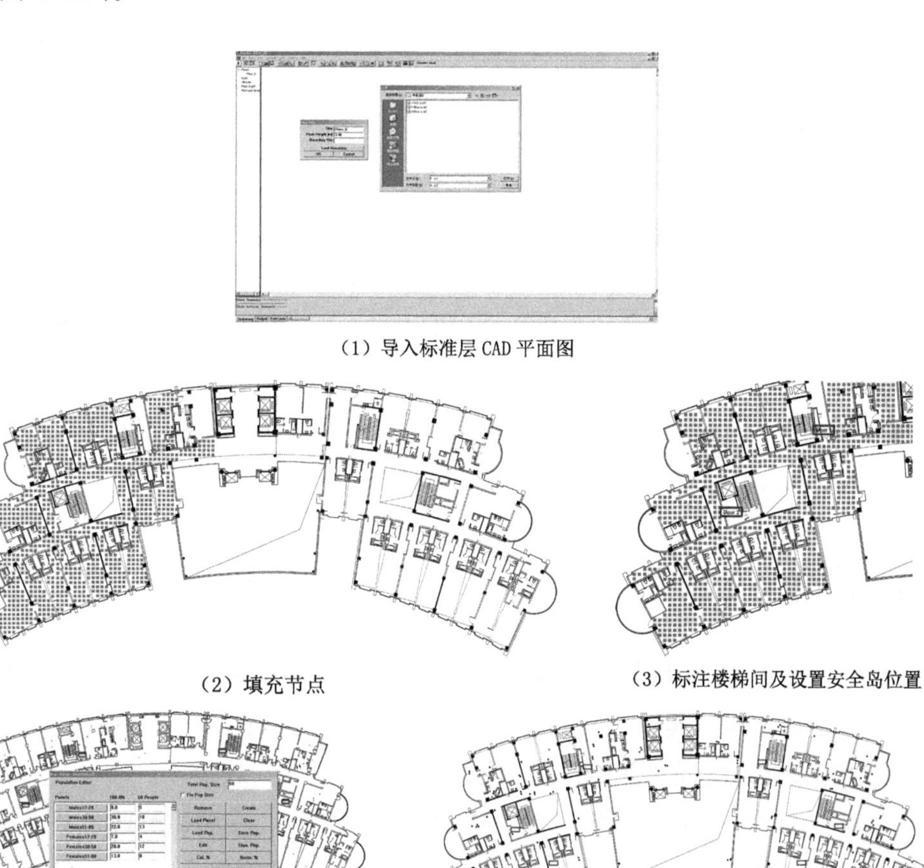

（1）导入标准层 CAD 平面图

（2）填充节点

（3）标注楼梯间及设置安全岛位置

（4）根据实际情况对人员特征进行设置

（5）进行模拟并记录疏散结束时间

图 6-23 Building Exodus 在酒店标准层安全岛设计中的应用过程

对酒店其他楼层进行安全岛设计，并对改造前后的疏散过程进行模拟，最终记录具体疏散时间对比见表 6-3。

安装安全岛前后疏散时间对比　　表 6-3

	主要功能	有无拥堵位置（Y/N）	改造前疏散时间（s）	改造后疏散时间（s）
地下一层	停车、员工休息	Y	70	28.9
一层	对外商铺、茶室	—	—	—
二层	餐饮、康乐	Y	133	55.4
三层	餐饮、会议、游泳池	Y	145	60.5
四层至十层	客房	N	23.7	22.7
十一、十二层	客房	N	17	15.5
十三层至十五层	客房	N	15.6	14.7
十六层	行政、酒吧	N	12.1	9.1

结果显示，在该酒店这一实例中，产生拥堵情况的裙房部分在改造后的疏散时间提高了 40% 以上；并且拥堵越严重的位置，增设安全岛后疏散效率的提升幅度越大。疏散模拟时无拥堵情况产生的客房层在疏散时间上虽没有得到明显提升，但也是由于 Building Exodus 软件并没有考虑到疏散有障碍（主要指上下楼障碍）的 25% 弱势人群，而设置安全岛后可以保证这部分人员确实在该时间段得到有效的疏散——进入安全岛以借助外力减弱上下楼的障碍进而逃生。

6.4 本章小结

本章介绍了实际工程朝阳市某酒店的安全岛设计。通过对酒店场地、功能、结构及酒店建筑特点等实际情况的分析，为该酒店选取适宜的安全岛设置位置，并进行安全岛设计，且通过软件验证了安全岛安装后的实际效果。

相对于其他既有建筑，该酒店本身作为四星级酒店，在原建筑兴建之初，即按照较高标准建设。因此，对本实例的安全岛设计研究主要是从功能流线、建筑本身限制及人员密度等问题入手，由于该酒店建筑功能相对复杂，故本设计案例具有一定的示范作用。

7 案例研究：商业综合体建筑安全岛设计

由于商业建筑火灾后果的严重性与频发性，所以对于火灾及相应疏散进行研究是十分必要的，但是传统的物理实验与人员测试的实验方法非常耗费人力、物力以及经费财力。商业综合体的火灾发生起因、过程与人员疏散方式与其他类型建筑并不相同，因此进行传统的火灾模拟实验与人员疏散实验就显得不切实际。本章结合商业综合体实际案例，介绍商业建筑安全岛设计过程。根据防火性能化设计步骤，采用现阶段较为流行、配合度较高的建筑火灾仿真工程软件 Pyrosim 与人员应急疏散仿真工程软件 Pathfinder 进行模拟，根据模拟结果来进行安全岛的设计，以提高商业建筑的消防性能。

7.1 商业综合体项目概况

商业综合体项目建设地位于沈阳市。地块呈不规则近似四边形，整个场地为东北高、西南低，高差为 1.3m 左右。周边道路呈均匀坡降。该项目为一大型综合性公共建筑。建筑西侧为酒店，北侧与道路相邻，道路对面是商场以及商务办公楼，南侧设有消防车库以及垃圾站，东侧通过两处露天通廊分别与建筑衔接。本项目总建筑面积 219632.31m^2，地上建筑面积为 193490.3m^2，用地面积 26600m^2，建筑覆盖面积 24890m^2，建筑密度 0.936，容积率 7.27。商场部分建筑面积 106665.67m^2，室内外高差为 0.15m，一层层高 5.1m，二至五层层高为 4.5m，女儿墙高 0.6m。商场部分建筑高度 23.85m。该项目设计等级为二级，设计的使用年限为 50 年，防火分类为一类高层。高层以及地下部分耐火等级为一级，裙房部分耐火等级为二级。商场部分合计设有 12 部防烟楼梯间、3 部封闭楼梯间、2 部室外楼梯、2 部室外坡道。防烟楼梯间均设有独立的前室，前室的净面积均不小于 6m^2。封闭楼梯间的防烟楼梯间以及前室的疏散门均为乙级防火门，并且均向疏散方向开启。

7.2 商业综合体项目火灾危害特点

随着社会的发展，由于建筑火灾的危害与发生使得消防形势十分严峻，火灾造成的严重后果与经济财产损失越来越成为社会问题与社会关注点。住房和城乡建设部也将火灾界定为能够破坏现代建筑的主要灾害类型之一，并且对于建筑火灾做出了防火规范，从各方面设计着手加以约束。

7.2.1 商业综合体的火灾成因

火灾的成因如下：电气火灾、人为火灾、战争火灾、违规操作火灾、自然灾害火灾、生活火灾等。这一综合性建筑中集中了多种火灾成因，以及能够发生火灾、具有火灾危险性的可燃物。商业综合体主要的火灾成因如下：

（1）对火源的监管不当易造成疏忽

建筑中会在特定部位对火源进行使用，例如食堂、餐饮厨房处等必要固定火源；很多人有着吸烟的习惯，给商业综合体建筑带来了流动性火源，即使有些建筑有吸烟室，但是监管不当同样存在发生火灾的可能性。

（2）电气使用量巨大以及应用不当

商业综合体内部用电设备数不胜数而且能耗较大，例如大量的空调用电、加工车间加工时的用电、对电梯的使用、进行维修时的用电；商业综合体用来宣传广告的用电也很多，例如店铺内的橱窗用来展示商品的用电以及广告宣传用电；展览区域与临时的标志标识同样会带来临时性的电气使用。在耗电量巨大的同时，超负荷使用电器，加上与可燃物的接触很容易形成火灾。

（3）可燃物、易燃物随意堆积，管理不当

有些商铺会对货物进行随意的堆积，不加妥善管理，将具有危险的可燃物、易燃物暴露在空气中，一旦接触明火会迅速形成火源后果不堪设想。现代装饰常常使用的木材、销售商品中的棉麻制品以及一些化妆品等同样遇明火会迅速成为火源，形成火灾。

（4）对建筑内部人员监管不力

商业综合体内人员结构复杂，工作人员与消费人员数量众多，人流密集，进出建筑的频率也更加频繁，而这些人的背景不同、身份不同，对火灾安全知识认识不同以及火灾安全素养也存在较大差异，因此对人员的管理不当同样会引发安全事故。

7.2.2 商业综合体的火灾危害特点

商业综合体建筑发生火灾产生的有毒烟气、热辐射以及人员进行安全疏散时由于恐慌产生的拥挤踩踏事件是造成人员伤亡的三个主要原因。

（1）火灾中产生的烟气

烟气的产生是火灾中对人员安全影响最大的因素。绝大多数人员伤亡都是由于火灾烟气所致，烟气所带来的危害包括有毒气体、高温、能见度。

发生火灾导致可燃物的燃烧会产生大量有毒气体，包括 CO、HCN、$COCl_2$、SO_2、NH_3、氮氧化合物、氯化物，其中对建筑内部人员危害最大的是 CO（表 7-1）。事实证明建筑内部人员的死亡是由于有毒气体浓度过高而造成窒息昏迷，抢救不及时而死亡。

CO 浓度对人影响　　表 7-1

烟气中 CO 含量 /mol · mol^{-1}	对人体的危害程度
0.0001	在一段时间内危害程度不大
0.0005	在 60min 以内无明显反应
0.0010	60min 以上人体产生应激反应
0.0025	30min 以上有致死可能
0.0100	12min 以上有致死可能
0.0120	5min 以上有致死可能

烟气的大量产生会伴随着温度的急剧升高，火灾初期烟气的温度可达到250℃，当遇到中庭等具有烟囱效应的部位火灾烟气温度可迅速达到 500℃，并且产生连锁反应点燃更多可燃物。烟气的大量产生使得烟雾浓度增加，降低疏散人员能见度，不同空间对能见度的要求也不同（表 7-2），能见度低的情况下疏散人员会产生较大恐惧感，很难进行疏散，同样加大了救援人员采取救援措施的难度。

能见度界限值　　表 7-2

空间面积	空间面积小于 $100m^2$	空间面积大于 $100m^2$
能见度 /m	5.0	10.0

（2）热辐射

热辐射对建筑本身与人体都会造成很大危害。当热辐射较大时，产生轰燃现象可以点燃较近的可燃物。当建筑内部发生火灾时，室内温度急剧升高，会在火灾初期从400℃至500℃短时间内提升到800℃至900℃，有些部位温度还会更高。热辐射影响下的空气温度与临界时间的关系以及热辐射强度影响人体的耐受时间见表7-3、表7-4。

空气温度与临界时间的关系　　表7-3

空气温度/℃	临界时间/min
50	>60
70	60
130	15
200-250	5

人体对热辐射的忍耐极限　　表7-4

热辐射强度/kW·m^2	耐受时间
2.27	12min
2.44	6min
11.6	10s

（3）恐慌与踩踏

火灾的突然发生会导致大多数建筑内部人员行为混乱以及不知所措，不能正常疏散逃离出建筑，这就是人员产生的恐慌感。大量建筑内部发生的踩踏事件基本上都是由于人员的恐惧、不知所措形成的拥挤、推搡造成的。虽然不是火灾本身对疏散人员造成的人员伤亡，但也是间接导致的结果。

7.2.3　商业综合体项目消防性能现状分析

7.2.3.1　火灾荷载问题

（1）商品销售

商业综合体各个楼层的销售商品（图7-1、表7-5）为箱包、百货、纸张等，由于大多数商铺都是以商品批发为主，基本采取店库结合的经营方式与销售模式，大部分商品堆积在营业厅内部或营业厅旁边的空地上，更有一些存放在疏散过道与消防楼梯间，甚至堆放在中庭的防火卷帘下，当火灾发生时极易造成火势蔓延并且严重影响人员的顺畅疏散。同时，建筑内安装大量照明器材、广告灯箱与电器，这些用电设备大量集中在商业综合体商场内部时，极易引发电路火灾。销售的商品中棉毛纺织品、塑料制品、高分子合成制品也占有大量比例，这些材料被点燃后会产生大量烟雾以及有毒有害气体，也会影响人员的安全疏散，对人员的生命安全造成严重影响。

图 7-1 商品销售情况

各层商品销售 表 7-5

楼层	商品销售
1F	流行小百货广场
2F	时尚小百货广场
3F	精品小百货广场
4F	经典饰品广场
5F	汽车用品广场

（2）“烟囱效应”

“烟囱效应”的存在使得火势会进一步扩大，燃烧产生的烟气会迅速向上蔓延，并且迅速充满满足产生烟囱效应的空间。通过调研，商业综合体商场部分楼梯间均为防烟楼梯间，不易形成烟囱效应；存在大量自动扶梯，扶梯靠近楼梯间，这一上下贯通空间易形成烟囱效应；在商场内部存在一大一小的中庭，如果在中庭处发生火灾，发生烟囱效应是不可避免的。

建筑中，存在两个中庭（图 7-2），图中蓝色部位为共享中庭，其中一个较大的中庭贯穿整个商场部分的 5 层。在这一中庭部位放置着少量的可燃物品，但是人员流动较为密集，这一区域大部分时间用作人员的休息以及停留驻足。通过调研发现，商业综合体商场部分设有喷淋装置和防排烟系统。喷淋装置能够及时对火势进行控制，机械排烟系统能够有效控制烟气的进一步扩散，但是一旦管理不当，喷淋装置和防排烟系统发生故障时，发生火灾后果不堪设想。由于所调研的项目内部商品摆放较为混乱，商店设施已经使用15年之久，不排除会出现故障的可能。为了提高产生烟囱效应的中庭部分的防火安全性能，对防火设施的定期管理维修、养护是必不可少的。

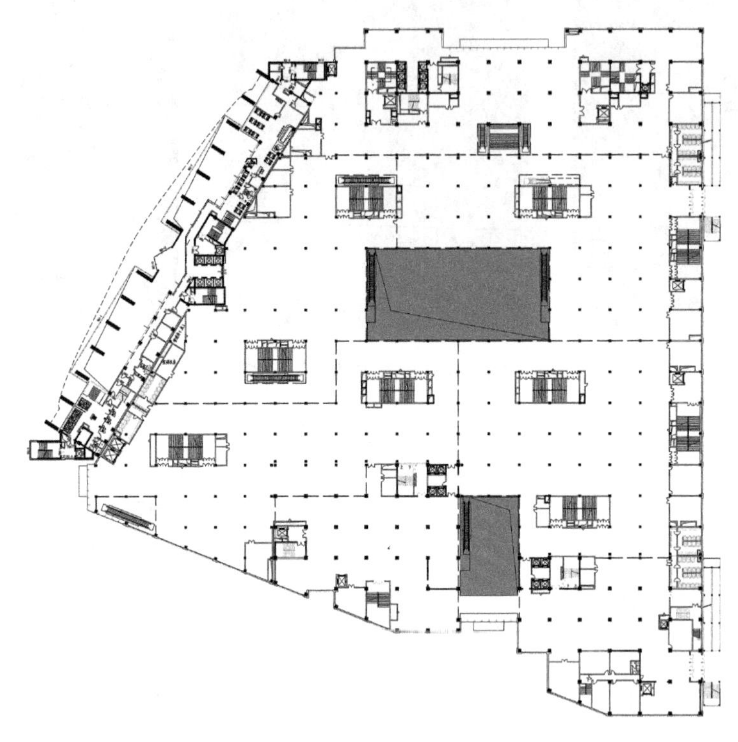

图7-2　中庭示意图

7.2.3.2　存在的隐患

（1）防火分区

现在的大型商业综合体往往都是大空间、大体量，对防火分区的最大面积限值进行了一定的突破。商业综合体项目中一层商铺总共划分为7个防火分区（图7-3、表7-6），为编号1-1防火分区至1-7防火分区，图7-3是根据收集到的平面图对防火分区进行不同颜色绘制，表7-6是首层各个防火分区的面积。

（2）疏散距离

建筑物发生火灾时，为使建筑内人员避免烟气中毒、火烧等危险，必须将人员尽快疏散到安全地点或撤离失火建筑。根据《建筑设计防火规范》GB 50016—

2014（2018 年版）中 5.5.17 第四条规定，一、二级耐火等级建筑中，营业厅内任意一点至疏散门或安全出口的直线距离不应大于 30m。当该场所设置自动喷水灭火系统时，室内任意一点至最近安全出口的安全疏散距离可分别增加 25%，根据规范所提供的数值要求通过计算得出首层到达安全疏散口距离应为 37.5m。图 7–4 中黄色部分是以各个安全出口为圆心、半径 37.5m 画圆，项目中任意一点符合规范要求的距离安全出口 37.5m。红色部分为超出规范规定的不合理疏散范围，这部分在该项目实际建设初已进行了消防安全性能评估及相应措施，但实际使用过程中的不确定因素仍可能造成火灾隐患。

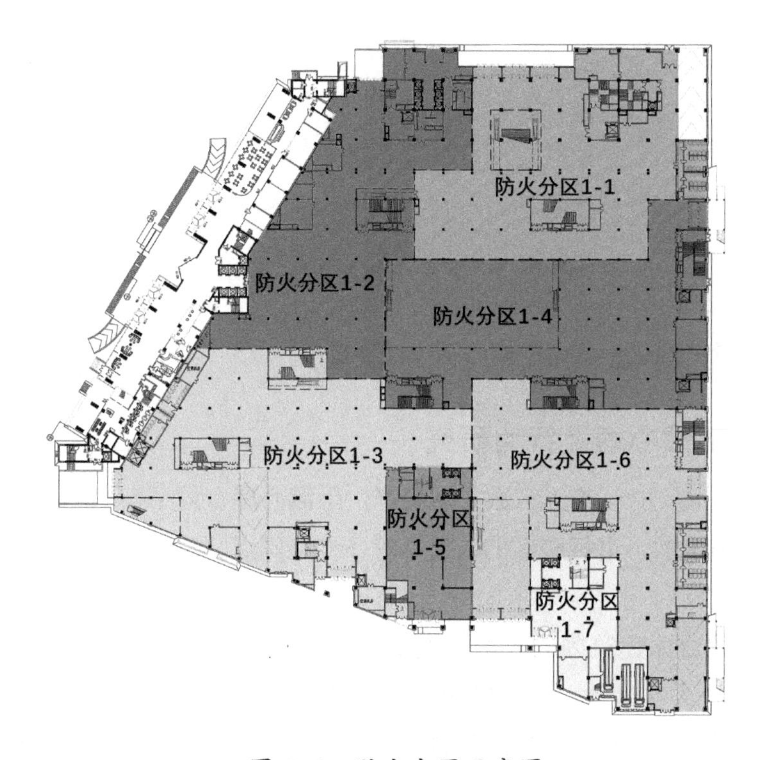

图 7–3　防火分区示意图

防火分区面积　　表 7–6

防火分区	面积（m^2）	防火分区	面积（m^2）
1–1	3732	1–5	972
1–2	3664	1–6	1682
1–3	4081	1–7	1011.1
1–4	4018		

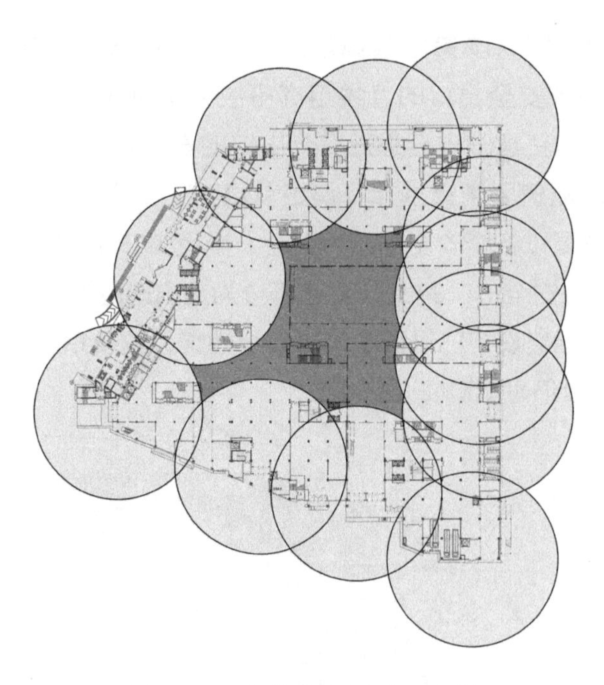

图 7-4　首层疏散距离示意图

7.3　商业综合体的疏散行为研究

7.3.1　紧急疏散心理及行为研究

建筑内发生火灾时，绝大多数人都会产生恐慌心理，为了自身的生命安全都会向建筑外部逃离疏散。进行疏散的人员具有多种共同点，表现在：

（1）抱团行为

来到商业综合体建筑内的人员，大多是成群结队，例如家庭、情侣以及好友聚会等。这部分人在发生火灾的时候，会产生聚集现象形成独立的小团体，并且能够相互帮助，对于其他不熟悉的小团体是不具有容纳性的。但是商业综合体建筑人数众多，这种抱团聚集会引发人员拥挤导致踩踏，从而造成伤亡事件发生。

（2）向光向熟

进行疏散时大多数对于建筑较为陌生的疏散人员会采取折返行为，对建筑熟悉的人员会选择自己熟悉的道路，这是符合疏散人员紧急心理的常见逃生行为。向光性则是人们会将光亮处认为是出入口，因此疏散出入口的光对疏散人员至关重要。

（3）从众、跟随行为

一部分疏散人员由于对建筑内部较为陌生，发生火灾时会产生跟随他人的行为。建筑内还有少数弱势群体，例如老人、儿童，这些人在紧急事件发生时判断能力有限，会出现跟随、从众的行为。

（4）躲避行为

火灾发生时，一部分人会因为恐慌、害怕而选择不恰当的地方进行躲避。

7.3.2 商业综合体人员疏散特点

商业综合体建筑内部不同位置的人员在火灾发生时的反应行为具有各自的特点，主要有以下表现：

商业综合体内人员数量较多，人员构成复杂，年龄、性别、背景、素养以及能力都存在很大的不同，因此在火灾发生时所采取的应对措施也会不同，相互之间会造成很大的影响。经常光顾商业综合体的人员对建筑比较熟悉，在疏散时可能会选择相同的逃生方式、逃生路径以及逃生出口，容易产生拥挤现象。在不同时间段，商业综合体内的人流量也不相同，周末、节假日人数会更多，更容易出现小团体聚集现象，同样会产生拥挤现象。

老人由于行动不便，对于紧急事件的处理能力较差；儿童由于年纪较小，无法独自逃生疏散，只能在大人的帮助下进行。这两部分人员会对疏散行动产生比较严重的影响，会降低疏散速度。

餐饮区由于有明火的存在，是商业综合体较容易发生火灾的部位。同时餐饮区的人数也较多，流通性较大，在高峰时期经常会出现排队等候时的拥堵现象，一旦发生火灾后果也是十分严重的。影院、KTV 等娱乐区域人数也非常多，电影放映的音量很大，会使得看电影的人无法对火灾做出及时的疏散反应，同样会发生拥挤现象。在 KTV 这一功能空间里会出现饮酒行为，人们在酒后无法做出正确判断，甚至会对其他人员的疏散造成负面影响。

7.4 基于 Pyrosim 与 Pathfinder 的建筑火灾疏散模拟分析

根据性能化设计的具体步骤，运用火灾模拟软件 Pyrosim 与人员疏散模拟软件 Pathfinder 这两款软件，配合度极高又能同时进行对比分析，能够对建筑的火灾危险性进行判定，找出商业综合体商场部分在火灾发生时存在的消防隐患与疏散薄弱环节，为安全岛的设计提供数据基础[90]。

7.4.1 建立 Pyrosim 火灾模型与火灾场景设计

7.4.1.1 建立 Pyrosim 火灾模型

对案例中的商业综合体商场部分的平面图进行简化（各层平面图），采用 1∶1 的比例对简化后的商业综合体进行模型的建立（火灾模型各层平面图）。商业综合体商场部分 Pyrosim 的 3D 效果图与火源位置（图 7–5），所有墙体与楼板均为混凝土材料构成。在模型建立的初期，设立网格，网格尺寸略大于该项目的尺寸。每层楼都由三个网格构成，网格划分为 93 × 183 × 5、38 × 66 × 5、77 × 84 × 5，单元格尺寸大小为 1m × 1m × 1m，单元格总数为 654525 个。在每层距离楼板 2m 处设置温度、能见度、CO 浓度的动态水平切片，在贯穿火源位置与中庭处设置温度、能见度、CO 浓度的竖向切片，以便观察模拟项目内部的火势发展。

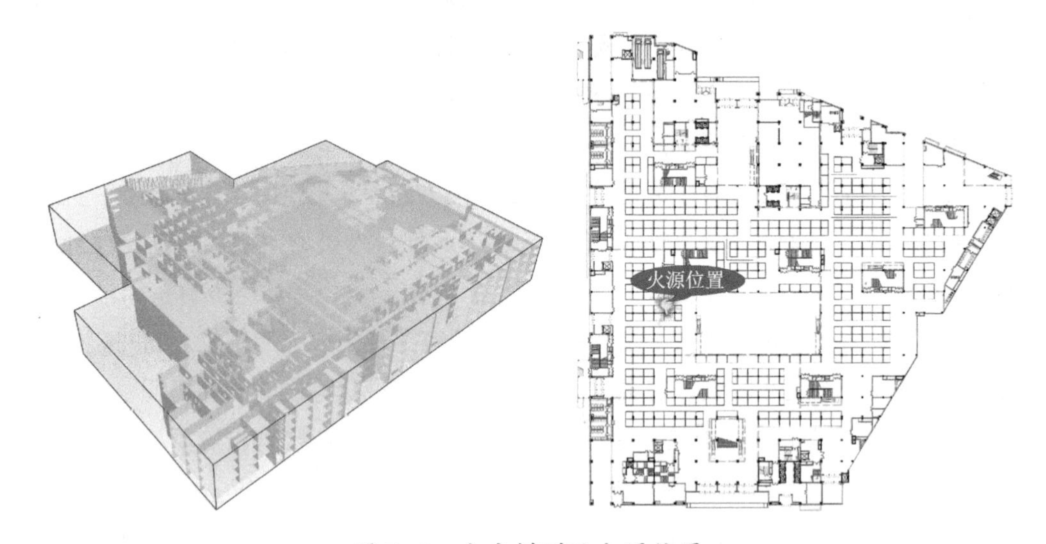

图 7–5　火灾模型及火源位置

7.4.1.2 建筑火灾场景设计

运用 Pyrosim 软件对火灾场景进行设计，利用数字描述的方式对火灾的整个过程进行模拟。建筑火灾场景的设计是性能化防火设计中决定模拟是否接近真实火灾最重要的设计步骤，火灾模拟的准确性与可靠性是由准确的火灾场景设计决定的。由于本小节是针对商业综合体商场部分的火灾模拟，要根据收集到的数据以及调研情况进行相应的火灾场景设计，遵循最危险、最不利的火灾场景设计原则对所研究的商业综合体商场部分进行不利位置的选择，参考《建筑设计资料集》第 5 分册商业建筑空间火灾特点定性参考指标（表 7–7），进行火源位置选取。

中庭火灾指标 **表 7–7**

围合类型	中庭简图	烟气沉降速度	人员疏散速度	火灾蔓延速度	烟囱效应	探测灭火系统效用	疏散路线长短
单面围合		慢	快	慢	小	高	短
双面围合		较慢	较快	较慢	较小	较高	较短
相对围合		中等	中等	中等	中等	中等	中等
三面围合		较快	较慢	较快	较大	较低	较长
四面围合		快	慢	快	大	低	长

在商场部分平面图中存在两个较大的中庭，一个是南侧的三面围合中庭，另一个是在商场中间部位的四面围合中庭。根据上面表格中庭空间火灾特点定性比较参考指标可以明显看出，三面与四面围合中庭火灾危险性较大，疏散较慢，但是四面围合的中庭危险系数更高。接下来对该商业综合体商场部分的灭火系统进行假设，火灾发生位置在靠近中庭位置的商铺，选择该位置是为了考虑商场部分首层中庭附近发生火灾时由于烟囱效应使得火势加大，烟气通过中庭向二层至四层空间迅速蔓延，中庭空间能提供多长的可用安全疏散时间，以分析火灾烟气危险性。商业综合体商场部分中部设计了一个贯通五层的大中庭，中庭部位的设置比较复杂，一些防火卷帘下方放着大量商品，是整栋建筑消防策略中最薄弱的部分，一旦发生火灾，在烟囱效应作用下会使得火灾造成不可估量的严重后果。因此 Pyrosim 火灾模拟软件中起火点设置在首层中庭附近的商铺，并且喷淋式灭火系统由于根据最不利的情况下进行考虑已经无法使用，可以遵循《建筑防烟排烟系统技术标准》对中庭无喷淋的火灾热释放量，对火灾规模取值为 4MW[91]。由于发生火灾时自动灭火系统失效，这就使建筑内的火灾发展与蔓延存在一定的不确定性，最后取值 1.5 倍的安全系数，最终火灾规模取值 6MW。在模型中设置的火源点大小为 1m × 1m × 1m，

热释放率（HRR）为 6000kW/m²，火灾增长系数为 0.04689kW/s²。火灾场景按照 t2 快速火考虑，在 350s 时达到火灾规模的最大值。

7.4.2 建立 Pathfinder 人员疏散模型与疏散场景设计

7.4.2.1 建立 Pathfinder 人员疏散模型

在建立 Pyrosim 模型过程中，对商业综合体商业部分的 CAD 平面图进行合理简化，删除对模拟结果影响不大的梁柱结构，重点对各个房间、各个营业厅、各个防火分区以及各个楼层之间的楼梯进行绘制，并且每个不同的空间采用不同的颜色进行显示，这样可以大大节约建立人员疏散模型所需要的时间成本。各个房间、营业厅、防火分区设置不同宽度的门进行连接。商业综合体商场部分的 3D 效果图见图 7-6。

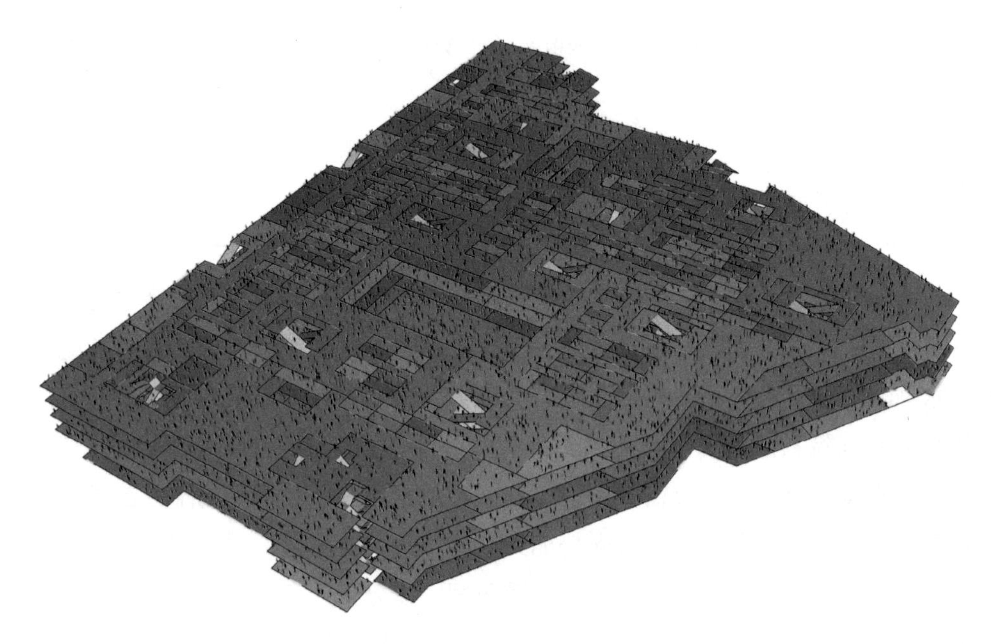

图 7-6 人员疏散模型

7.4.2.2 疏散场景参数设计

对商业综合体的人员疏散模型中的疏散人数进行计算。由于该项目设计时间较早，设计说明中提供了建筑物所容纳的总体人数，但是本次的人员疏散模拟应根据最新的防火规范进行计算。

根据建筑设计防火规范的表 5.5.21-2，确定建筑各层人员密度（表 7-8）与疏散总人数。

商店营业厅内的人员密度　　表 7–8

楼层位置	地下二层	地下一层	地上一、二层	地上三层	地上四层以上
人员密度	0.56	0.60	0.43–0.60	0.39–0.54	0.30–0.42

根据规范对人员密度的上限、下限进行取值的要求，由于商业综合体的各层面积均大于 3000m^2，因此各层取值详见表 7–9。

各层人员密度　　表 7–9

商场楼层	首层	二层	三层	四层	五层
人员密度	0.43	0.43	0.39	0.30	0.30

根据商业综合体商场部分的设计疏散人数进行疏散总人数的计算。根据 Pyrosim 火灾模拟中设计的火灾场景，在 Pathfinder 人员疏散模拟软件中进行人员疏散的场景设计，具体疏散策略、人数以及疏散方案见表 7–10。

疏散策略、人数及方案　　表 7–10

疏散策略	疏散人数（人）	具体疏散方案
整体疏散	25765	五层同时疏散

对建筑内部人群的人员类型、行进速度、不同人群的肩宽等数据进行设置。按照国际通用的一般娱乐公共场所所推荐的人员类型比例构成来确定，将建筑中的人员类型分为男士（40%）、女士（40%）、老人（10%）以及儿童（10%）等四类。目前文献对不同类型人员的疏散速度没有统一的数值设置。因为美国 SFPE《消防工程手册》的数值设置与 Pathfinder 中 SFPE 模拟运动模式相吻合，本节中人员的构成比例、行走速度以及肩宽尺寸均参照该手册给出的人员疏散参数进行确定，详见表 7–11。

人员疏散参数　　表 7–11

人员类型	人员构成比例	行走速度 m/s	肩宽尺寸 cm
成年女士	40	1.02	45
成年男士	40	1.2	50
老人	10	0.82	50
儿童	10	0.92	32

7.4.3 模拟结果及分析

7.4.3.1 Pyrosim 模拟结果

在本书中以烟气层的高度、CO 浓度、气体的温度以及能见度作为建筑内部人员安全性的判断依据，这些都参照美国消防协会（NFPA）发布的防灾设计标准（表 7–12）。

安全性判断标准　　表 7–12

安全标准	达到危害人体、影响疏散的临界值
烟气高度	2m 以上
竖向 2m 高的能见度	10m 以上
竖向 2m 高的气体温度	低于 60℃
竖向 2m 高的 CO 浓度	低于 500ppm

本研究运用 Pyrosim 模型进行 1800s 的建筑火灾过程模拟研究，得到火灾三维动态过程分析图，以及商业综合体商场部分达到危害人体影响疏散的临界状态。

（1）烟气蔓延

Pyrosim 模拟出商业综合体商场部分在 1800s 的模拟时间内烟气蔓延的全过程（图 7–7），中庭的烟气由于烟囱效应向上部扩散，当达到顶棚时向五层各个空间进行蔓延，再依次向四层、三层、二层、首层蔓延。在 300s 时顶层中庭部分被烟气覆盖，在 900s 时烟气蔓延至三层，1200s 时烟气蔓延至二层，1800s 时烟气基本上蔓延至整个建筑物。

（2）能见度分布

能见度切面图（图 7–8），显示各层在竖向 2m 高处的能见度分布图，颜色的冷暖代表能见度的高低，颜色越冷能见度越低，颜色越暖能见度越高。在模拟进行到 568s 的时候，商业综合体商场部分五层中庭周围走道出现了能见度不足 10m 的情况，已经会严重影响人员疏散；当模拟进行到火灾发生 724s 的时候，可以清晰地看到四层中庭周围走道的能见度下降到 10m 以下；当模拟进行到 929s 的时候，三层中庭周围走道的能见度下降到 10m 以下；当模拟进行到 1231s 的时候，二层中庭周围的走道空间能见度已经低于 10m；当模拟进行到 663s 的时候，首层设置起火点商铺附近出现能见度低于 10m 的情况。

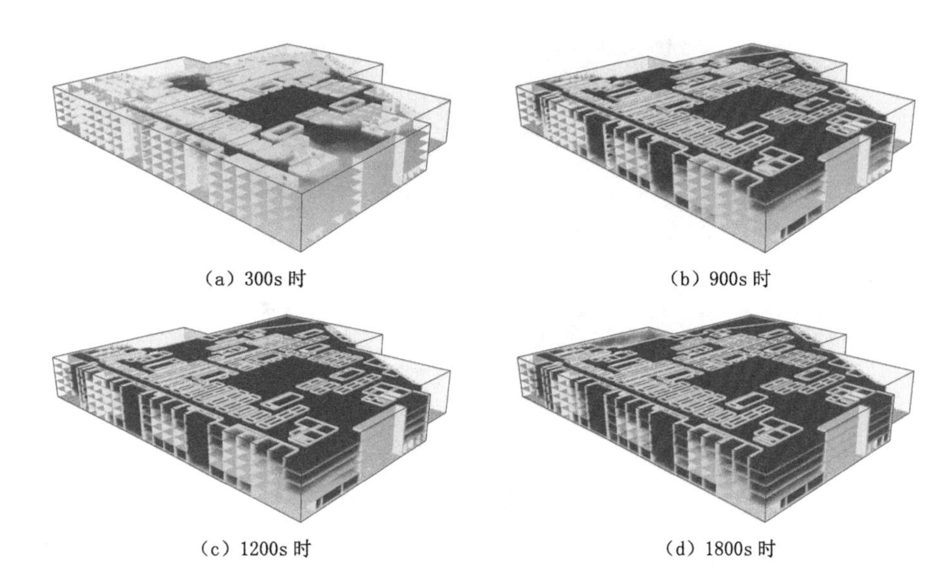

（a）300s 时　（b）900s 时

（c）1200s 时　（d）1800s 时

图 7-7　烟气蔓延过程

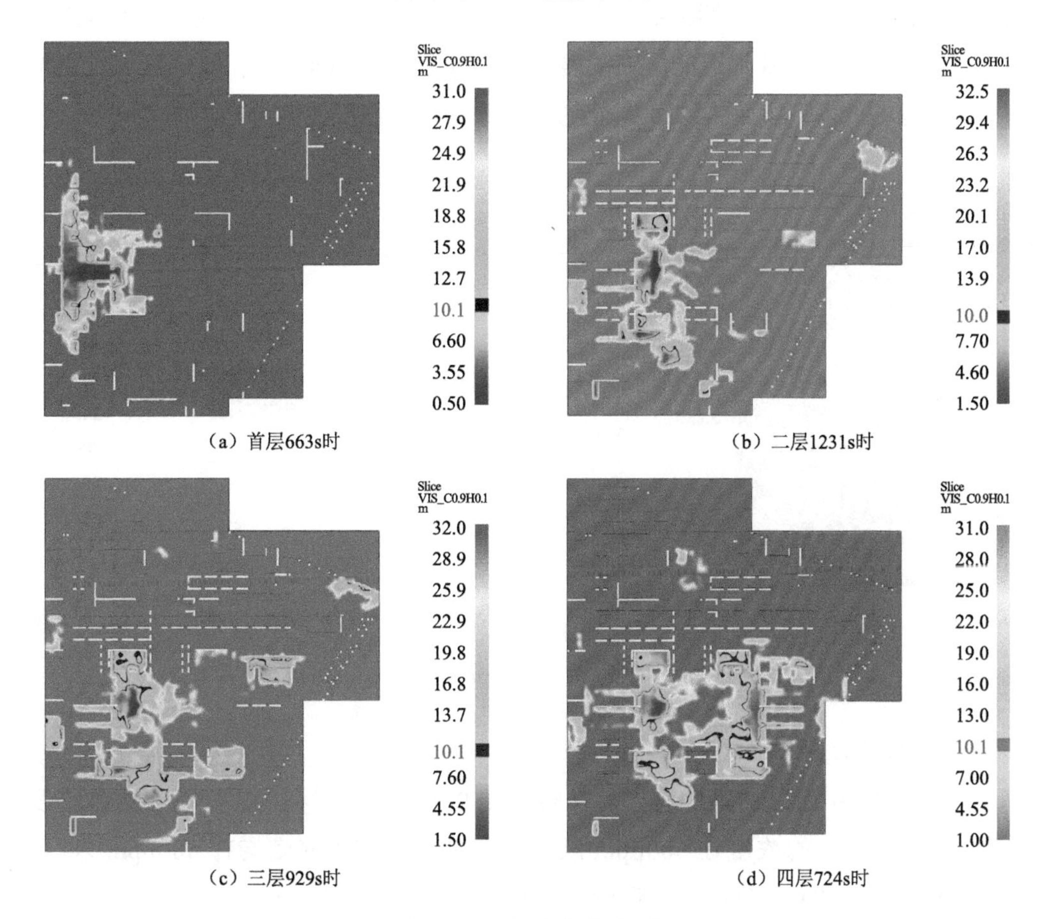

（a）首层663s时　（b）二层1231s时

（c）三层929s时　（d）四层724s时

图 7-8　能见度分布图

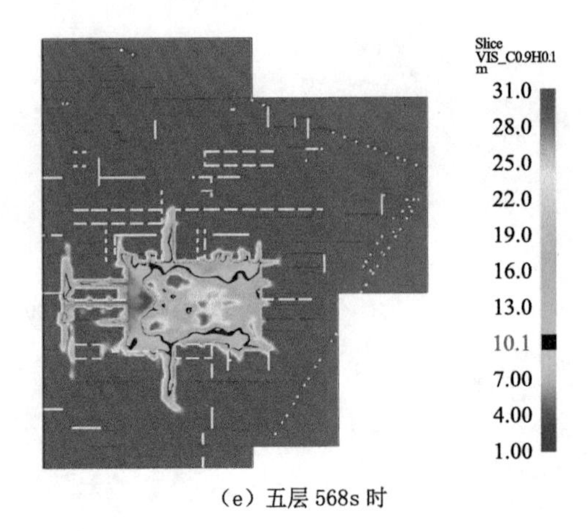

（e）五层 568s 时

图 7-8　能见度分布图（续）

（3）温度分布

从各层 2m 高处的温度图片（图 7-9）上可以清晰地看出，在整个 1800s 的模拟时间内，只有在火源附近的位置温度上升明显最高达到 470℃，其他区域的温度基本保持在 60℃以下。首层 2m 高处的温度分布以及温度竖向分布见图 7-9。

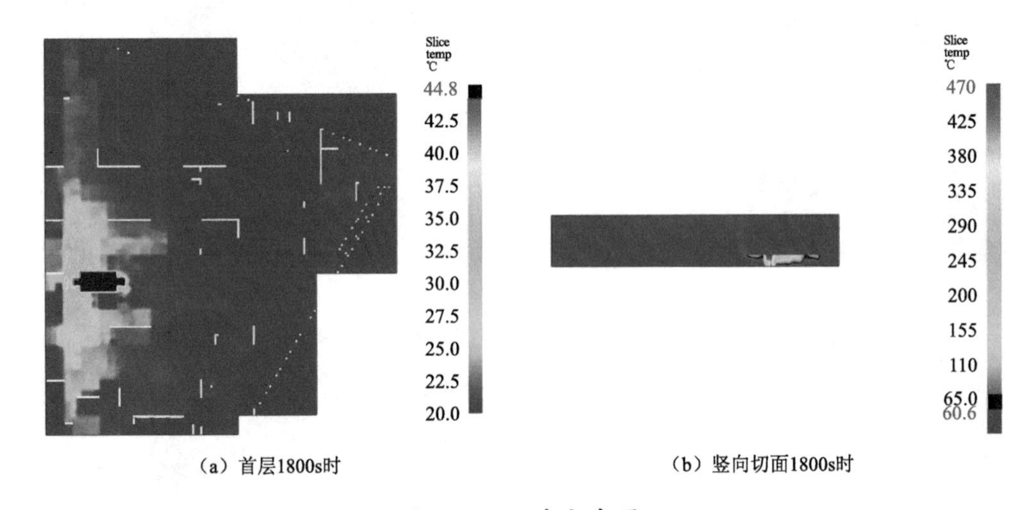

（a）首层1800s时　（b）竖向切面1800s时

图 7-9　温度分布图

（4）CO 浓度分布

从图 7-10 中可以清楚地看出，在整个 1800s 的模拟过程中，只有在火源点及其附近位置，CO 的浓度在 500ppm 以上，其他区域 CO 浓度均在 500ppm 以下。首层 2m 高处的 CO 浓度分布以及 CO 浓度竖向分布见图 7-10。

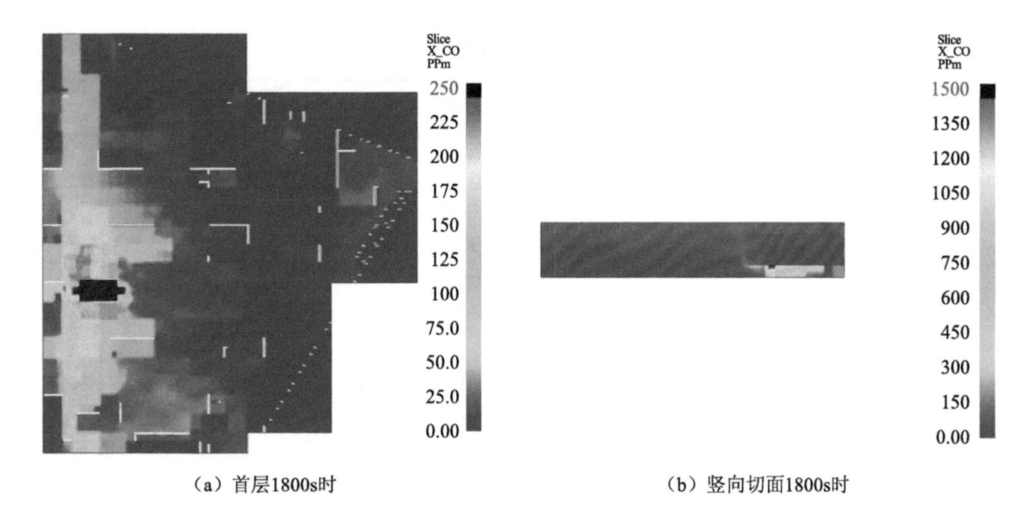

图 7-10　CO 浓度分布图

7.4.3.2　Pathfinder 模拟结果

由 Pathfinder 人员疏散模拟软件模拟出的时间结构，并不是商业综合体商场部分最终的疏散时间，还要考虑其他对疏散时间产生较大影响的因素。人员报警时间以及人员响应时间是计算最终时间必不可少的两项。在火灾发生的第一时间，建筑内部的火警系统通过广播以及警铃等手段向建筑内部人员进行火灾警报，这一阶段所需要的时间为报警时间；人们听到报警之后的瞬间到采取疏散措施所需要的时间为人员响应时间。因此，最终必要疏散时间计算公式如下（公式 7.1）

$$T_{RSET}=T_A+T_R+T_M \tag{7.1}$$

式中：T_{RSET}——必要疏散时间；

T_A——报警时间；

T_R——人员响应时间；

T_M——人员疏散行走时间。

商业综合体商场部分设有自动报警系统，因此对火灾报警时间（T_A）取值为 60s；商业综合体商场部分设有广播系统，因此人员响应时间（T_R）取值为 120s；人员的疏散行走时间（T_M）通过模拟计算得出。

根据上一小节的模拟，火灾产生的烟气在设置的火源点处充满整个店铺后向外部扩散，并在中庭处向顶棚蔓延，利用疏散模拟软件对场景模拟计算，得出人员疏散行动时间见表 7-13。

人员疏散行动时间　表 7–13

疏散策略	疏散人数（人）	疏散行动时间（s）
整体疏散	25765	681.5

将模拟得到的疏散行动时间与报警时间和响应时间相加，得到最终的疏散时间，计算结果见表 7–14。

最终疏散时间　表 7–14

疏散策略	报警时间 T_A（s）	响应时间 T_R（s）	行动时间 T_M（s）	疏散时间 T_{RSET}（s）
整体疏散	60	120	681.5	861.5

对应 Pyrosim 中设置的火源位置，是商业综合体商场中心处中庭部位的商铺，由于商铺内商品燃烧导致烟气蔓延。根据上一节火灾模拟软件的模拟可以清晰地看出，当烟气布满整个商铺之后向中庭部分以及商铺周围扩散，明显地在大中庭部位产生出由上而下的扩散形势。将两个模拟软件模拟出的结果进行同一时间的平行对比，可以总结出烟气扩散的同时是否会对人员疏散造成影响。由表 7–13 可以看出全部人员进行安全疏散总共需要 681.5s，商业综合体商场部分各层人员安全疏散模拟结果分析如图 7-11：

从首层疏散模拟图（图 7–11）中可以清楚地总结出商业综合体商场首层部分的疏散情况：当人员安全疏散进行到 30s 时，疏散人员选择距离自己最近的消防安全出口进行安全疏散，在安全出口处呈现出人员聚集现象，并且能够安全疏散 3266 人；当疏散进行到 70s 时，首层的原有人员基本上疏散到建筑外部的安全区域；图示 200s、400s 时商业综合体商场部分其他楼层疏散人员疏散至疏散楼梯间、前室以及各个安全出口，能够在图中看出大多数前室、楼梯间、安全出口都发生了一定程度的拥挤。当疏散进行到 681.5s 时，可以看出商业综合体商场部分安全疏散 25765 人，全部人员疏散完成。

从二层疏散模拟图（图 7–12）中能够看出商业综合体商场二层部分的疏散情况：在 0s 时人员随机分布在商场二层的各个区域，疏散进行到 40s 时，二层人员已经向各个疏散楼梯间以及安全通道聚集，并且在楼梯间前室、安全通道的拐角处产生拥挤，此时商业综合体商场部分能够安全疏散 4567 人；当疏散进行到 100s 时，二层人员大多数已经到达能够提供疏散的楼梯间前室附近，并且有一部分人员已经通过西侧外部连廊疏散至安全区域，此时商业综合体商场部分能够安全疏

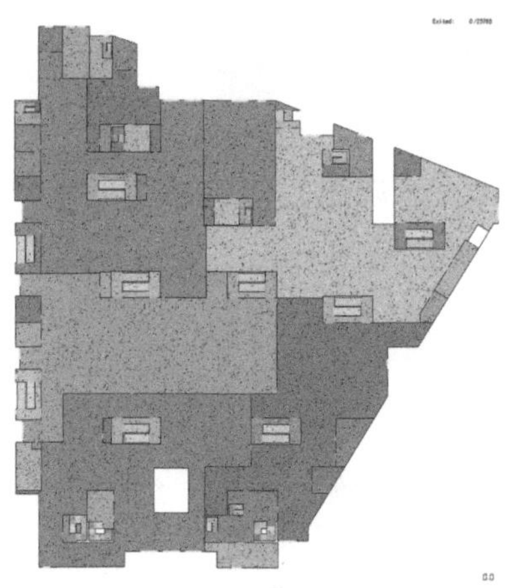

（a）疏散 0s 时

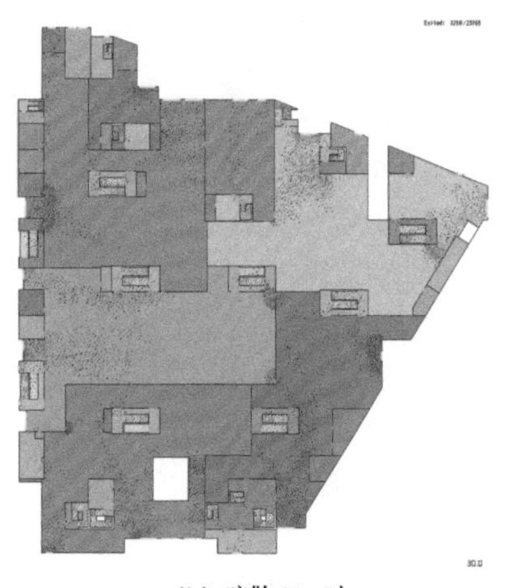

（b）疏散 30s 时

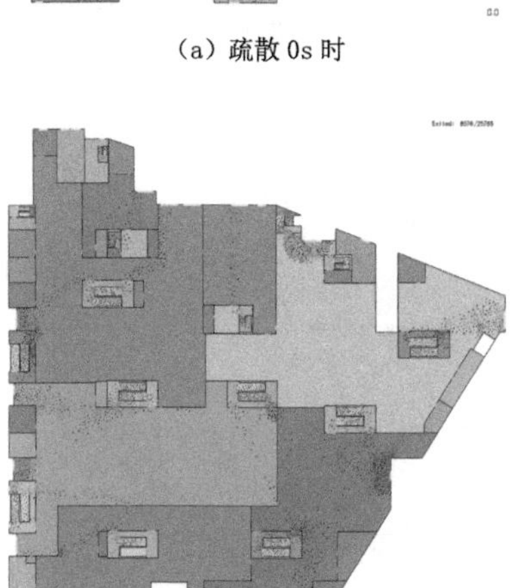

（c）疏散 70s 时

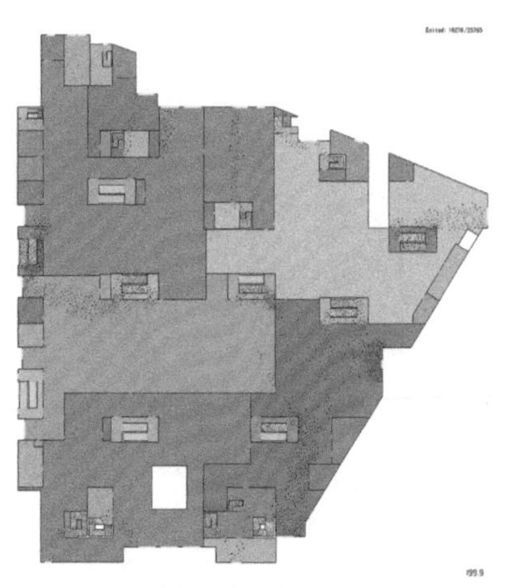

（d）疏散 200s 时

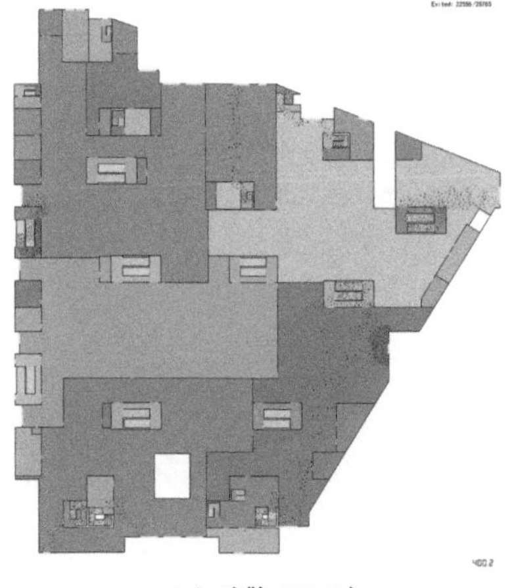

（e）疏散 400s 时

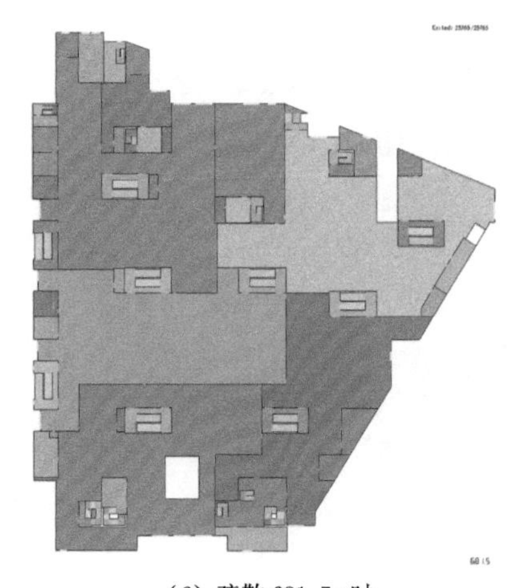

（f）疏散 681.5s 时

图 7-11　首层疏散情况

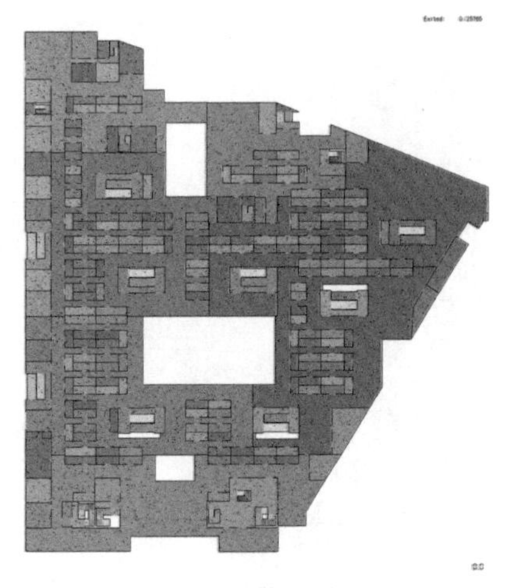

（a）疏散 0s 时

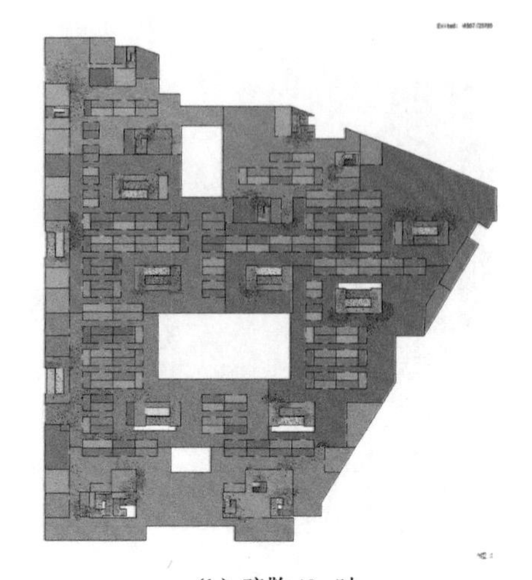

（b）疏散 40s 时

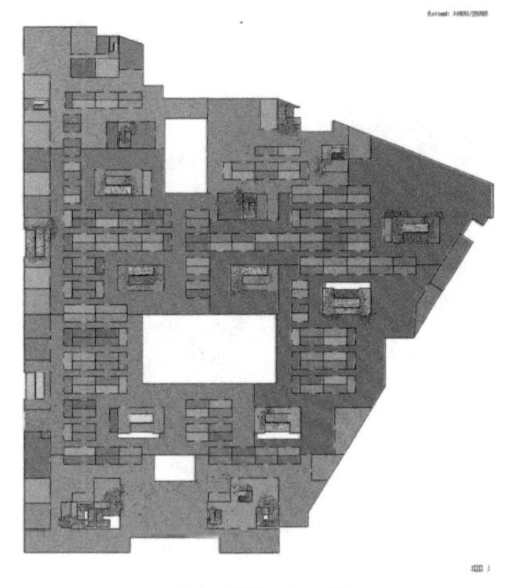

（c）疏散 100s 时

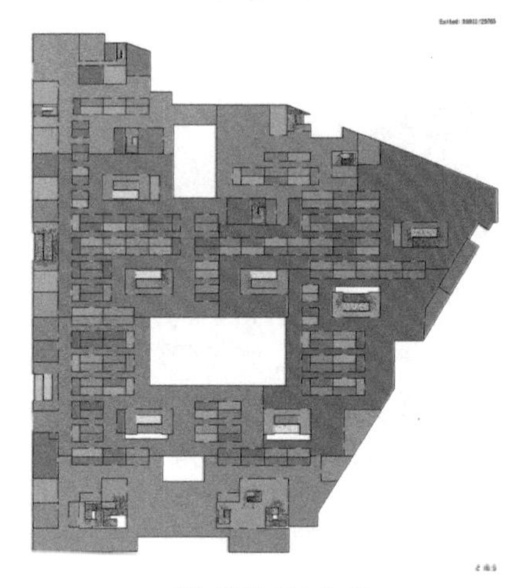

（d）疏散 216.5s 时

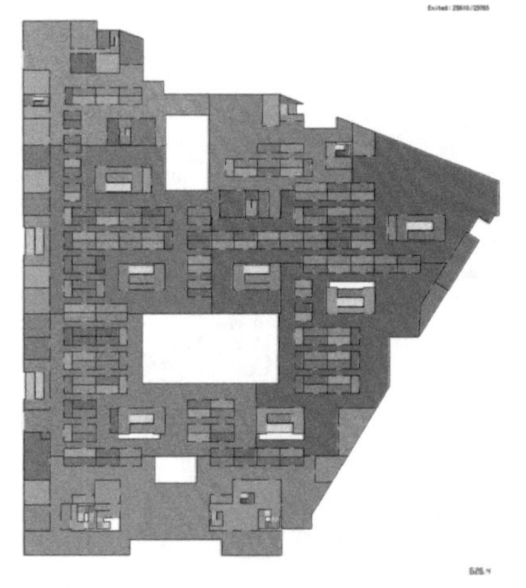

（e）疏散 626.4s 时

图 7-12　二层疏散情况

散 11631 人；当疏散进行到 216.5s 时，在二层的人员已经全部进入各个疏散楼梯前室部分；当疏散进行到 626.4s 时，二层人员以及从其他楼层进入二层楼梯间的人员已经疏散至首层，商场二层完成安全疏散，此时商业综合体商场部分能够安全疏散 25610 人。

从三层疏散模拟图（图 7-13）中能够看出商业综合体商场三层部分的疏散情况：当疏散时间达到 40s 时，三层原有人员向各个疏散楼梯间以及安全通道进行疏散移动，并在一些转角部位产生一定程度的拥挤现象；当疏散进行到 100s 时，三层人员大多数已经到达能够提供疏散的楼梯间前室附近，从模拟中同时能够看到一些人由于拥挤而向其他疏散楼梯进行移动；在疏散进行到 287.4s 时，三层的人员已经全部进入各个疏散楼梯的前室部分，在楼梯部位人员行动速度缓慢，产生了较为严重的拥挤现象，此时商业综合体商场部分能够安全疏散 19379 人；在 600.8s 时，三层人员以及从其他楼层进入三层楼梯间的人员已经疏散至二层以及首层，商场三层完成安全疏散，此时商业综合体商场部分能够安全疏散 25499 人。

从四层疏散模拟图（图 7-14）中能够看出商业综合体商场四层部分的疏散情况：当疏散进行到 40s 的时候，商场四层人员已经向各个疏散楼梯间、安全通道聚集，在部分区域出现拥挤现象；当疏散进行到 300s 的时候，四层人员大多数已经到达能够提供疏散的楼梯间前室附近，并在疏散楼梯间前室部分产生拥挤，导致疏散速度较为缓慢，并导致人员向其他疏散楼梯间移动疏散，此时商业综合体商场部分能够安全疏散 19842 人；当疏散进行到 463.4s 的时候，四层人员已经全部进入各个疏散楼梯的前室部分，可以从图中看出在部分疏散楼梯间出现人员密集拥挤的现象，此时商业综合体商场部分能够安全疏散 24009 人；当疏散进行到 580.2s 的时候，四层人员以及从商场五层进入四层楼梯间的人员已经疏散至三层、二层以及首层，商场四层完成人员安全疏散，此时商业综合体商场部分能够安全疏散 25410 人。

从图 7-15 五张疏散模拟图中能够看出商业综合体商场五层部分的疏散情况：当疏散进行到 40s 的时候，商场五层人员向各个疏散楼梯间、安全通道聚集，同样在一些转角部位、过道较窄部位出现拥挤现象；当疏散进行到 160s 的时候，五层人员大多数已经到达能够提供疏散的楼梯间前室附近，但是由于下面几层疏散造成的人员密集以及拥挤，导致商场五层人员疏散速度降低，此时商业综合体商场部分能够安全疏散 14692 人；当疏散进行到 243.3s 的时候，五层人员已经全部进入各个疏散楼梯的前室部分，并且大部分人员已经疏散至五层以下，此时商业综合体商场部分能够安全疏散 17886 人；当疏散进行到 567.2s 的时候，五层人员完全疏散至五层以下，商场五层完成人员安全疏散，此时商业综合体商场部分能够安全疏散 25349 人。

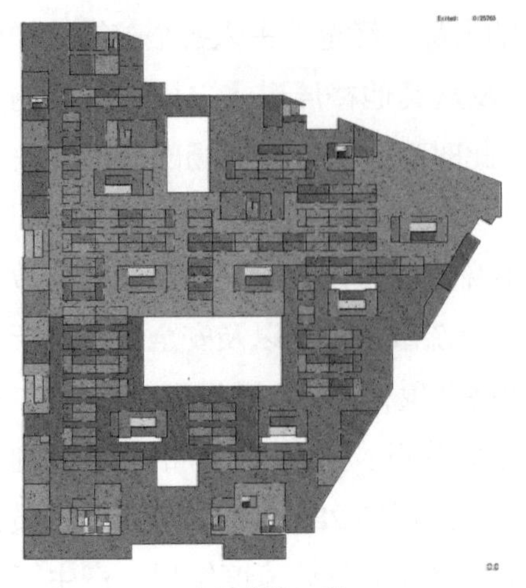

（a）疏散 0s 时

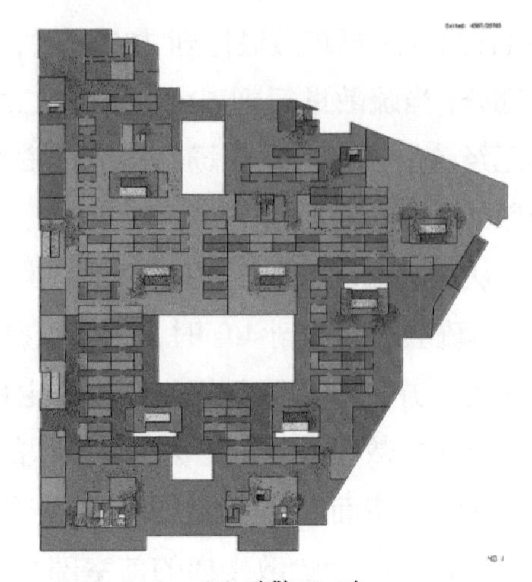

（b）疏散 40s 时

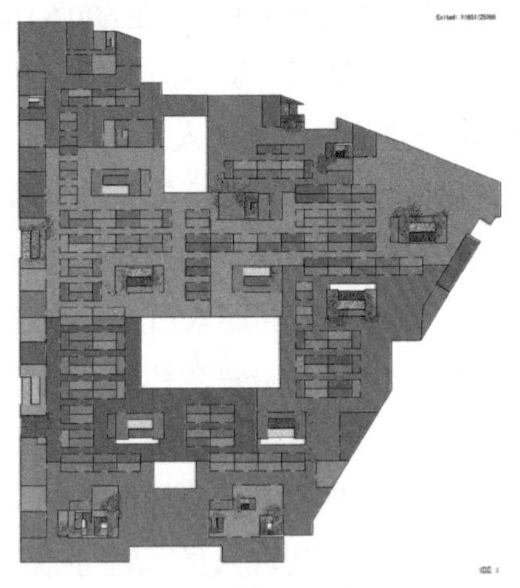

（c）疏散 100s 时

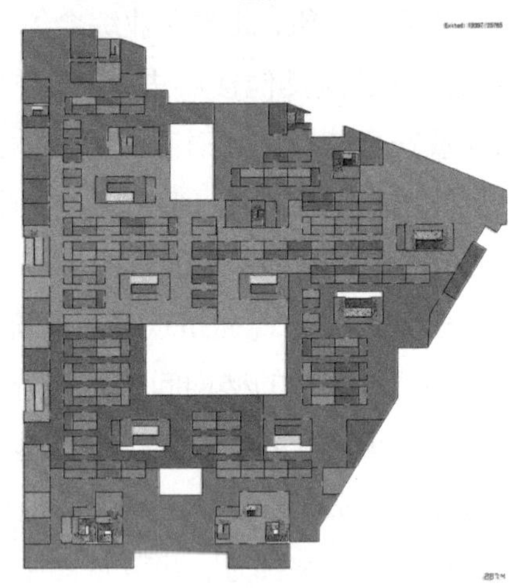

（d）疏散 287.4s 时

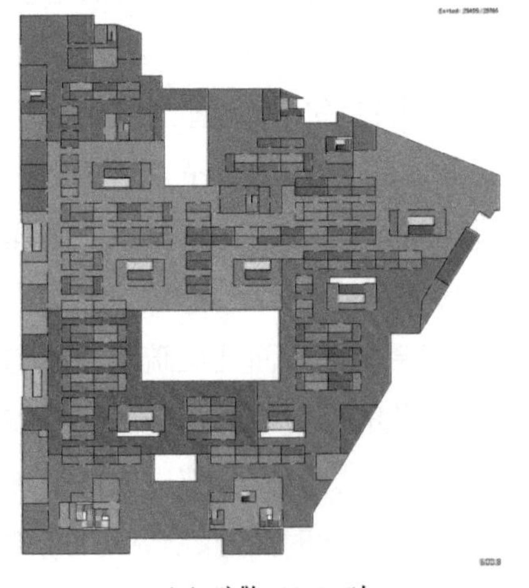

（e）疏散 600.8s 时

图 7-13　三层疏散情况

（a）疏散 0s 时

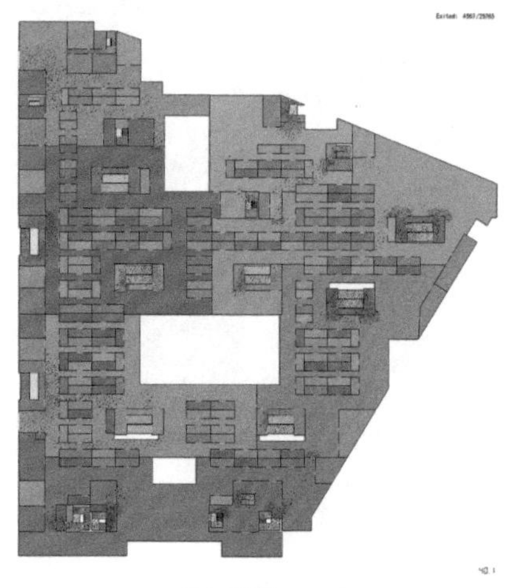

（b）疏散 40s 时

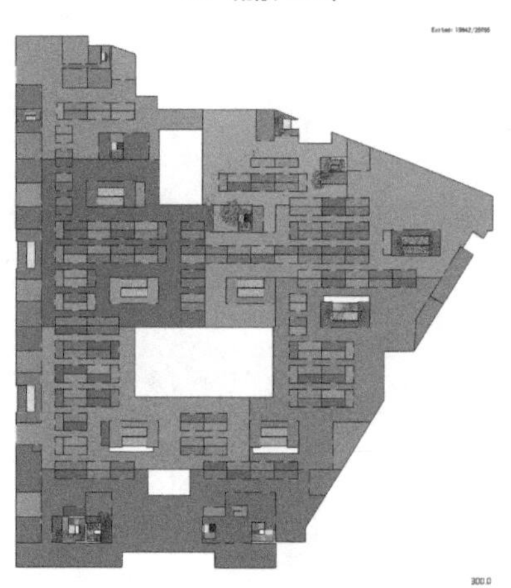

（c）疏散 300s 时

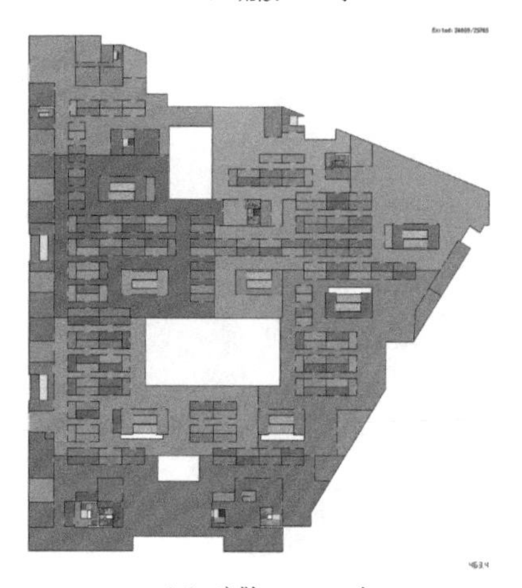

（d）疏散 463.4s 时

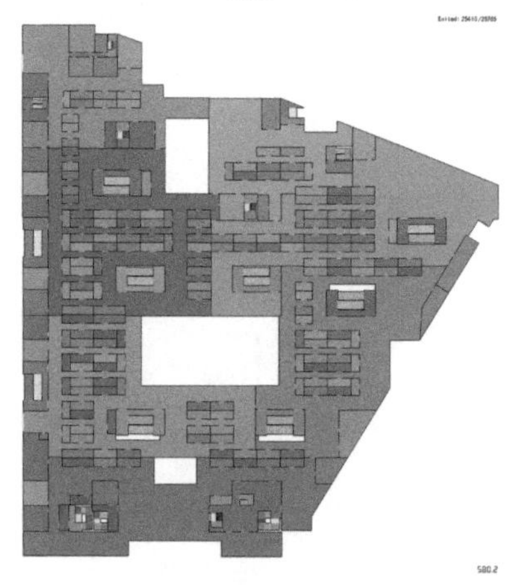

（e）疏散 580.2s 时

图 7-14 四层疏散情况

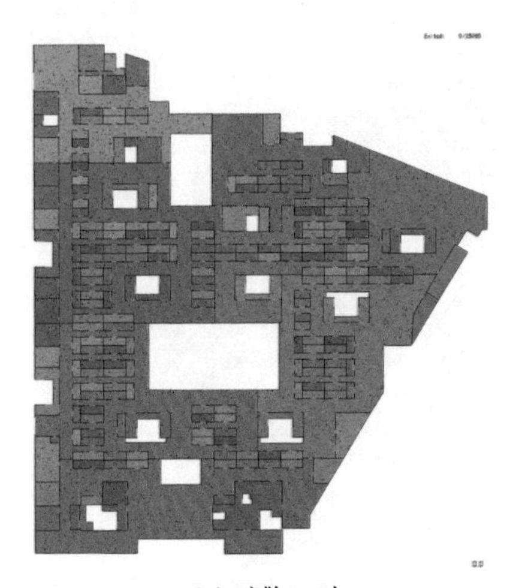

（a）疏散 0s 时

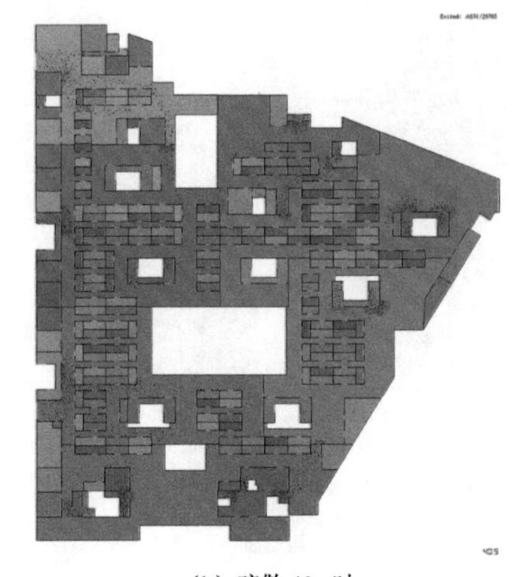

（b）疏散 40s 时

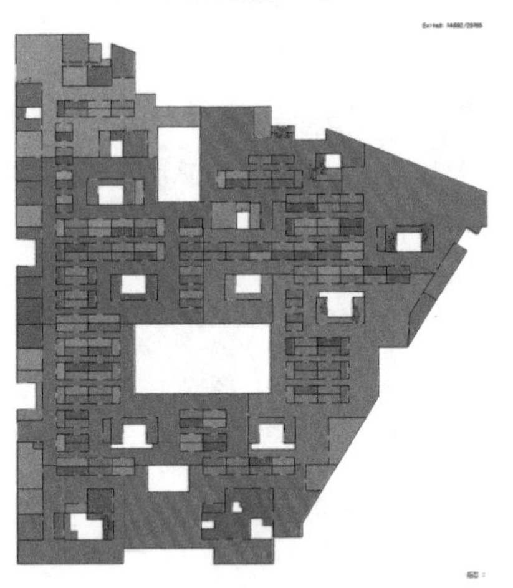

（c）疏散 160s 时

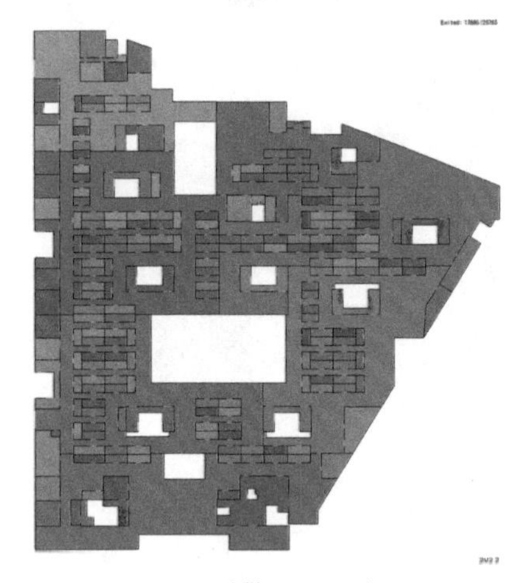

（d）疏散 243.3s 时

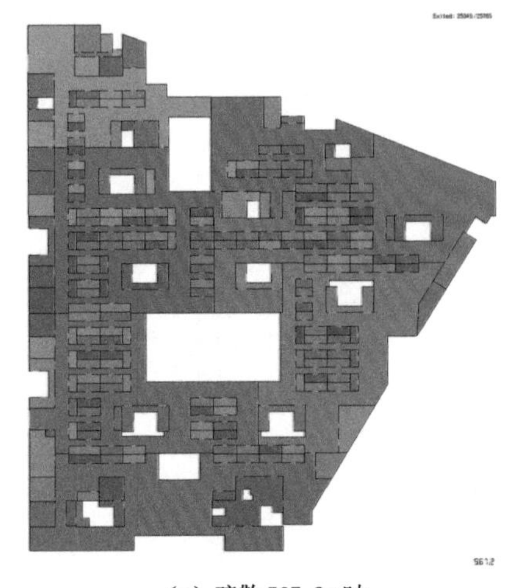

（e）疏散 567.2s 时

图 7-15　五层疏散情况

商业综合体商场部分的疏散模拟结果如下：

（1）商场五层全部人员进入疏散楼梯间前室所需的疏散时间为 567.2s。

（2）商场四层全部人员进入疏散楼梯间前室所需的疏散时间为 580.2s。

（3）商场三层全部人员进入疏散楼梯间前室所需的疏散时间为 600.8s。

（4）商场二层全部人员进入疏散楼梯间前室所需的疏散时间为 626.4s。

（5）商场首层全部人员全部疏散完毕的疏散时间为 681.5s。

7.4.3.3 模拟结果对比分析

通过 Pyrosim 火灾模拟软件与 Pathfinder 人员疏散模拟软件将火灾发生过程与人员疏散的全过程进行呈现，利用 Pyrosim 软件模拟得出的可用疏散时间和用 Pathfinder 软件模拟出的时间加上报警时间与人员响应时间计算得出的必要疏散时间进行对比，根据人员生命安全判断标准，并依照公式 7.2 对商业综合体商场部分进行安全评估：

$$T_{\mathrm{ASET}} \geqslant T_{\mathrm{RSET}} \tag{7.2}$$

式中：T_{ASET}——Pyrosim 软件模拟得出的可用疏散时间；

T_{RSET}——Pathfinder 软件模拟出的时间加上报警时间与人员响应时间计算得出的必要疏散时间。

将两者时间值数据进行比较，能够看出：当两个模拟数值出现 $T_{\mathrm{ASET}}<T_{\mathrm{RSET}}$ 时，表示商业综合体商场部分在火灾发生的整个过程中，使人员达到危险状况的临界时间值比必要疏散时间值大，表明在必要的疏散时间内，疏散人员不能全部逃离建筑到达安全区域，人员疏散系统存在安全隐患；当 $T_{\mathrm{ASET}}>T_{\mathrm{RSET}}$ 时，表示整个模拟过程中，商业综合体商场部分中的人员用来疏散的时间小于火灾使人员达到危险状况的临界时间，表明商业综合体商场部分内的所有疏散人员能够及时逃离建筑，抵达到安全区域，人员疏散系统是符合安全要求的。根据模拟计算得出的结果，得到商业综合体商场部分安全性判断表（表 7−15）。

通过对火灾烟气模拟与人员疏散模拟进行分析，可以得出当发生火灾后建筑内人员采取整体式疏散模式时，首层、四层以及五层都存在难以保证人员安全疏散的问题，在此火灾场景下不满足评判标准，人员没有足够的时间逃生。

对商业综合体商场部分的具体情况，通过火灾模拟软件对特定火灾场景进行模拟，对场景下的火灾发展与蔓延过程进行研究，再对人员的安全疏散进行模拟。将模拟结果进行对比分析，能够对商业综合体的火灾风险进行评估，从而找出现存的火灾风险与隐患。根据模拟结果图片可以看出，商业综合体商场部分内部具有多个直通室外安全出口的消防疏散楼梯。根据Pathfinder软件的模拟过程可以发现，当两个或多个直接通往疏散楼梯间或室外安全出口的位置过于相近时，容易使受困者发生拥挤和踩踏等危险事件，也会降低安全疏散的效率；各个防火分区之间的防火门与该分区内的外部安全出口相距太远时，对人员疏散同样有着不利的影响。由于商业综合体商场部分体量庞大，一些疏散楼梯在首层的出口设置在交通走道内，并不能直接通向室外，疏散人员需要步行通过交通走道内的公共区域才能到达室外的安全区域，使得中庭人员疏散距离超出规范要求。

安全性判断　　表 7–15

可用疏散时间 T_{ASET}（s）		疏散策略	必要疏散时间 T_{RSET}（s）	安全性判断
五层	568	整体疏散	747.2	不安全
四层	724		760.2	不安全
三层	929		780.8	安全
二层	1231		806.4	安全
首层	663		861.5	不安全

通过对商业综合体商场部分的火灾数值模拟与人员疏散模拟，由 Pyrosim 建立的火灾模型可以较为准确地模拟商业综合体商场部分发生火灾时的基本状况，能够反映出烟气蔓延的过程、温度分布的情况以及有害气体的浓度。由 Pathfinder 模拟得出的安全疏散时间，将两个模拟软件数据进行对比，可知商业综合体商场部分发生火灾时是存在安全隐患的，在下文的安全岛位置设计中会具体指出存在安全隐患的地方。

7.4.4　模拟结果的不确定性分析

两个软件对建筑进行模拟时会对一些情况、数据进行一定的假设和理想化，因此模拟结果可能是对极端状况下发生事件情况的数据分析。接下来对两个软件在模拟过程中可能会遇到的不确定因素进行优化分析，并提出改进策略。

（1）Pyrosim 软件对火灾成因不确定性的优化分析

商业综合体商场部分能够引发火灾的原因很多，可能会出现几处火灾同时发生的情况，在小概率上会有人为故意纵火的可能。

不确定性分析：在本书中，假设商业综合体商场部分发生火灾的地方仅有一处，不考虑多处发生的可能性，对极小概率发生的纵火以及恐怖袭击事件也忽略不计。

优化措施：在本书中考虑商业综合体商场部分在中庭旁边只发生一次火灾的情况，对于不确定性分析中发生的极小概率事件应当有另外的应急预案。本书重点考虑的是在商业综合体商场部分疏散能力最弱的防火分区内发生火灾时的人员疏散情况。

（2）Pathfinder 软件对疏散过程中不确定性的优化分析

利用 Pathfinder 软件的模拟结果来计算建筑内人员疏散所需的时间，同样会对下列情况进行简化理想设置：当人员性别相同时设置参数是完全一致的，不存在性别相同之上的个体差异；人员会对最终疏散出口进行选择，而且会向不拥挤的疏散出口移动；每个人都会疏散到建筑外，并不存在被困以及伤亡的可能性，人员密度较大时仅仅会影响移动速度，并不会发生踩踏等危险事件。以上所列举的都是理想状态下的情况，当火灾实际发生时是不会如此理想化的，因此存在一定的不确定性。Pathfinder 软件进行参数设置时采用的是相对安全保守策略，同时对不确定因素也进行了考虑，这些不确定因素具体表现如下：

① 建筑内人员对建筑的熟悉程度存在差异

不确定性分析：熟悉建筑物的人员能够做出最快的反应，找出对自己来说容易逃生的路径；反之，不熟悉建筑的人员在火灾发生时往往会发生折返现象，向着原来的路径逃生，因为这部分人员只熟悉原来前进的路线。

优化措施：可以安排一定数量的工作人员进行培训，当火灾发生时对疏散人员进行引导，帮助人员进行逃生。

② 不同人群警惕性不同

不确定性分析：商业综合体商场部分人员对火灾的警惕性并不高，但是人员警惕性会对早期疏散产生影响，警惕性越强，越能快速地进行人员疏散。性别、年龄、学历等因素都会影响到人们的警惕性，警惕性越高的人往往会做出越理智的选择。

优化措施：在经过模拟后对人员的预警时间与采取行动的时间进行了考虑与设置，这也是对警惕性这一不确定因素采取的应对措施。

③ 个体差异导致活动能力存在差异

不确定性分析：在性别方面，男性与女性相比活动能力更强，行走速度更快。在年龄方面，老人活动能力是受限的，行走速度也会相应地降低；小孩的活动能力较强，但是他们的行走速度比成人更慢。人员密度也会对速度产生影响，密度越大行走速度越慢，密度越小行走速度越快。

优化措施：在本书中进行人员疏散模拟时，针对男性、女性、老人以及儿童等人群进行了不同速度参数的设置，正是因为考虑到不同人群速度不同这一重要影响因素。

7.5 基于模拟结果的安全岛设计

利用 Pathfinder 软件对商业综合体商场部分进行火灾疏散模拟，对疏散人群的拥堵情况进行分析，然后进行具体的安全岛位置设计。通过模拟可以看出各层的防火分区都出现了一定程度的疏散拥挤情况，正确设计安全岛就是最大限度为疏散人员提供暂时安全的躲避空间。

根据人流密度热图可以明显看出，商业综合体商场部分各层在疏散初期（图 7−16），建筑内部人员随机分散到各层不同商铺、不同位置，人员随机分布不对排队等拥挤现象进行考虑。当模拟到 44s 时（图 7−17），1−5 层大部分疏散楼梯间都出现了人员拥挤情况，在图中用红圈表示每层不同的拥挤部分，在火灾发生仅 44s 的时候人们已经迅速地做出疏散动作，并向不同的疏散楼梯、安全出口聚集，造成拥堵现象。每张图片的右侧彩色矩形是密度颜色参照表，当人流密度发生动态变化的时候，在人流密度热图中所表现出来的颜色也会产生相应的变化。当颜色趋近暖色调的时候（顶端为红色），则表示疏散中的人流密度较大；当颜色趋向冷色调的时候（底端为蓝色），则表示疏散中的人流密度较小。当模拟疏散进行到 44s 的时候，大部分疏散楼梯间都出现了最顶端的红色，人流密度大于 3 人 /m²，使得疏散进行缓慢。

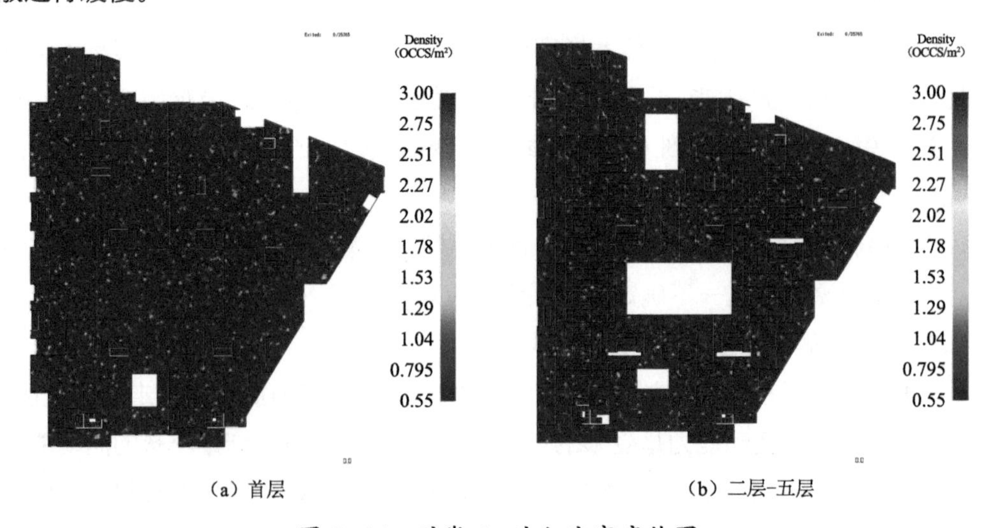

(a) 首层　　(b) 二层-五层

图 7−16　疏散 0s 时人流密度热图

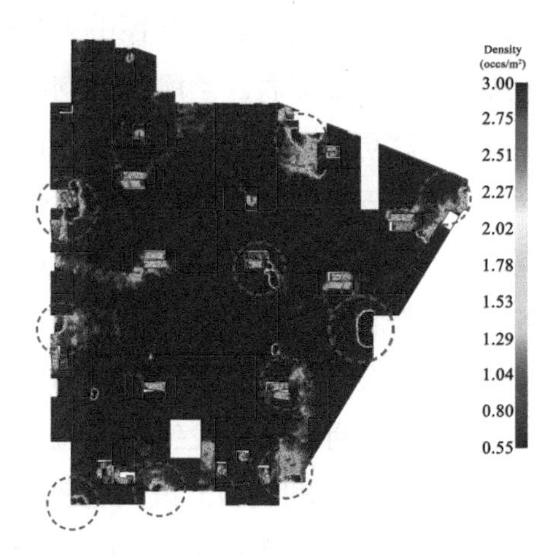

（a）首层疏散 44s 时

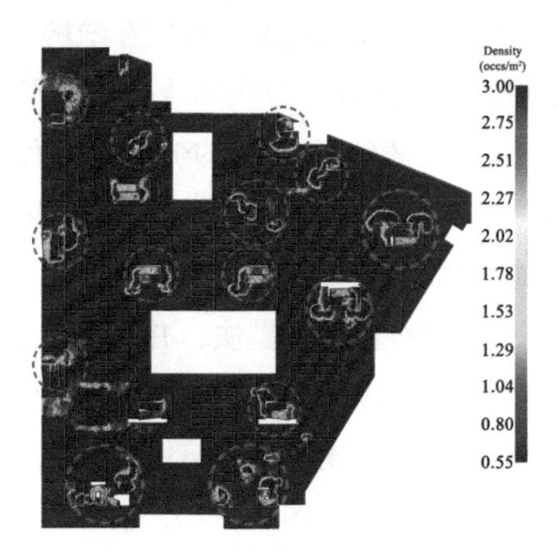

（b）二层疏散 44s 时

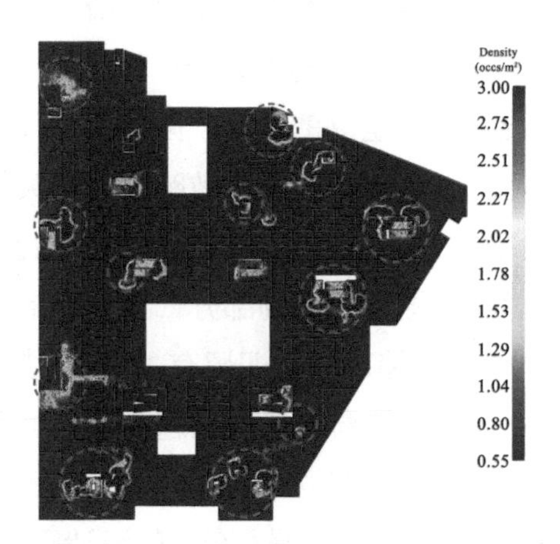

（c）三层疏散 44s 时

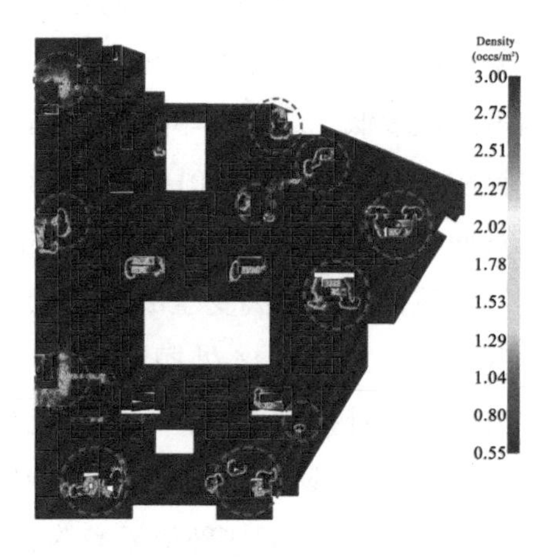

（d）四层疏散 44s 时

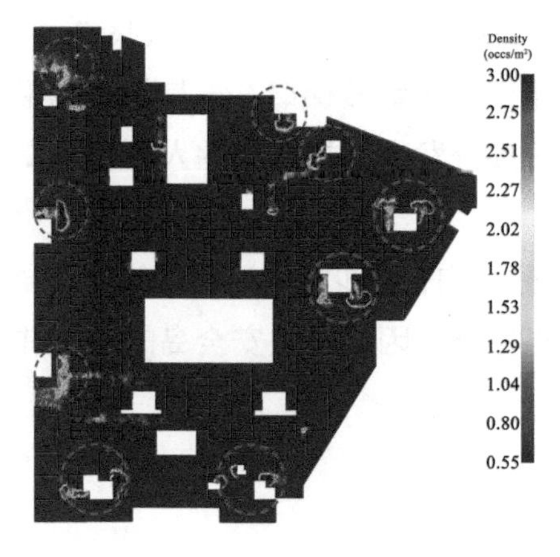

（e）五层疏散 44s 时

图 7-17 商场各层疏散 44s 时人流密度热图

商业综合体商场部分各层在疏散至 44s 时，首层至五层的各层平面图的人员疏散速度见图 7-18，每张图片的右侧是人员疏散速度颜色参照表。当颜色趋向冷色时（底端为蓝色），人员的疏散速度为 0m/s，在各个楼层的疏散楼梯与安全出口位置都出现了拥挤堵塞，使得人员疏散速度变得缓慢甚至停止。当颜色趋向暖色时（顶端为红色），人员的疏散速度最快，当疏散人员距离疏散楼梯间、安全出口越远时，人员疏散速度越快，并且不会造成拥挤堵塞，疏散较为顺利。

因此，可以根据各层平面的拥挤情况与疏散速度变化情况进行各层安全岛位置设计。由于上述分析商场部分一层至五层大部分的人员拥堵都是发生在人流密度热图红圈内区域（图 7-17），也是疏散楼梯与安全出口附近的区域。进入疏散楼梯间以及通过安全出口的人员视为到达安全区域。拥堵在疏散楼梯间门口以及安全出口附近的疏散人员则处于危险区域。拥堵人群主要处在人流密度图中疏散楼梯间外部红色区域（人员密度 >3 人 /m^2）、人流速度图中人员速度为冷色的区域（人员疏散速度很低，几乎为零时），正是应该重点使用安全岛的人群。因此根据《建筑设计防火规范》GB 50016—2014（2018 年版）5.5.17 对安全疏散距离的相关规定，直通室外的门设置在离楼梯间 15m 以内。在安全岛位置设计时借鉴这一数值，将拥堵位置控制在距离安全岛的门 15m 以内。商业综合体商场部分二至五层的防火分区一致，二层有 14 处拥堵部位、三层有 12 处拥堵部位、四层有 11 处拥堵部位、五层有 9 处拥堵部位，由此可见除首层外，楼层越高拥堵部位越少。根据所标记的各层拥堵部位可以看出，随着楼层的降低，拥堵部位在上一楼层的基础上相应增加，因此针对拥堵部位最多的 2 层进行安全岛设计，根据安全岛的设计原则，相同位置的安全岛设计同样可以满足二层以上各层对安全岛的需求。对二层拥堵位置和距离安全岛门 15m 以内的可用位置以及二层防火分区进行绘制（图 7-19）。再结合建筑的 7 个防火分区布局，在 2-5 层平面的疏散楼梯口、与其他建筑相互连通的安全出口附近，进行安全岛设计，将一部分发生拥挤行为的人员引入安全岛（图 7-20）。

由于首层的安全出口较多，并且每个防火分区均有至少两个通向室外的安全出口，即使在首层设置安全岛也是将人员疏散至室外，因此设置安全岛的意义并不大，在首层不设置安全岛。

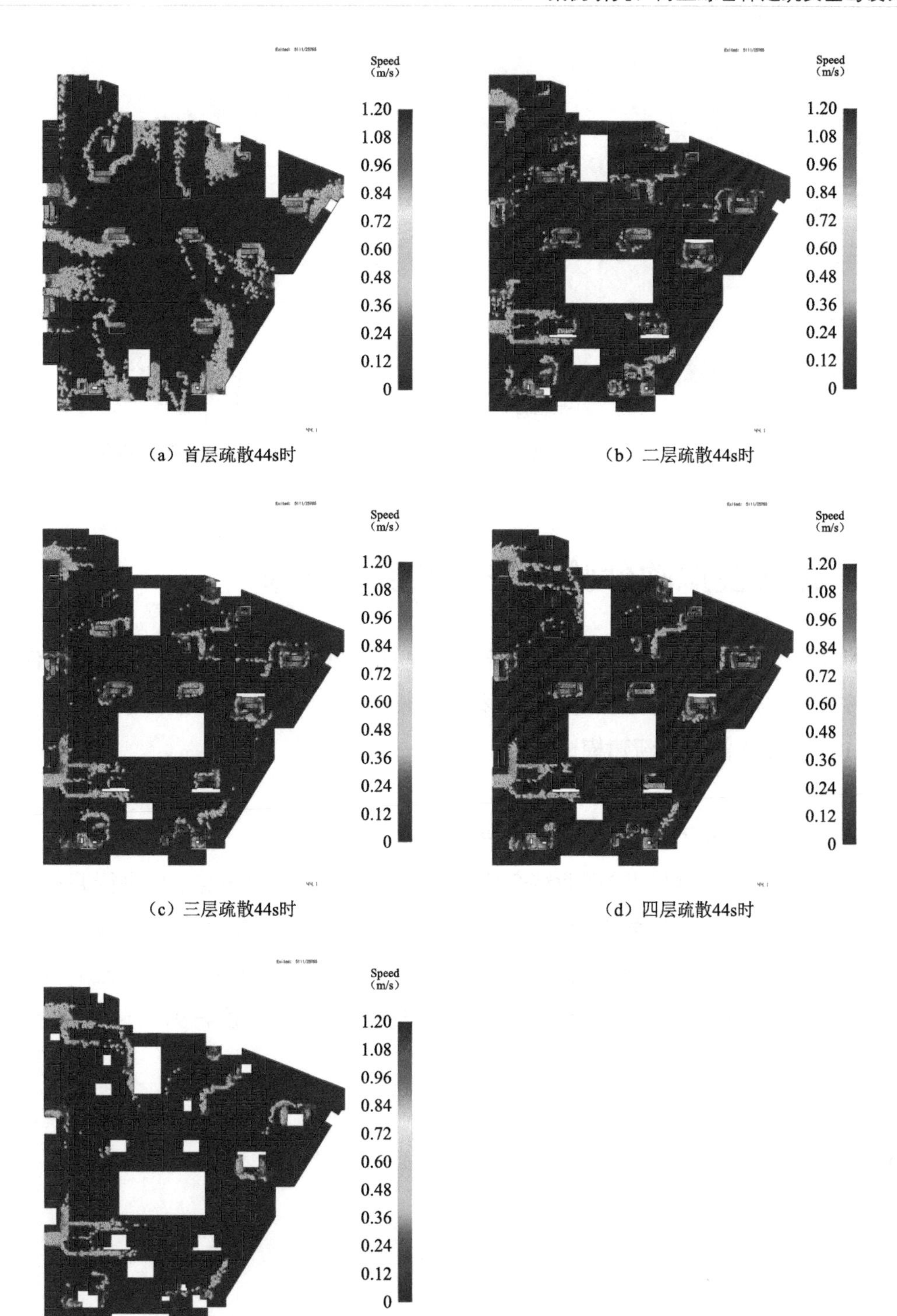

（a）首层疏散44s时

（b）二层疏散44s时

（c）三层疏散44s时

（d）四层疏散44s时

（e）五层疏散44s时

图 7-18　商场各层疏散 44s 时人流速度热图

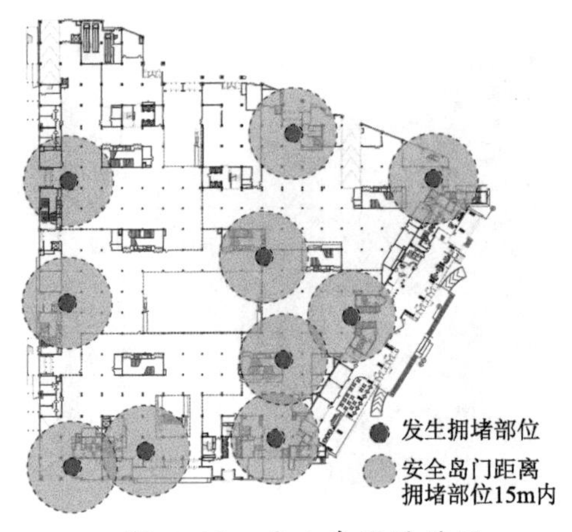

图 7-19　安全岛设计范围

图 7-20　二至五层安全岛位置

7.6　疏散模拟软件验证安全岛设计结果

根据已经得到的商业综合体商场部分安全岛的具体位置，在此基础上进行使用人数的计算与最小使用面积的计算，得到带有安全岛设计策略的商场平面图，最后在 Pyrosim 软件中重新建模进行模拟。

7.6.1　安全岛最小设计面积计算

针对上文已经总结出的商业综合体商场各层防火分区内的安全岛进行编号，由于每层疏散人数换算系数不同，即使二至五层安全岛位置相对应，面积也会存在大小差异。为了便于每层安全岛面积计算，二层的安全岛编号为 2-1 至 2-9，三层的安全岛编号为 3-1 至 3-9，四层的安全岛编号为 4-1 至 4-9，五层的安全岛编号为 5-1 至 5-9（图 7-21）。

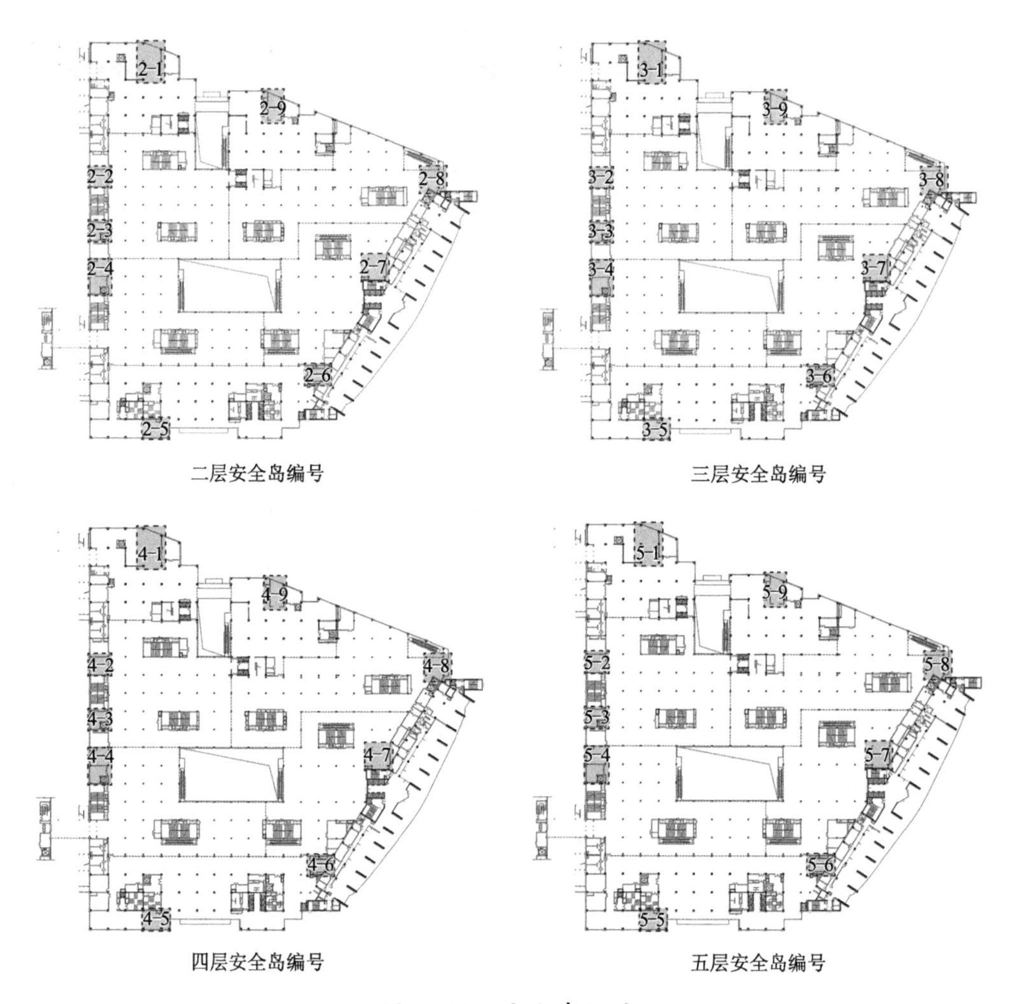

二层安全岛编号　三层安全岛编号

四层安全岛编号　五层安全岛编号

图 7-21　安全岛编号

根据公式 4.2、4.3、4.4，计算各层各个防火分区内安全岛需求人数与最小设计面积（表 7-16）。

各层各个安全岛需求人数与最小面积　表 7-16

楼层	编号	所在防火分区面积（m^2）	疏散人数（人）	需求人数（人）	安全岛面积（m^2）
二层	2-1	2036	875	175	87.5
	2-2 与 2-3	3740	1608	321	160.5
	2-4	3056	1314	262	131
	2-5 与 2-6	3496	1503	300	150

续表

楼层	编号	所在防火分区面积（m²）	疏散人数（人）	需求人数（人）	安全岛面积（m²）
二层	2-7	2950	1268	253	126.5
	2-8	3612	1553	310	155
	2-9	1645	707	141	70.5
三层	3-1	2036	794	158	79
	3-2 与 3-3	3740	1458	291	145.5
	3-4	3056	1191	238	119
	3-5 与 3-6	3496	1363	272	136
	3-7	2950	1150	230	115
	3-8	3612	1408	281	140.5
	3-9	1645	641	128	64
四层	4-1	2036	610	122	61
	4-2 与 4-3	3740	1122	224	112
	4-4	3056	916	183	91.5
	4-5 与 4-6	3496	1048	209	104.5
	4-7	2950	885	177	88.5
	4-8	3612	1083	216	108
	4-9	1645	493	98	49
五层	5-1	2036	610	122	61
	5-2 与 5-3	3740	1122	224	112
	5-4	3056	916	183	91.5
	5-5 与 5-6	3496	1048	209	104.5
	5-7	2950	885	177	88.5
	5-8	3612	1083	216	108
	5-9	1645	493	98	49

7.6.2 疏散模拟软件验证

在原有的商业综合体商场部分的 Pathfinder 人员疏散模型中进行安全岛设置，带入安全岛需求人数和最小使用面积进行人员疏散模拟（图 7-22）。将每层各个编号的安全岛的位置设置为可供人员疏散的避难空间。虽然到达安全岛的人员没有逃离出建筑，但是在模拟软件中默认为到达避难区域即为安全。通过设置安全岛之后的人员疏散模拟，可以验证安全岛的设置大大提高了疏散效率，缩短了疏散时间（表 7-17）。商业综合体商场部分设置安全岛后各层人员的疏散时间如下：

（1）五层人员全部进入疏散楼梯间前室所需的疏散时间为 230.7s（图 7-22a）。

（2）四层人员全部进入疏散楼梯间前室所需的疏散时间为 280.7s（图 7-22b）。

（3）三层人员全部进入疏散楼梯间前室所需的疏散时间为 288s（图 7-22c）。

（4）二层人员全部进入疏散楼梯间前室所需的疏散时间为 349.7s（图 7-22d）。

（5）首层人员全部疏散完毕的时间为 462s（图 7-22e）。

设置安全岛前后疏散时间对比　　表 7-17

楼层位置	报警时间（s）	响应时间（s）	无安全岛必要疏散时间（s）	有安全岛必要疏散时间（s）	减少疏散时间（s）
五层	60	120	747.2	410.7	45%
四层	60	120	760.2	460.7	39%
三层	60	120	780.8	468	40%
二层	60	120	806.4	529.7	34%
首层	60	120	861.5	642	26%

根据对商业综合体商场部分设置安全岛后的人员疏散模拟，可以明显看出二层至五层的疏散时间比未设置安全岛时的疏散时间减少 34% 以上，人员疏散的总时间减少 26%。通过模拟验证安全岛能够缓解人员拥挤所导致的疏散缓慢，有效地减少疏散时间。

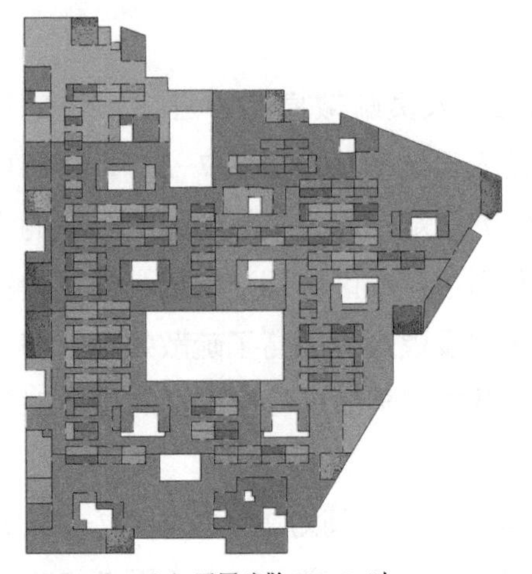

（a）五层疏散 230.7s 时

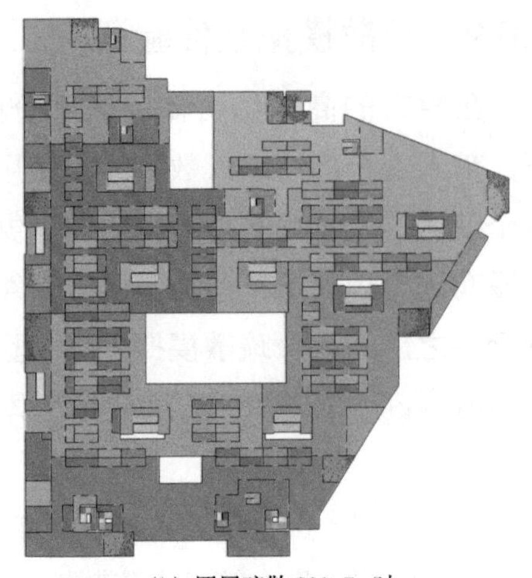

（b）四层疏散 280.7s 时

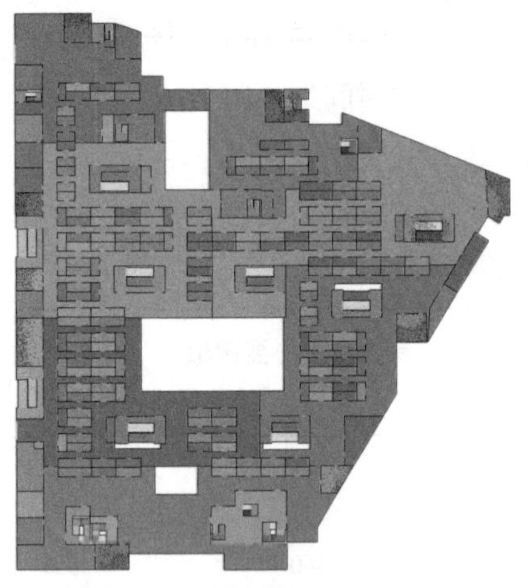

（c）三层疏散 288s 时

（d）二层疏散 349.7s 时

（e）首层疏散 462s 时

图 7-22　设置安全岛后疏散时间

7.7　本章小结

本章通过建筑火灾仿真工程软件Pyrosim与人员应急疏散仿真工程软件Pathfinder，对实际项目商业综合体商场部分进行数字化模拟分析，提出了安全岛的防火策略，以及防火安全性、疏散诱导性、易达性、整体易救性、经济适用性及平灾结合性的安全岛设计原则。在这些原则的基础上对安全岛位置进行选取，对安全岛的使用人数、安全岛面积大小进行计算确定。再通过Pathfinder软件对设置安全岛后的商业综合体商场部分进行模拟验证，得出安全岛的设置将整体疏散时间缩短，证明安全岛具有实际效果。

附　　录

全国范围的部分既有建筑调查表　　　　表 1

编号	工程名称	建设年代	使用性质	面积	层数	地址	改造年代	备注
001	阜新蒙古族自治县政府大楼	1978	公共建筑	3000m^2	地上 5 层	辽宁省阜新市阜新区民族街	—	—
002	洪山南路引福楼	1990	居住建筑	1500m^2	地上 6 层	安徽省淮北市相山区洪山街	2000	—
003	大石桥市火车站	1956	公共建筑	8000m^2	地上 2 层	辽宁省大石桥市正兴街	2005	古旧公共建筑
004	义兴市图书馆	1955	公共建筑	1314m^2	地上 2 层 / 地下 1 层	贵州省义兴市沙井区	1990	—
005	沈阳蒸汽机车博物馆	1984	公共建筑	1.13hm^2	地上 3 层	辽宁省沈阳市铁西区重工北街	2006	见证了世界铁路的发展和工业革命的文明
006	国航老办公楼	1952—1954	公共建筑	2.3hm^2	地上 5 层	北京市朝阳区机场路 1 号	2009	属于新中国成立初期建筑，北京最早的航站楼，现为国航客舱服务办公楼
007	通辽实验中学	1968	公共建筑	6hm^2	地上 9 层 / 地下 1 层	内蒙古通辽市科尔沁区昆都大街	2004	—
008	桂园居民楼	1985	公共建筑	351m^2	地上 7 层	广东省佛山市南海区桂城街桂园 47 座	—	—
009	遵义市图书馆	1951	公共建筑	600m^2	地上 1 层	贵州省遵义市	1985	此图书馆曾名为“毛泽东图书馆”
010	辽沈战役纪念馆	1960	公共建筑	13.35hm^2	—	辽宁省锦州市凌河区	2001	纪念战役 缅怀故人
011	民乐县洪水镇叶官小学	1989	公共建筑	140m^2	地上 1 层	甘肃省张掖市民乐县	—	—

续表

编号	工程名称	建设年代	使用性质	面积	层数	地址	改造年代	备注
012	中山大厦	1984—1989	公共建筑	3.24hm²	地上22层/地下2层	辽宁省沈阳市和平区中山路	—	不仅是一个城市地标，更是一个时代的象征
013	白天鹅宾馆	1983	公共建筑	11hm²	地上28层	广东省广州市荔湾区沙面南街	—	岭南建筑文化精神与现代建筑技术完美结合，新中国现代主义建筑经典
014	辽宁工业展览馆	1960	公共建筑	33000m²	地上3层	辽宁省沈阳市和平区彩塔	2005	已经形成沈阳市乃至辽宁省、东北地区的产品展示、宣传、销售中心
015	丹东市帝丹高中	1990	公共建筑	5hm²	地上12层/地下2层	辽宁省丹东市东港区	2013	—
016	广州天河体育馆	1987	公共建筑	2.56hm²	地上1层	广东省广州市	—	—
017	沈阳市第二十中学	1956	公共建筑	3000m²	地上4层/地下1层	辽宁省沈阳市和平区南京南街	—	抗日时期日本建立伪满洲女子高中
018	沈阳市图书馆	1946	公共建筑	4hm²	地上6层/地下2层	辽宁省沈阳市沈河区青年街	1991	—
019	城市小区	1990	居住建筑	3hm²	地上8层	辽宁省葫芦岛市龙港区	—	—
020	东湖公园	1960	公共建筑	5000m²	地上5层	辽宁省盘锦市大洼区新华街	1990	—
021	大洼火车站	1949	公共建筑	1600m²	地上3层	辽宁省盘锦市大洼区	—	—
022	曹杨二村改建项目	1950	居住建筑	—	地上6层/地下1层	上海市普陀区武宁路	1980—2010	新中国成立以来国家的第一人民新村
023	政府居民区	1950—1960	居住建筑	5000m²	地上6层	天津市河西区泰山街	2002	原河北省政府家属院，八个苏式居民区，有很高的文化价值
024	大连港十五库	1890	公共建筑	26065m²	地下1层	辽宁省瓦房店	2007	大连市第三批重点保护单位

续表

编号	工程名称	建设年代	使用性质	面积	层数	地址	改造年代	备注
025	韩家大院	1960	公共建筑	$500m^2$	地上1层	辽宁省沈阳市法库县孟家乡韩家大院	—	原是居住建筑，现改为政府单位办公
026	沈阳基督教东关教会	1979	公共建筑	$2830m^2$	地上2层	辽宁省沈阳市大东区东顺街三自巷八号	—	中国最古老、人数最多的教堂
027	中国革命历史博物馆	1959	公共建筑	$32500m^2$	地上3层/地下2层	北京市	—	—
028	中韩友谊桥	1950	公共建筑	$3000m^2$	地上1层	辽宁省丹东市振兴区	—	连接中韩友谊
029	雷锋纪念馆	1970	公共建筑	—	地上1层	辽宁省抚顺市望花区	2000	展出雷锋同志生前物品
030	长春松苑宾馆	1986	公共建筑	$8hm^2$	地上7层	吉林省长春市	2005	—
031	大连理工大学宿舍楼	1949	公共建筑	—	地上5层	辽宁省大连市沙河口区	1972	建国时期的建筑风格
032	武汉大学樱花园	1949	公共建筑	—	地上4层	湖北省武汉市武昌区	2011	原为武汉大学宿舍，成为旅游景点
033	辽宁省东港市图书馆	1984	公共建筑	$2400m^2$	地上4层	辽宁省东港市新兴区银河街	2001	—
034	中央广播电视塔	1987—1992	公共建筑	$6hm^2$	—	—	—	—
035	沈阳火车站	1988	公共建筑	$3200m^2$	地上4层/地下1层	辽宁省沈阳市铁西区	2002	记载沈阳近代历史
036	普兰店市百货大楼	1980	公共建筑	$2000m^2$	地上5层	辽宁省大连市普兰店区商业街	2000	—
037	北京首都国际机场	1958	公共建筑	$1480hm^2$	地上4层/地下2层	北京市朝阳区首都机场街	2007	首都机场是中华人民共和国和北京联外主要的国际机场

续表

编号	工程名称	建设年代	使用性质	面积	层数	地址	改造年代	备注
038	贵阳火车站	1959	公共建筑	20852m^2	—	贵州省贵阳市南明区遵义街	—	—
039	丹东市书库楼	1976	居住建筑	9600m^2	地上6层	辽宁省丹东市振兴区六经街	—	原为书库，改为住宅
040	嘉峪关市飞机场	1953	公共建筑	280hm^2	地上1层	甘肃省嘉峪关市	2004	中国西北地区历史最悠久的机场
041	海滩鼓楼	1952	公共建筑	275m^2	地上3层	辽宁省盘锦市双台子区	—	原为住宅，现在改为参观景点
042	中国有色金属制造厂	1970	公共建筑	6000m^2	地上2层/地下1层	辽宁省葫芦岛市龙港区	—	—
043	青海省民和县高级中学教学楼	1987	公共建筑	2450m^2	地上3层	青海省民和南大街	—	民和县最早投入使用的教学楼
044	北陵电影院用房	1956	公共建筑	2000m^2	地上2层	辽宁省沈阳市皇姑区	1957	—
045	青岛老体育场	1970	公共建筑		地上2层	山东省青岛市	2001	
046	沈阳桃仙国际机场	1986	公共建筑	7hm^2	地上3层	辽宁省沈阳市东陵区	2009	沈阳桃仙国际机场在沈阳地区航空方面起着举足轻重的枢纽作用
047	临沂市老客运站	1975	公共建筑	—	地上1层	山东省临沂市	1998	—
048	鸡西市火车站	1981	公共建筑	—	地上2层	黑龙江省鸡西市恒山区	2007	虽建成多年，但仍较坚固，承担着本地全部铁路运输
049	洪山南路引福楼	1990	居住建筑	1500m^2	地上6层	安徽省淮北市相山区洪山街	2000	代表了20世纪90年代的经济发展历程
050	住宅	1982—1983	居住建筑	2030m^2	地上7层	辽宁省丹东市振兴区振南街20号	2003	屋顶轻微裂痕
051	大连人民文化俱乐部	1951	公共建筑	6000m^2	—	辽宁省大连市中山区	2008	展示国内外优秀艺术的重要窗口，城市文化形象的核心舞台

续表

编号	工程名称	建设年代	使用性质	面积	层数	地址	改造年代	备注
052	锦州市百货大楼	1952	公共建筑	2.8hm^2	地上5层	辽宁省锦州市凌河区中央大街二段67号	1998	—
053	贵阳金山寺	1984	公共建筑	—	—	贵州省贵阳市沙文乡阳尖坡街	近年	—
054	沈阳市燃气设计院	1950	公共建筑	6000m^2	地上2-3层	辽宁省沈阳市铁西区肇公北街	—	铁西老工业区遗址
055	临汾第一中学办公楼	—	公共建筑	800m^2	地上3层	山西省临汾市尧都区解放西街	2000—2010	百年老校的一部分
056	广西梧州白云江景大厦建设	八十年代	公共建筑	16537m^2	地上20层	广西壮族自治区梧州市万秀区西江二路	2000	梧州市第一座20层以上的高层建筑，是梧州当代酒店的鼻祖
057	上海展览中心	1955	公共建筑	8hm^2	地上3层	上海市静安区	2001	古俄罗斯风格，市人民代表大会、政治协商会议和政府工作会议举办场所
058	中国剧院	1984	公共建筑	11340m^2	地上3层/地下1层	北京市海淀区万寿司街	—	
059	皇姑区聋人学校	1958—1959	公共建筑	54600m^2	地上6层	辽宁省沈阳市皇姑区	2001	—
060	人民大会堂	1958—1959	公共建筑	17.18hm^2	—	北京市西长安街	2011	—
061	上海虹桥国际机场	1963	公共建筑	8.3hm^2	地上3层/地下1层	上海市长宁区虹桥街	1996	历史上曾为军用机场
062	北京市长安街友谊商场	1964	公共建筑	9000m^2	地上4层	北京市朝阳区长安街17号	2009	钢筋混凝土、钢结构组合楼，作为中国首家大型涉外零售企业
063	辽宁省水利厅大楼	1990	公共建筑	1hm^2	地上22层/地下2层	辽宁省沈阳市和平区五经街	2012	沈阳首批高层建筑

续表

编号	工程名称	建设年代	使用性质	面积	层数	地址	改造年代	备注
064	东北大学住宅楼	1980	居住建筑	1000m^2	地上 3 层	辽宁省沈阳市东陵区文化路	—	老宅
065	大洼化肥厂	1990	工业建筑	50m^2	地上 4 层 / 地下 2 层	辽宁省盘锦市三厂区新工街	2001	—
066	嘉峪关市飞机场	1953	公共建筑	—	地上 1 层	甘肃省嘉峪关市	2004	—
067	张家口住宅	1980	居住建筑	200m^2	地上 1 层	河北省张家口市宣化区庞家堡镇东风路 98 号	—	传统民居典型
068	住宅	1950	居住建筑	300m^2	地上 2 层	福建省宁德市蕉城区天湖东街	90 年代	保留了南方建筑的形式，是城市中的重要文脉
069	住宅	1980—1983	居住建筑	2030m^2	地上 7 层	江苏省扬州市邗江区文华街	2003	—
070	沈阳市和平区妇婴医院	1950	公共建筑	3000m^2	—	辽宁省沈阳市和平区南京南街	—	沈阳老医院之一
071	住宅	1980	居住建筑	3072m^2	地上 4 层	沈阳大东东顺街三自巷 12 号	—	中国 20 世纪 80 年代的典型建设单位
072	住宅	1980	居住建筑	2800m^2	地上 3 层	沈阳大东东顺街三自巷 16 号	—	—

太原市六城区三县一市各类房屋面积及所占比例统计表（单位：$\times10^4m^2$）　　表 2

县（市、区）名称	建筑总面积 (m^2)	住宅		学校						医院		文化娱乐科技用房		体育用房		长途汽车站		办公用房		其他	
				高等教育院校		中小学校（含中专、技校、职高）		幼儿园													
		面积 (m^2)	比例 (%)	面积 (m^2)	比例 (%)	面积 (m^2)	比例 (%)	面积 (m^2)	比例 (%)	面积 (m^2)	比例 (%)	面积 (m^2)	比例 (%)	面积 (m^2)	比例 (%)	面积 (m^2)	比例 (%)	面积 (m^2)	比例 (%)	面积 (m^2)	比例 (%)
小店区	1597.82	1394.2	87.26	13.26	0.83	38.67	2.42	4.62	0.29	14.6	0.91	4.27	0.27	1.98	0.12	0.8	0.05	44.19	2.77	81.24	5.08
迎泽区	1867.44	1332.6	71.36	15.35	0.82	84.332	4.52	37.81	2.02	38.43	2.06	62.25	3.33	8.89	0.48	13.35	0.71	232.6	12.46	41.83	2.24
杏花岭	1073.15	824	76.78			18.13	1.69	1.44	0.13	9.23	0.86	2.23	0.21	6.72	0.63	10.2	0.95	144.4	13.46	56.8	5.29
尖草坪	1694.732	1310.5	77.33	13.25	0.78	64.432	3.8	20.6	1.22	20.12	1.19	30.15	1.78	4.78	0.28	1.15	0.07	189.5	11.18	40.25	2.38
万柏林	1835.16	1288.8	70.23	87.73	4.78	37.23	2.03	3.3	0.18	5.57	0.3	9.26	0.5	9.47	0.52	0.7	0.04	211.9	11.55	181.2	9.87
晋源	273.647	146.57	53.53			15.36	5.61	1.749	0.64	2.624	0.96	1.152	0.42	0.872	0.32	0	0	43.2	15.79	62.12	22.7
古交市	327.1296	257.1	78.59			17.652	5.4	3.163	0.97	2.885	0.88	1.096	0.34	0.774	0.24	0.15	0.05	11.2	3.42	33.11	10.12
清徐县	274.665	155.73	56.7			44.78	16.3	1.936	0.7	4.567	1.66	1.096	0.4	4.57	1.66	1.569	0.57	15.02	5.47	45.4	16.53
阳曲县	98.7952	75.195	76.11			7.4375	7.53	0.932	0.94	1.254	1.27	0.544	0.55	0.36	0.36	1.1	1.11	9.056	9.17	2.917	2.95
娄烦县	80.9587	58.533	72.3	0.331	0.41	5.7373	7.09	0.045	0.06	1.046	1.29	0.285	0.35	0.15	0.19	0.1	0.12	13.63	16.84	1.097	1.36
本市合计	9123.504	6843.2	75.01	129.9	1.42	333.761	3.66	75.6	0.83	100.3	1.1	112.3	1.23	38.57	0.42	29.12	0.32	914.7	10.03	546	5.98

注：（1）住宅主要包括成套住宅、非成套住宅和集体宿舍（不含中小学宿舍）。

（2）高等教育院校主要包括各类大学、大专教学用房和学生宿舍。

（3）医院房屋主要包括各类医院、防疫站、妇幼保健院、卫生所等用房。

（4）文化娱乐科技用房主要包括文化馆、图书馆、展览馆、博物馆、纪念馆、影剧院、剧团、科技馆等房屋。

（5）体育用房主要包括体育场、馆、游泳馆等从事体育活动所用房屋。

（6）其他房屋主要包括工业、交通、仓储、商业、金融、信息、科研、涉外、宗教、监狱等所用房屋。

太原市六城区三县一市城市房屋按 1990 年后新建建筑、既有建筑分类统计表（单位：$\times10^4m^2$） **表 3**

县区	总面积 (m^2)	1990 年后新建建筑		既有建筑	
		面积 (m^2)	比例 (%)	面积 (m^2)	比例 (%)
小店区	1597.82	1092.184	68.35	505.636	31.65
迎泽区	1867.44	1077.778	57.71	789.662	42.29
杏花岭	1073.15	958.55	89.32	114.6	10.68
尖草坪	1694.732	1353.005	79.84	341.727	20.16
万柏林	1835.16	1528.45	83.29	306.71	16.71
晋源	273.647	188.156	68.76	85.491	31.24
古交市	327.1296	241.5629	73.84	85.5667	26.16
清徐县	274.665	189.3182	68.93	85.3468	31.07
阳曲县	98.7952	53.1326	53.78	45.6626	46.22
娄烦县	80.9587	62.0392	76.63	18.9195	23.37

太原市六城区三县一市城市住宅按 1990 年后新建建筑、既有建筑分类统计（单位：$\times10^4m^2$） **表 4**

县区	总面积 (m^2)	1990 年后新建建筑		既有建筑	
		面积 (m^2)	比例 (%)	面积 (m^2)	比例 (%)
小店区	1394.19	958.38	68.74	435.81	31.26
迎泽区	1332.6	732.18	54.94	600.42	45.06
杏花岭	824	783.5	95.08	40.5	4.92
尖草坪	1310.5	1124.8	85.83	185.7	14.17
万柏林	1288.8	1092.63	84.78	196.17	15.22
晋源	146.57	114.27	77.96	32.3	22.04
古交市	257.1	199.485	77.59	57.615	22.41
清徐县	155.73	117.53	75.47	38.2	24.53
阳曲县	75.1951	41.7776	55.13	33.4175	44.87
娄烦县	58.5334	41.2446	70.46	17.2888	29.54

太原市六城区三县一市办公楼按 1990 年后新建建筑、既有建筑分类统计表（单位：$\times 10^4 m^2$）　表 5

县区	总面积 (m^2)	1990 年后新建建筑		既有建筑	
		面积 (m^2)	比例 (%)	面积 (m^2)	比例 (%)
小店区	44.19	14.54	32.90	29.65	67.10
迎泽区	232.6	151.06	64.94	81.54	35.06
杏花岭	144.4	105.78	73.25	38.62	26.75
尖草坪	189.5	110.55	58.44	78.95	41.66
万柏林	211.86	181.96	85.99	29.9	14.11
晋源	43.2	10.75	24.88	32.45	75.12
古交市	11.2	4.327	38.63	6.873	61.37
清徐县	15.017	5.142	34.24	9.875	65.76
阳曲县	9.0564	2.2013	24.31	6.8551	75.69
娄烦县	13.6338	13.1302	96.31	0.5036	3.69

太原市六城区三县一市高校校舍按 1990 年后新建建筑、既有建筑分类统计表（单位：$\times 10^4 m^2$）　表 6

县区	总面积 (m^2)	1990 年后新建建筑		既有建筑	
		面积 (m^2)	比例 (%)	面积 (m^2)	比例 (%)
小店区	13.26	8.624	65.04	4.636	34.96
迎泽区	15.35	10.75	70.03	4.6	29.97
杏花岭	0	0	0	0	0
尖草坪	13.25	8.65	65.28	4.6	34.72
万柏林	87.73	86.33	98.40	1.4	1.6
晋源	0	0	0	0	0
古交市	0	0	0	0	0
清徐县	0	0	0	0	0
阳曲县	0	0	0	0	0
娄烦县	0.3313	0.2131	64.32	0.1182	35.68

太原市六城区三县一市中小学校舍房屋按 1990 年后新建建筑、既有建筑分类统计表（单位：$\times 10^4 m^2$） **表 7**

县区	总面积 (m^2)	1990 年后新建建筑		既有建筑	
		面积 (m^2)	比例 (%)	面积 (m^2)	比例 (%)
小店区	38.67	25.19	65.14	13.48	34.86
迎泽区	84.332	43.66	51.77	40.672	48.23
杏花岭	18.13	13.68	75.46	4.45	24.54
尖草坪	64.432	33.92	52.64	30.512	47.36
万柏林	37.23	9.05	24.31	28.18	75.69
晋源	15.36	12.13	78.97	3.23	21.03
古交市	17.652	16.0467	90.91	1.6053	9.09
清徐县	44.78	27.14	60.61	17.64	39.39
阳曲县	7.4375	5.8511	78.67	1.5864	21.33
娄烦县	5.7373	5.2718	91.89	0.4655	8.11

太原市六城区三县一市幼儿园按 1990 年后新建建筑、既有建筑分类统计表（单位：$\times 10^4 m^2$） **表 8**

县区	总面积 (m^2)	1990 年后新建建筑		既有建筑	
		面积 (m^2)	比例 (%)	面积 (m^2)	比例 (%)
小店区	4.62	2.31	50.00	2.31	50.00
迎泽区	37.812	35.82	94.73	1.992	5.27
杏花岭	1.44	1.44	100	0	0
尖草坪	20.6	18.725	90.90	1.875	9.1
万柏林	3.3	2.1	63.64	1.2	36.36
晋源	1.749	1.168	66.78	0.581	33.22
古交市	3.1626	1.333	42.15	1.8296	57.85
清徐县	1.936	1.5885	82.05	0.3475	17.95
阳曲县	0.9315	0.3774	40.52	0.5541	59.48
娄烦县	0.045	0	0	0.045	100

太原市六城区三县一市医院按 1990 年后新建建筑、既有建筑分类统计表（单位：$\times10^4m^2$） 表 9

县区	总面积	1990 年后新建建筑		既有建筑	
		面积 (m^2)	比例 (%)	面积 (m^2)	比例 (%)
小店区	14.6	9.87	67.60	4.73	32.40
迎泽区	38.43	34.408	89.53	4.022	10.47
杏花岭	9.23	8.97	97.18	0.26	2.82
尖草坪	20.12	16.00	79.52	4.12	20.48
万柏林	5.57	4.64	83.30	0.93	16.70
晋源	2.624	2.107	80.30	0.517	19.70
古交市	2.885	0.3499	12.13	2.5351	87.87
清徐县	4.567	3.7815	82.80	0.7855	17.20
阳曲县	1.2539	0.9197	73.35	0.3342	26.65
娄烦县	1.0463	0.9322	89.09	0.1141	10.91

太原市六城区三县一市文化娱乐科技用房按 1990 年后新建建筑、既有建筑分类统计表（单位：$\times10^4m^2$） 表 10

县区	总面积 (m^2)	1990 年后新建建筑		既有建筑	
		面积 (m^2)	比例 (%)	面积 (m^2)	比例 (%)
小店区	4.27	3.27	76.58	1	23.42
迎泽区	62.25	28.58	45.91	33.67	54.09
杏花岭	2.23	1.08	48.43	1.15	51.57
尖草坪	30.15	14.5	48.09	15.65	51.91
万柏林	9.26	2.78	30.02	6.48	69.98
晋源	1.152	0.671	58.25	0.481	41.75
古交市	1.096	0.4763	43.46	0.6197	56.54
清徐县	1.096	0.4763	43.46	0.6197	56.54
阳曲县	0.5438	0.3709	68.21	0.1729	31.79
娄烦县	0.2851	0.1531	53.70	0.132	46.3

太原市六城区三县一市体育用房按 1990 年后新建建筑、既有建筑分类统计表（单位：$\times 10^4 m^2$）　表 11

县区	总面积 (m^2)	1990 年后新建建筑		既有建筑	
		面积 (m^2)	比例 (%)	面积 (m^2)	比例 (%)
小店区	1.98	1.48	74.75	0.5	25.25
迎泽区	8.89	3.09	34.76	5.8	65.24
杏花岭	6.72	3.12	46.43	3.6	53.57
尖草坪	4.78	2.66	55.65	2.12	44.35
万柏林	9.47	3.77	39.81	5.7	60.19
晋源	0.872	0.513	58.83	0.359	41.17
古交市	0.774	0.574	74.16	0.2	25.84
清徐县	4.57	3.6725	80.36	0.8975	19.64
阳曲县	0.36	0.25	69.44	0.11	30.56
娄烦县	0.15	0.08	53.33	0.07	46.67

太原市六城区三县一市长途汽车站房屋建筑按 1990 年后新建建筑、既有建筑分类统计表（单位：$\times 10^4 m^2$）　表 12

县区	总面积 (m^2)	1990 年后新建建筑		既有建筑	
		面积 (m^2)	比例 (%)	面积 (m^2)	比例 (%)
小店区	0.8	0.5	62.50	0.3	37.50
迎泽区	13.35	12.5	93.63	0.85	6.37
杏花岭	10.2	5.08	49.80	5.12	50.20
尖草坪	1.15	0.23	20.00	0.92	80.00
万柏林	0.7	0.2	28.57	0.5	71.43
晋源	0	0	0	0	0
古交市	0.15	0.05	33.33	0.1	66.67
清徐县	1.569	0.7834	49.93	0.7856	50.07
阳曲县	1.1	0.3	27.27	0.8	72.73
娄烦县	0.1	0	0	0.1	100

太原市六城区三县一市其他用房按 1990 年后新建建筑、既有建筑分类统计表（单位：$\times 10^4 m^2$） 表 13

县区	总面积 (m^2)	1990 年后新建建筑		既有建筑	
		面积 (m^2)	比例 (%)	面积 (m^2)	比例 (%)
小店区	81.24	68.02	83.73	13.22	16.27
迎泽区	41.83	25.73	61.51	16.1	38.49
杏花岭	56.8	35.9	63.20	20.9	36.80
尖草坪	40.25	22.97	57.07	17.28	42.93
万柏林	181.24	144.99	80.00	36.25	20.00
晋源	62.12	46.547	74.93	15.573	25.07
古交市	33.11	18.921	57.15	14.189	42.85
清徐县	45.4	29.204	64.33	16.196	35.67
阳曲县	2.9171	1.0846	37.18	1.8325	62.82
娄烦县	1.0965	1.0142	92.49	0.0823	7.51

临汾市城区既有建筑房屋结构类型面积及所占比例统计表 表 14

	1980 年以前（m^2）	1980 年 –1990 年（m^2）	既有建筑（m^2）	比例 (%)
砖木结构	171644	145026.7	316670.7	8.43
砖混（现浇）	317171.9	2308813.9	2625985.8	69.94
砖混（预制）	36598.7	503934.43	540533.13	14.40
框架	11190.9	260028.9	271219.8	7.23
合计	536605.5	3217803.93	3754409.43	100

忻府区所调查既有建筑房屋结构类型面积及所占比例统计表 表 15

	砖混结构房屋	多层钢筋混凝土房屋	内框架和底层框架房屋	单层钢筋混凝土柱厂房	单层空旷、砖柱厂房及土木石墙房屋	既有建筑
建筑面积（m^2）	1013658.32	83294.73	104569.18	47222.71	43561.73	1292306.67
所占比例 (%)	78.44	6.45	8.09	3.65	3.37	100.00

参考文献

[1] 建筑技术政策纲要(1996-2010年)[J]. 施工技术，1998(01):3-10.

[2] 住房和城乡建设部. 中国建筑技术政策[M]. 北京：中国城市出版社，2013.

[3]《国家综合防灾减灾规划(2016—2020年)》具体内容[J]. 中国减灾，2017,294(03):30-35.

[4] 住房和城乡建设部. 地震灾后建筑鉴定与加固技术指南[M]. 北京：中国建筑工业出版社，2008.

[5] 陈婷婷. 现有建筑结构抗震鉴定及加固设计研究[D]. 北京工业大学，2012.

[6] 杨熹微. 建筑危房的加固技术SRF: 日本确保“生存空间”的抗震结构探索[J]. 时代建筑，2009,105(01):54-57.

[7] 罗福午，张惠英，杨军. 建筑结构概念设计及案例[M]. 北京：清华大学出版社，2003.

[8] 董衡苹. 东京都地震防灾计划：经验与启示[J]. 国际城市规划，2011(03):105-110.

[9] 黄莺. 公共建筑火灾风险评估及安全管理方法研究[D]. 西安建筑科技大学，2009.

[10] 马宗晋，张业成，高庆华，等. 灾害学导论[M]. 湖南人民出版社，1998.

[11] 田启祥. 钢筋混凝土框架结构抗连续倒塌设计方法对比及性能校验[D]. 重庆大学，2010.

[12] 梁益，陆新征，缪志伟，叶列平. 结构的连续倒塌：规范介绍和比较[A]. 中国力学学会. 第六届全国工程结构安全防护学术会议论文集[C]. 河南洛阳：中国力学学会，2007.201-206.

[13] Sobaih, M.E., Nazif, M. A. *A proposed methodology for seismic risk evaluation of existing reinforced school buildings*[J]. *HBRC Journal*, 2012, 8(3):204-211.

[14] 范维澄，崔锷，陈莉等. 建筑火灾综合模拟评估在大空间建筑火灾中的初步应用[J]. 中国科学技术大学学报，1995(04):479-485.

[15] 韩新，沈祖炎，曾杰，等. 大型公共建筑防火性能化评估方法基本框架研究[J]. 消防科学与技术，2002(02):6-12.

[16] 伍爱友，肖国清，蔡康旭. 建筑物火灾危险性的模糊评价[J]. 火灾科学，2004(02):99-105+60.

[17] 寇丽平. 人员密集场所风险评估理论与标准化方法研究 [D]. 中国地质大学（北京）, 2008.

[18] 褚冠全. 基于火灾动力学与统计理论耦合的风险评估方法研究 [D]. 中国科学技术大学, 2007.

[19] 郑红梅, 谢大勇.《北京奥运工程性能化防火设计与消防安全管理》正式出版发行 [J]. 消防科学与技术, 2009(06): 472.

[20] Wood, Peter G. *The behaviour of people in fires*[J]. *Fire Safety Science*, 1972, 953: 1.

[21] 张树平. 建筑火灾中人的行为反应研究 [D]. 西安建筑科技大学, 2004.

[22] 阎卫东, 梁清山, 陈宝智. 火灾情况下疏散心理和行为在不同层次起点学生中的差别研究 [J]. 中国安全科学学报, 2006(03): 8-11+146.

[23] 张培红, 陈宝智. 火灾时人员疏散的行为规律 [J]. 东北大学学报, 2001(01): 54-56.

[24] Pita, G. L., Francis, R., Liu Z., et al. *Statistical Tools for Populating/Predicting Input Data of Risk Analysis Models*[C]// International Symposium on Uncertainty Modeling & Analysis & Management. 2011.

[25] 阎卫东, 陈宝智, 钟茂华. 建筑物火灾时人员疏散时间模型研究 [J]. 中国安全生产科学技术, 2006(02): 19-23.

[26] 肖国清, 陈宝智, 王浩, 等. 行为矫正法在建筑火灾安全中的应用研究 [J]. 中国安全科学学报, 2003(02): 28-30.

[27] 唐方勤. 基于 GIS 的火灾场景下人员疏散模拟 [D]. 清华大学, 2009.

[28] 徐磊青, 甄怡, 汤众. 商业综合体上下楼层空间错位的空间易读性——上海龙之梦购物中心的空间认知与寻路 [J]. 建筑学报, 2011(S1): 165-169.

[29] 徐磊青, 黄波, 汤众. 格式塔空间中空间差异对寻路和方向感的影响 [J]. 同济大学学报（自然科学版）, 2009, 37(02): 148-154.

[30] 邹志翀. 大型公共建筑火灾逃生环境风险测度与导航路径优化 [D]. 哈尔滨工业大学, 2009.

[31] 汪金辉. 建筑火灾环境下人员安全疏散不确定性研究 [D]. 中国科学技术大学, 2008.

[32] 高天长. 建筑设计防火规范中的疏散问题辨析 [J]. 山西建筑, 2012, (20): 1-2.

[33] 崔恺. 统一的、公平的"安全岛" [J]. 城市环境设计, 2009(02): 158-159.

[34] 万修梁. 关于地下建筑设置安全岛的构思 [J]. 消防科技, 1997(02): 38-39.

[35] 叶溥泗. 住宅房屋的抗震与安全岛 [J]. 天津建设科技, 2002(03): 29-30.

[36] 吴凤, 邓军, 沈奕辉. 浅谈大型地下商场安全岛的设置 [J]. 中国安全科学学报, 2004(08): 74-77+1.

[37] 苗陆伊. 多重灾害下既有老旧公共建筑安全岛设计策略 [D]. 沈阳建筑大学, 2015.

[38] 高建民. 地下商店"安全区"的消防设计探讨 [J]. 消防科学与技术, 2006(05): 655-657.

[39] 解少伟，张晔．家用安全屋舱体结构的仿真与优化 [J]. 机械研究与应用，2017, 30(03)：14-17.

[40] 刘少丽．城市应急避难场所区位选择与空间布局 [D]. 南京师范大学，2012.

[41] 汪鑫，吕萧．武汉应急避难场所空间分布特征及需求分析 [J]. 中外建筑，2013(03)：42-45.

[42] 曾光．寒地城市社区防灾空间设计研究 [D]. 哈尔滨工业大学，2010.

[43] 王江波．我国城市综合防灾规划编制方法研究 [D]. 同济大学，2006.

[44] James S. Bennett. *A systems approach to the design of safe-rooms for shelter-in-place*[J]. *Building Simulation*, 2009,（01）:41-51.

[45] 建筑设计防火规范 GB 50016—2014（2018 年版）[S]. 北京：中国计划出版社，2018.

[46] 司戈．从 NFPA101《生命安全规范》看国际通行规范关于人员聚集场所安全疏散的基本观点 [J]. 消防技术与产品信息，2005（01）:54-57.

[47] 张宏鹤，王晋波．高层建筑避难间设置探讨 [J]. 消防科学与技术，2012（10）:1057-1060.

[48] 赫双龄．超高层建筑避难层（间）规范化防火设计 [J]. 吉林建筑工程学院学报，2014,31(02):55-58.

[49] 冯琎．避难层消防设计探讨 [J]. 消防科学与技术，2013,32(08):868-870.

[50] 王希光．从智利矿难想到高层建筑设立避难间的可行性 [J]. 科技创新导报，2011(22):30.

[51] 郝玉春．设置避难层（间）的消防设计初探 [J]. 中国建筑金属结构，2013(20):201.

[52] 张新萍．避难区域性能化设计在建筑安全疏散中的应用 [J]. 消防科学与技术，2008(03):197-199.

[53] 建筑抗震设计规范 GB 50011—2010（2016 年版）[S]. 北京：中国建筑工业出版社，2016.

[54] 姚攀峰，王立伟，石路也，刘建飞．对抗规 7.3.8 条的探讨及地震避难单元的设置 [J]. 建筑结构学报，2011 (01):282-284.

[55] 曹娜．地震避难单元：人类生命的保险箱 [N]. 中华建筑报，2009-05-21 (11)55.

[56] 李建敏，吴尤．浅谈高层住宅楼避难间的设置 [C]//.2011 中国消防协会科学技术年会论文集，2011:467-469.

[57] 梁圣彬．高层建筑避难间的设计与设施 [J]. 四川建筑，2010(04):107-108.

[58] 智会强，谢天光．国内外高层建筑避难层（间）设置要求的解析 [J]. 安全，2013(06):55-57.

[59] 胡庚松．从辽源“12.51”特大火灾谈医院病房楼避难间的设置构想 [A]．中国科学技术协会．提高全民科学素质、建设创新型国家——2006 中国科协年会论文集（下册）[C]．北京：中国科学技术协会，2006:5432-5434.

[60] 韩林飞，林澎 . 创意设计——灾后重建的理性思考 [M]. 北京：中国电力出版社，2009.

[61] 汪声，金龙哲，栗婧 . 国外矿用应急救生舱技术现状 [J]. 中国安全生产科学技术，2010,6(04):119−123.

[62] 梁梅芳 . 人工岛紧急避难所和逃生设施的安全设计 [J]. 油气田地面工程，2010，(06):60−61.

[63] 李俊梅，胡成，李炎锋，等 . 不同类型疏散通道人群密度对行走速度的影响研究 [J]. 建筑科学，2014，30(08):122−129.

[64] 唐山铁道学院工民建专业火车站设计小组 . 大型线下式铁路旅客站建筑设计的探讨 [J]. 建筑学报，1961(9):12−14.

[65] 中国建筑学会 . 建筑设计资料集 [M]. 北京：中国建筑工业出版社，2017.

[66] 梁钢强 . 对《建筑设计防火规范》GB 50016—2006 中关于安全疏散的理解 [A] . 河南省土木建筑学会 . 河南省土木建筑学会 2010 年学术研讨会论文集 [C] . 河南郑州：河南省土木建筑学会，2008:350−351.

[67] 尹之潜 . 现有建筑抗震能力评估 [J]. 地震工程与工程振动，2010,30(01):36−45.

[68] 王亚勇，戴国莹 .《建筑抗震设计规范》的发展沿革和最新修订 [J]. 建筑结构学报，2010，31(06):7−16.

[69] 吴振波 . 汶川地震灾害调查统计与抗震设计思考 [J]. 建筑结构学报，2010（S2）:144−148.

[70] Nagai R.，Fukamachi M.，Nagatani T. *Evacuation of crawlers and walkers from corridor through an exit*[J]. *Physica A: Statistical Mechanics and its Applications*，2006，367:449−460.

[71] 杨立兵，建筑火灾人员疏散行为及优化研究 [D]. 中南大学，2012.

[72] Mori M.，Tsukaguchi H. *A new method for evaluation of level of service in pedestrian facilities*[J]. *Transp. Res.-A*，1987，21(3):223−234.

[73] 莫善军，李金汇，袁灼新 . 基于 FDS+EVAC 的应急演练过程人员疏散数值模拟 [J]. 消防科学与技术，2012(04):358−361.

[74] 田玉敏 .Building Exodus 在优化建筑安全疏散设计中的应用 [J]. 消防科学与技术，2014(04):380−383.

[75] 肖冰 . 高层建筑典型功能区火灾风险分析与人员逃生研究 [D]. 华南理工大学，2010.

[76] 李嘉华，王月明，雷劲松 . 火灾时人的避难心理行为及建筑疏散设计 [J]. 消防科学与技术，2004(01):39−42.

[77] Pietersen，C. M. *Analysis of the LPG incident in San Juan Ixhuatepec*[J]. *Mexico City*，1984，19:85−0222.

[78] Gisborne H.T. *Fundamentals of fire behavior*[J]. *Fire Management Today*，2004，64(1):15−23.

[79] 朱孔金，杨立中 . 房间出口位置及内部布局对疏散效率的影响研究 [J]. 物理学报，2010. 59(11) :7701-7707.

[80] 朱孔金 . 建筑内典型区域人员疏散特性及疏散策略研究 [D]. 中国科学技术大学，2013.

[81] 范维澄，孙金华，陆守香 . 火灾风险评估方法学 [M]. 北京：科学出版社，2004.

[82] 自动喷水灭火系统设计规范 GB 50084—2017[S]. 北京：中国建筑工业出版社，2017.

[83] 消防安全标志 GB 13495.1—2015（2015 年版）[S]. 北京：中国建筑工业出版社，2015.

[84] 消防应急照明和疏散指示系统 GB 17945—2010[S]. 北京：中国建筑工业出版社，2010.

[85] 杨铠腾，覃潘丽 . 安全疏散研究综述 [J]. 中国西部科技，2008(11):9-12+23.

[86] 王桂芬，张宪立，阎卫东 . 建筑物火灾中人员行为 Exodus 模拟的研究 [J]. 中国安全生产科学技术，2011，7(08):67-72.

[87] 马骏驰 . 火灾中人群疏散的仿真研究 [D]. 同济大学，2007.

[88] 汽车库、修车库、停车场设计防火规范 GB 50067—2014[S]. 北京：中国计划出版社，2014.

[89] 马福生，苗陆伊，王宁 . 既有老旧公共建筑中安全岛设置位置浅析 [J]. 沈阳建筑大学学报（社会科学版），2015,17(02):115-121.

[90] 汤煜，表秀峰，马福生 . 基于 Pathfinder 的商场建筑防火疏散研究 [J]. 沈阳建筑大学学报（自然科学版），2019,35(05):858-866.

[91] 建筑防烟排烟系统技术标准 GB 51251—2017[S]. 北京：中国计划出版社，2018.

后　记

本书的成果始于十年前。在国家“十二五”科技支撑课题“城市既有老旧建筑抗灾改造关键技术”（2012BAJ11B02）和辽宁省自然科学基金的资助下，集结了我们团队在建筑疏散等方面课题中，应用进行了一系列的模拟分析尝试，并在后续的辽宁省教育厅课题（LJKMZ20220937）等研究过程中不断进行尝试—改变—提升。

由于能力、时间所限，在书中仅对既有建筑安全岛设计进行了初步的研究，希望未来的研究者们能够对既有建筑安全岛进行更加全面完善的研究探讨。我们希望安全岛的设计能够丰富性能化设计手段，并且成为安全消防策略当中的重要一环，能够帮助有效地制定建筑消防设计策略，降低建筑火灾发生概率，减少人员伤亡以及经济财产损失。

本书得到了许多学者和同事的指导与帮助，他们给我们提出了宝贵的建议和意见，使我们的研究能够顺利进行。书中的内容是团队老师和学生的研究成果汇集，在此感谢大家的辛勤工作。

还要特别感谢中国建筑工业出版社的支持与徐昌强编辑的指导。

希望本书的出版能够对建筑防灾疏散研究方面提出多种可能性，并在此基础上进行多方面的尝试。鉴于水平和经验有限，数据量大，信息繁冗，书中难免有疏漏和不妥之处，恳请广大读者批评指正并提出宝贵意见。

汤煜

2023年2月于沈阳